JN433077

의용공학을 위한

응용수학

| 최 도 순 지음 |

Applied Mathematics for medical Engineering

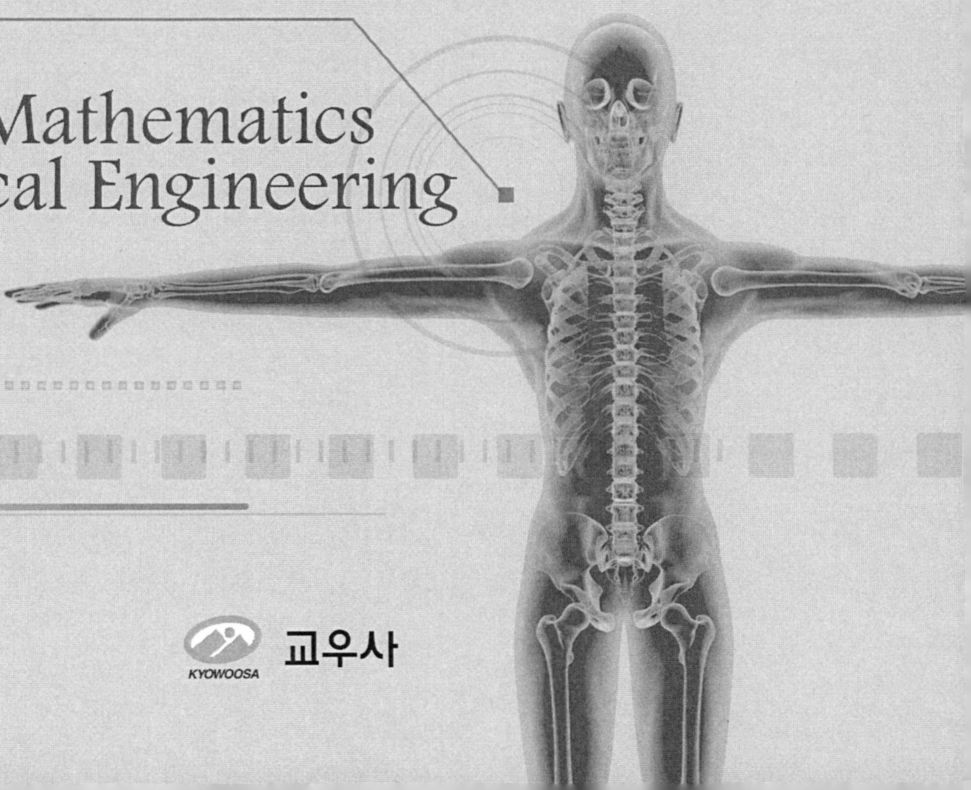

KYOWOOSA 교우사

서문

의공 응용수학은 의료공학의 분야에 걸쳐 기초가 되는 중요한 과목으로, 현재 대부분의 대학의 의료공학 및 의용공학과 1학년 혹은 2학년생의 교과과정에 포함되어 있습니다. 이 책은 의공학과 외에도 잔자 공학의 수학적 풀이와, 그리고 컴퓨터를 이용한 수학적 분야를 다루는 학생들에게 현대적 관점으로 수학 풀이를 다루었고, 실용적이고 현실적인 문제를 풀어 가는데 중점을 주고 집필하였다.

본 교재는 의공학에서 특히 의료기기의 개발에 이론적 근거를 마련 해주는 수학인 행렬과 선형대수, 백터와 백터미분, 백터적분, 미분방정식과 라플라스변환 그리고 푸리에변환을 다루었고 부록에 컴퓨터를 이용하여 수학적 문제풀이가 가능한 MatLab을 다루고 있다.

의료공학을 공부하는 학부 1학년 혹은 2학년 학생에게 의공학에 관련된 수학을 공부하는 학생들에게 많은 도움이 되기를 기대 해본다.

2015년 7월

저자

차례

제1장 삼각함수 해석

삼각함수는 삼각형에서 변과 각의 관계를 식으로 표현한 것이며, 삼각함수를 이용하면 회로내의 교류의 전압, 전류 변화를 쉽게 표현할 수 있다.

1.1 각의 측정법

1.1.1 각의 정의

[그림 1-1]과 같이 기준선(시초선) OX에서 O를 중심으로 하여 동경(움직이는 점) OP가 움직일 때 OX와 OP가 이룬 도형을 각이라 하고 ∠POX로 표시한다. 이때 P가 반시계방향으로 움직이면 ∠POX는 (+), 시계방향으로 움직이면 (-)라 한다.

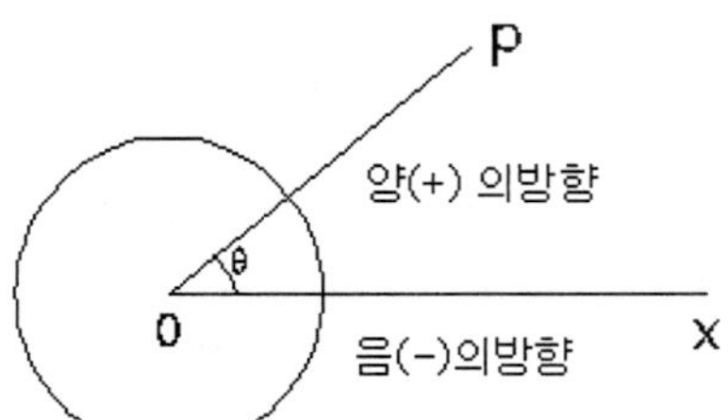

그림1-1

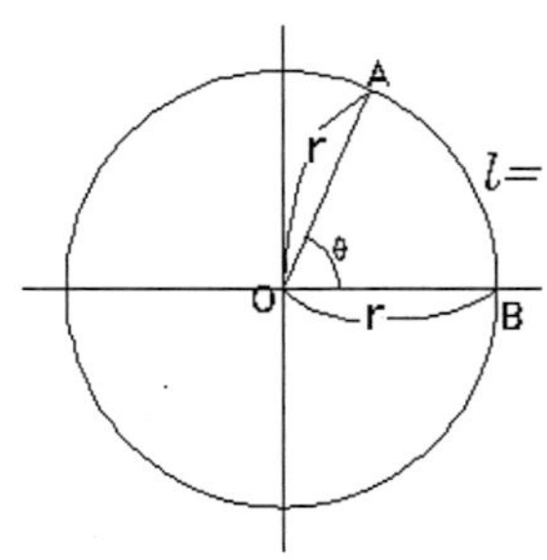

그림1-2

1.1.2 각의 표현

각의 표현법은 다음의 두 가지로 나눈다.

(1) 60분법
위 [그림 1-1]에서 동경 P가 기준선 OX에서 출발하여 (+)방향으로 1회전한 경우를 360등분하여, 1회전의 1/360을 1°(도)로 표시한다. 즉 1회전=360°(도), 1/2회전=180°(도)이다.

(2) 호도법(Radian)

위의 [그림 1-2]와 같이 반지름 r인 원 위에 길이가 r인 호 AB를 잡을 때, 이 호에 대한 중심각 ∠AOB의 크기는 반지름 r의 길이에 상관없이 일정하며 이 일정한 각의 크기를 1[radian]라고 정의한다.

즉, 호도법에서의 각은 $\theta = \frac{l}{r}$ [rad]에서 l 은 호의 길이, r은 반지름이므로 1회전 하였을 경우 호의 길이(원주) $l = 2\pi r$ 에서 $\theta = \frac{2\pi r}{2r} = 2\pi$ [rad]이다.

즉, 1회전한 경우 60분법에서 360°는 radian 에서는 2π이다.

표 1.1 60분법과 호도법과의 관계

60분법	0°	30°	45°	60°	90°	180°	270°	360°
호도법	0	$\frac{\pi}{6}$	$\frac{\pi}{4}$	$\frac{\pi}{3}$	$\frac{\pi}{2}$	π	$\frac{3\pi}{2}$	2π

1.1.3 부채꼴의 호의 길이와 넓이

[그림 1-3]과 같이 반지름 r, 중심각 θ[rad]인 부채꼴의 호의 길이를 l, 넓이를 S라 하면 다음의 관계식이 성립한다.(여기서 주의할 점은 각 θ는 radian으로 표시되어야 한다는 것이다.)

$$l = r\theta,\quad S = \frac{1}{2}rl = \frac{1}{2}r^2\theta \tag{1.1}$$

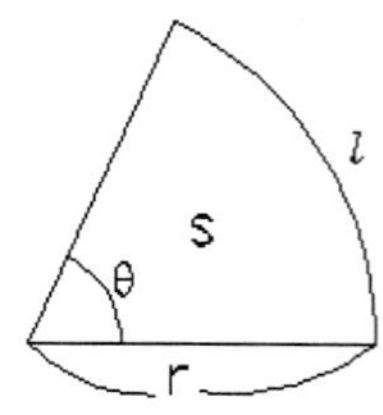

그림1-3

참고로 반지름 r인 원의 경우

원의 둘레의 길이(원주) $l = r\theta$ 에서

$\theta = 2\pi$ (1회전)이므로 $l = 2\pi r$ 이다.

원의 면적 $S = \frac{1}{2}rl = \frac{1}{2}r \cdot 2\pi r = \pi r^2$ 이다.

[예제 1.1] 부채꼴이 있을 때 다음 물음에 답하시오.

① $r = 2\ cm$, $\theta = 2$[rad]일 때 l과 S를 구하시오.

② $\theta = 30°$, S=$3\pi[cm^2]$일 때 r과 l을 구하시오.

[풀이]

① $l = r\theta$에서 $l = 2 \times 2 = 4[cm]$ $\qquad S = \frac{1}{2}rl = \frac{1}{2}2 \cdot 4 = 4[cm^2]$

② $\theta = 30^\circ = \pi/6$[rad]이므로 $S = \frac{1}{2}r^2\theta$에서 $3\pi = \frac{1}{2}r^2 \cdot \frac{\pi}{6}$, $r^2 = 36$

$\therefore\ r = 6\ [cm]$

$l = r\theta$에서 $l = 6 \times \pi/6 = \pi$[cm]

1.2 삼각함수의 정의와 그래프

1.2.1 삼각함수의 정의

다음 [그림 1-4]와 같이 직교좌표(x-y 좌표) 위에 한 점 P(x,y)를 잡고, 선분 OP와 x축과 이룬 각은 θ, $|\overline{OP}| = r$ 이라 하면 직각삼각형

OPQ 의 세 변 x, y, r 의 비

$$\frac{x}{r},\ \frac{y}{r},\ \frac{y}{x},\ \frac{r}{x},\ \frac{r}{y},\ \frac{x}{y}$$

는 세 변의 크기와는 무관하고 다만, 각 θ의 크기에 따라서만 정해지는 것을 알 수 있다.

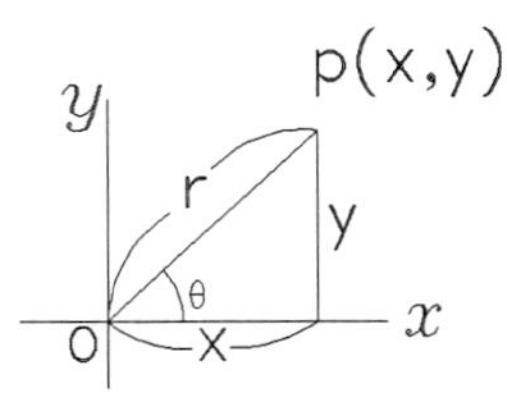

그림1-4

위의 6개 함수 값을 다음 [표 1-2]와 같이 정의하며 "**삼각함수**" 라 한다.

표 1.2 삼각함수의 정의

이 름	정 의	표 현	이 름	정 의	표 현
sinθ	y/r	sinθ	cosecantθ	r/y	cosecθ
cosineθ	x/r	cosθ	secantθ	r/x	secθ
tangentθ	y/x	tanθ	cotangentθ	x/y	cotθ

이러한 삼각함수 사이에는 다음과 같은 관계가 성립함을 알 수 있다.

$$\tan\theta = \frac{y}{x} = \frac{y/r}{x/r} = \frac{\sin\theta}{\cos\theta},\ \cot\theta = \frac{x}{y} = \frac{x/r}{y/r}\frac{\cos\theta}{\sin\theta} \tag{1.2}$$

또한 $OP(=r)$을 반지름으로 하는 원의 방정식은 $x^2 + y^2 = r^2$ 이므로 양변을

r^2 으로 나누면 $\frac{x^2}{r^2}+\frac{y^2}{r^2}=1$에서 다음과 같은 관계식을 얻는다.

$$\therefore \ \sin^2\theta+\cos^2\theta=1 \quad (1.3)$$

또한 위 식의 양변을 $\cos^2\theta$으로 나누면

$\tan^2\theta+1=\sec^2\theta$ 이고, $\sin^2\theta$으로 나누면

$1+\cot^2\theta=\mathrm{cosec}^2\theta$ 이다.

※ 참고

특수한 각의 삼각함수 값을 암기하면 계산에 편리하다. 다음 [표1-3]에 특수한 삼각함수 값을 나타내었다.

표 1.3 60분법과 호도법과의 관계

θ / 삼각함수	0°	$\frac{\pi}{6}(=30^\circ)$	$\frac{\pi}{4}(=45^\circ)$	$\frac{\pi}{3}(=60^\circ)$	$\frac{\pi}{2}(=90^\circ)$
sin	0	$\frac{1}{2}$	$\frac{\sqrt{2}}{2}$	$\frac{\sqrt{3}}{2}$	1
cos	1	$\frac{\sqrt{3}}{2}$	$\frac{\sqrt{2}}{2}$	$\frac{1}{2}$	0
tan	0	$\frac{1}{\sqrt{3}}$	1	$\sqrt{3}$	∞

[예제 1.2] $\sin x+\sin^2 x=1$ **일 때** $\cos^2 x+\cos^4 x+1$**의 값을 구하시오.**

[풀이] 주어진 식에서 $\sin x=1-\sin^2 x$이며

$\sin^2 x+\cos^2 x=1$에서 $\cos^2 x=1-\sin^2 x$ 이므로 $\cos^2 x=\sin x$ 이다

$\therefore \ \cos^2 x+\cos^4 x+1=\sin x+\sin^2 x+1=2$

※ 참고

$\sin^2 x$ 과 $\sin x^2$의 차이점은?

$\sin^2 x$은 $(\sin x)^2$을 나타내며 $\sin x^2$은 x^2의 sin값을 나타낸다.

즉, $x=\frac{\pi}{3}$일 때

$\sin^2 x=(\sin\frac{\pi}{3})^2=(\frac{\sqrt{3}}{2})^2=\frac{3}{4}$이고.

$\sin x^2=\sin(\frac{\pi}{3})^2=\sin\frac{\pi^2}{9}$이다.

1.2.2 삼각함수의 그래프

[그림1-5]와 같이 동경 OP가 반지름이 1인 원 위를 움직인다고 할 때 삼각함수 값은

다음과 같다.

$\sin\theta = \frac{PM}{OP} = \frac{PM}{1} = PM$ (P의 y 좌표)

$\cos\theta = \frac{OM}{OP} = \frac{OM}{1} = OM$ (P의 x 좌표)

$\tan\theta = \frac{PM}{OM} = \frac{AT}{OA} = \frac{AT}{1} = AT$

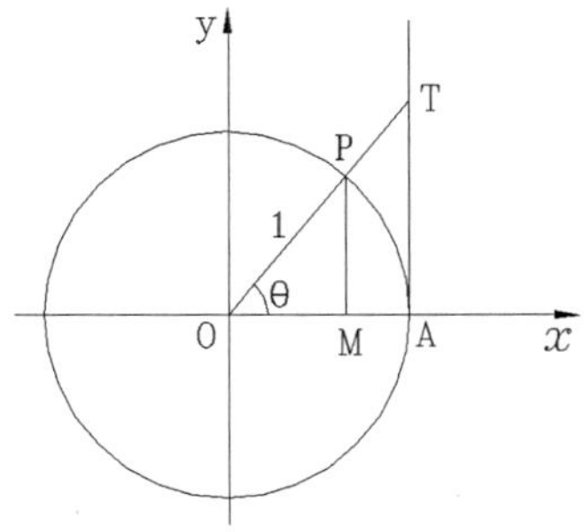

그림1.5

각 θ의 변화에 따른 삼각함수의 그래프는 다음과 같다.

(1) $y=\sin\theta$
최대값=1
최소값=-1
주기=$2\pi(360^\circ)$인 주기함수
(기함수 : 원점 대칭)

(2) $y=\cos\theta$
최대값=1
최소값=-1
주기=$2\pi(360^\circ)$인 주기함수
(우함수 : y축 대칭)

(3) $y=\tan\theta$
최대, 최소값은 없다.
주기=$\pi(180^\circ)$인 주기함수
(기함수 : 원점 대칭)

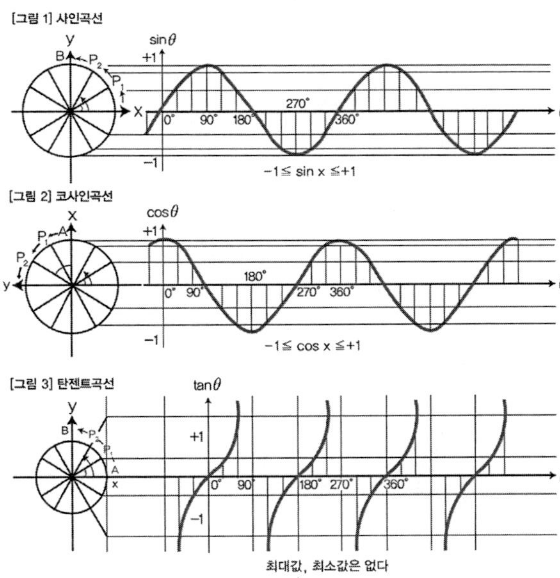

[예제 1.3] 다음 함수의 그래프를 그리고 최대값, 최소값 및 주기를 구하라.

① $y=\sin(x-60^\circ)$ ② $y=\sin 2x$

③ $y=2\sin x$ ④ $y=\sin(2x-60^\circ)$

[풀이]

① 최대값=1, 최소값=-1 주기=$2\pi(360^\circ)$

그래프 : y=$\sin x$의 그래프를 x축으로 60° 평행이동한 그래프

② 최대값=1, 최소값=-1, 주기$\pi(180^\circ)$

그래프 : $y = \sin x$의 그래프를 x축에 대해 1/2 축소한 그래프

③ 최대값=2, 최소값=-2, 주기=$2\pi(360°)$

그래프 : $y = \sin x$의 그래프를 y축에 대해 2배 확대한 그래프

④ 최대값=1, 최소값=-1, 주기=$\pi(180°)$

그래프 : $y = \sin 2x$의 그래프에 x대신 x-30°를 대입한 그래프,

즉 $y = \sin 2x$의 그래프를 x축으로 30° 평행 이동한 그래프

※ 참고

일반적으로 $y = A\sin a(x-b)$의 그래프에서 최대값=$\|A\|$, 최소값=$-\|A\|$, 주기=$\frac{2\pi}{a}$, 진동수=1/주기

1.3 삼각함수의 특징

원을 직교좌표계의 네 개의 구간으로 나누었을 때, 각 구간에 따른 삼각함수의 부호는 다음 [표1-4]와 같이 된다.

[표 1.4] 각 구간별 삼각함수의 부호

구간	$\sin\theta$	$\cos\theta$	$\tan\theta$	비고
Ⅰ구간 $0° \le \theta < 90°$	+	+	+	모두 +
Ⅱ구간 $90° \le \theta < 180°$	+	−	−	sin만 +
Ⅲ구간 $180° \le \theta < 270°$	−	−	+	tan만 +
Ⅳ구간 $270° \le \theta < 360°$	−	+	−	cos만 +

* 암기요령 : All-Sine-Tan-Cos
(얼 싸 안 코)

삼각함수의 그래프와 구간별 부호로부터 다음의 공식을 구할 수 있다.

1.3.1 여각 공식

$$\sin(\frac{\pi}{2}+\theta) = \cos\theta, \qquad \sin(\frac{\pi}{2}-\theta) = \cos\theta$$

$$\cos(\frac{\pi}{2}+\theta) = -\sin\theta, \qquad \cos(\frac{\pi}{2}-\theta) = \sin\theta$$

$$\tan(\frac{\pi}{2}+\theta) = -\cot\theta, \qquad \tan(\frac{\pi}{2}-\theta) = \cot\theta$$

1.3.2 보각공식

$$\sin(\pi+\theta) = -\sin\theta, \qquad \sin(\pi-\theta) = \sin\theta$$
$$\cos(\pi+\theta) = -\cos\theta, \qquad \cos(\pi-\theta) = -\cos\theta$$
$$\tan(\pi+\theta) = \tan\theta, \qquad \tan(\pi-\theta) = -\tan\theta$$

1.3.3 주기공식

$$\sin(2\pi+\theta) = \sin\theta$$
$$\cos(2\pi+\theta) = \cos\theta$$
$$\tan(2\pi+\theta) = \tan\theta \qquad \text{(단, n은 정수)} \qquad (1.4)$$

1.3.4 음각공식

$$\sin(-\theta) = -\sin\theta \quad : \text{기함수(원점 대칭)}$$
$$\cos(-\theta) = \cos\theta \quad : \text{우함수(y축 대칭)}$$
$$\tan(-\theta) = -\tan\theta \quad : \text{기함수(원점 대칭)} \qquad (1.5)$$

※참고

> 이상의 공식을 암기하는 요령은 다음과 같다.
>
> 예를 들어 $\sin(n\frac{\pi}{2}+\theta)$인 경우
>
> ① n 이 **짝수이면** sin→sin, cos→cos, tan→tan 로 그대로 되고
> n 이 **홀수이면** sin→cos, cos→sin, tan→cot 로 된다.
>
> ② θ는 예각으로 생각하고 부호는 [표 3-4]에 주어진 대로 각 구간에 따라 부호를 붙인다.
>
> 예를 들어 $\sin(\frac{\pi}{2}+\theta)$인 경우, n=1 이므로 sin → cos으로 되고,
>
> 부호는 $(\frac{\pi}{2}+\theta)$의 값이 Ⅱ구간에 속하므로 표에서 sin은 (+)이다.
>
> 즉, $\sin(\frac{\pi}{2}+\theta) = \cos\theta$이다.

[예제 1.4] 다음 삼각함수 값을 구하여라.

① $\sin 120^\circ$ ② $\cos 225^\circ$ ③ $\tan 135^\circ$

④ $\sin\frac{7}{6}\pi$ ⑤ $\cos\frac{5}{3}\pi$ ⑥ $\tan\frac{2}{3}\pi$

[풀이]

① $\sin 120° = \sin(90° + 30°) = \cos 30° = \dfrac{\sqrt{3}}{2}$

② $\cos 225° = \cos(270° - 45°) = -\sin 45° = -\dfrac{\sqrt{2}}{2}$

③ $\tan 135° = \tan(180° - 45°) = -\tan 45° = -1$

④ $\sin\dfrac{7}{6}\pi = \sin(\pi + \dfrac{1}{6}\pi) = -\sin\dfrac{1}{6}\pi = -\dfrac{1}{2}$

⑤ $\cos\dfrac{5}{3}\pi = \cos(2\pi - \dfrac{1}{3}\pi) = \cos\dfrac{1}{3}\pi = \dfrac{1}{2}$

⑥ $\tan\dfrac{2}{3}\pi = \tan(\pi - \dfrac{1}{3}\pi) = -\tan\dfrac{1}{3}\pi = -\sqrt{3}$

1.4 덧셈정리

삼각함수의 덧셈정리는 다음과 같다.

(1) $\sin(\alpha \pm \beta) = \sin\alpha\cos\beta \pm \cos\alpha\sin\beta$

(2) $\cos(\alpha \pm \beta) = \cos\alpha\cos\beta \mp \sin\alpha\sin\beta$

(3) $\tan(\alpha \pm \beta) = \dfrac{\tan\alpha \pm \tan\beta}{1 \mp \tan\alpha\tan\beta}$ (복호동순) (1.6)

[예제 1.5] 덧셈정리를 이용하여 다음 값을 구하라

① sin75 ° ② cos135 ° ③ tan15 °

[풀이]

① $\sin 75° = \sin(30° + 45°) = \sin 30°\cos 45° + \cos 30°\sin 45° = \dfrac{\sqrt{2}+\sqrt{6}}{4}$

② $\cos 135° = \cos(90° + 45°) = \cos 90°\cos 45° - \sin 90°\sin 45° = -\dfrac{\sqrt{2}}{2}$

③ $\tan 15° = \tan(45° - 30°) = \dfrac{\tan 45° - \tan 30°}{1 + \tan 45°\tan 30°}$

$$= \frac{1 - \frac{\sqrt{3}}{3}}{1 + \frac{\sqrt{3}}{3}} = 2 - \sqrt{3}$$

[예제 1.6] $\begin{matrix} W_1 = VI\cos(30^\circ - \theta) \\ W_2 = VI\cos(30^\circ + \theta) \end{matrix}$ 일 때 $W = W_1 + W_2$ 는?

[풀이]

덧셈정리를 이용하여 W_1과 W_2를 간단히 하면 다음과 같다.

$$W_1 = VI(\cos 30^\circ \cos\theta + \sin 30^\circ \sin\theta)$$

$$= VI(\frac{\sqrt{3}}{2}cos\theta + \frac{1}{2}sin\theta)$$

$$W_2 = VI(\cos 30^\circ \cos\theta - \sin 30^\circ \sin\theta)$$

$$= VI(\frac{\sqrt{3}}{2}cos\theta - \frac{1}{2}sin\theta)$$

$$\therefore\ W = W_1 + W_2 = \sqrt{3}\,VI\cos\theta$$

1.5 삼각함수의 합성과 단진동

1.5.1 삼각함수의 합성

각이 동일한 두 개의 삼각함수의 덧셈(또는 뺄셈)을 하나의 삼각함수로 표현 하는 것을 삼각함수의 합성이라 한다.

1.5.2 삼각함수의 합성 요령

다음의 예를 통하여 합성하는 방법을 알아보기로 하자.

$a\sin\theta + b\cos\theta$ 의 합성 (1.7)

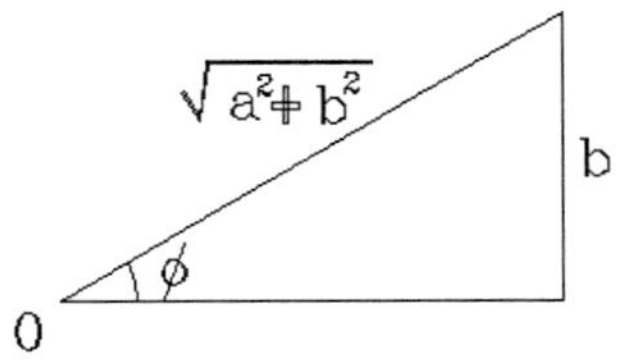

그림 1-8

(1) [그림 1-8]과 같이 직각을 낀 두 변이 a, b인 직각 삼각형을 생각한다.

(2) 직각삼각형의 한 각을 ϕ라 하면 다음의 관계식을 얻을 수 있다.

$$\sin\phi = \frac{b}{\sqrt{a^2+b^2}},\ \cos\phi = \frac{a}{\sqrt{a^2+b^2}} \tag{1.8}$$

(3) 식 (1.7)을 $\sqrt{a^2+b^2}$ 으로 곱하고 다시 나누면

$$a\sin\theta+b\cos\theta=\sqrt{a^2+b^2}\left(\frac{a}{\sqrt{a^2+b^2}}sin\theta+\frac{b}{\sqrt{a^2+b^2}}cos\theta\right) \quad (1.9)$$

이 되고 위의 식 (1.8)을 이용하면, 식 (1.9)는 다음과 같이 된다.

$$a\sin\theta+b\cos\theta=\sqrt{a^2+b^2}\,(\sin\theta\cos\phi+\cos\theta\sin\phi) \quad (1.10)$$

위의 식 (1.10)을 삼각함수의 덧셈정리를 이용하여 간단히 하면 다음과 같은 식을 얻게 된다.

$$\therefore\ a\sin\theta+b\cos\theta=\sqrt{a^2+b^2}\,\sin(\theta+\phi) \quad (1.11)$$

(단, 여기서 $\sin\phi=\dfrac{b}{\sqrt{a^2+b^2}}$, $\cos\phi=\dfrac{a}{\sqrt{a^2+b^2}}$ 이다)

[예제 1.7] $\sqrt{3}\,sin\theta-\cos\theta$의 최대값과 최소값을 구하고, 그때의 θ값을 구하라. (단 $0\le\theta\le 2\pi$)

[풀이]

삼각함수의 합성을 이용하면 다음과 같이 된다.

$$\sqrt{3}\,sin\theta-\cos\theta=2\left(\frac{\sqrt{3}}{2}sin\theta-\frac{1}{2}cos\theta\right)$$

$$=2\left(\sin\theta\cos\frac{\pi}{6}-\cos\theta\sin\frac{\pi}{6}\right)$$

$$=2\sin\left(\theta-\frac{\pi}{6}\right)$$

이때 $0\le\theta\le 2\pi$에서 $-\dfrac{\pi}{6}\le\theta-\dfrac{\pi}{6}\le 2\pi-\dfrac{\pi}{6}$이므로

$\theta-\dfrac{\pi}{6}=\dfrac{\pi}{2}$일 때, 최대값=2이고 $\left(\theta=\dfrac{2\pi}{3}\right)$이다.

$\theta-\dfrac{\pi}{6}=\dfrac{3\pi}{2}$일 때, 최소값=-2이고 $\left(\theta=\dfrac{5\pi}{3}\right)$이다.

[예제 1.8] 단진동 $y=\sin\dfrac{\pi}{6}t+\sqrt{3}\,cos\dfrac{\pi}{6}t$의 진폭, 주기, 진동수를 구하라.

[풀이]

$$y=\sin\frac{\pi}{6}t+\sqrt{3}\,cos\frac{\pi}{6}t$$

$$=2\left(\frac{1}{2}sin\frac{\pi}{6}t+\frac{\sqrt{3}}{2}cos\frac{\pi}{6}t\right)$$

$$=2\sin\left(\frac{\pi}{6}t+\frac{\pi}{3}\right)$$

답) 진폭=2, 주기=12$\left(=2\pi+\dfrac{\pi}{6}\right)$, 진동수 = $\dfrac{1}{12}$

1.6 삼각함수의 여러 가지 공식

1.4 절의 삼각함수의 덧셈정리에서 $\alpha=\beta$로 놓으면 다음 2배각의 공식을 얻을 수 있다.

(1) $\sin 2\alpha = 2\sin\alpha\cos\alpha$

(2) $\cos 2\alpha = \cos^2\alpha - \sin^2\alpha = 1-2\sin^2\alpha = 2\cos^2\alpha - 1$

(3) $\tan 2\alpha = \dfrac{2\tan\alpha}{1-\tan^2\alpha}$ (1.12)

위 (2)식으로 부터 다음 관계를 얻는다.

(4) $\sin^2\alpha = \dfrac{1-\cos 2\alpha}{2}$, $\cos^2\alpha = \dfrac{1+\cos 2\alpha}{2}$

[예제 1.9] $\sin x = \frac{4}{5}(\frac{\pi}{2}<x<\pi)$일 때 $\sin 2x$, $\cos 2x$, $\tan 2x$ 를 구하라.

[풀이]

$\sin x = \frac{4}{5}\ (\frac{\pi}{2}<x<\pi)$이므로, $\cos x = -\frac{3}{5}, \tan x = -\frac{4}{3}$에서 2배각 공식을 사용하면 다음과 같다.

$$\therefore\ \sin 2x = 2\sin x\cos x = -\frac{24}{25}$$

$$\therefore\ \cos 2x = 1-2\sin^2 x = -\frac{7}{25}$$

$$\therefore\ \tan 2x = \frac{2\tan x}{1-\tan^2 x} = \frac{24}{7}$$

한편 삼각함수의 덧셈정리를 다시 쓰면

$$\sin(\alpha+\beta) = \sin\alpha\cos\beta + \cos\alpha\sin\beta \quad (1.13)$$

$$\sin(\alpha-\beta) = \sin\alpha\cos\beta - \cos\alpha\sin\beta \quad (1.14)$$

$$\cos(\alpha+\beta) = \cos\alpha\cos\beta - \sin\alpha\sin\beta \quad (1.15)$$

$$\cos(\alpha-\beta) = \cos\alpha\cos\beta + \sin\alpha\sin\beta \quad (1.16)$$

위 식에서 (1.13)+(1.14)를 하면 $\sin(\alpha+\beta)+\sin(\alpha-\beta) = 2\sin\alpha\cos\beta$ 이므로

$$\therefore\ \sin\alpha\cos\beta = \frac{1}{2}[\sin(\alpha+\beta)+\sin(\alpha-\beta)] \quad (1.17)$$

(1.13)-(1.14)를 하면 $\sin(\alpha+\beta)-\sin(\alpha-\beta) = 2\cos\alpha\sin\beta$ 이므로

$$\therefore\ \cos\alpha\sin\beta = \frac{1}{2}[\sin(\alpha+\beta)-\sin(\alpha-\beta)] \quad (1.18)$$

(1.15)+(1.16)을 하면 $\cos(\alpha+\beta)+\cos(\alpha-\beta)=2\cos\alpha\cos\beta$ 이므로

$$\therefore\ \cos\alpha\cos\beta=\frac{1}{2}[\cos(\alpha+\beta)+\cos(\alpha-\beta)] \tag{1.19}$$

(1.15)-(1.16)를 하면 $\cos(\alpha+\beta)-\cos(\alpha-\beta)=-2\sin\alpha\sin\beta$ 이므로

$$\therefore\ \sin\alpha\sin\beta=-\frac{1}{2}[\cos(\alpha+\beta)-\cos(\alpha-\beta)] \tag{1.20}$$

위의 네 개의 식을 곱을 합과 차로 고치는 공식이라 한다.

위의 네 개의 식에서 $\alpha+\beta=A, \alpha-\beta=B$로 놓으면 $\alpha=\frac{A+B}{2}$, $\beta=\frac{A-B}{2}$이므로, 위의 네 개의 공식은 다음과 같이 표현되어 이 식을 합과 차를 곱으로 고치는 공식이라 한다.

$$\sin A+\sin B=2\sin\frac{A+B}{2}\cos\frac{A-B}{2} \tag{1.21}$$

$$\sin A-\sin B=2\cos\frac{A+B}{2}\sin\frac{A-B}{2} \tag{1.22}$$

$$\cos A+\cos B=2\cos\frac{A+B}{2}\cos\frac{A-B}{2} \tag{1.23}$$

$$\cos A-\cos B=-2\sin\frac{A+B}{2}\sin\frac{A-B}{2} \tag{1.24}$$

※ 참고

합과 차를 곱으로 고치는 공식의 암기 요령
(1.21) 신프신은 두 신코
(1.22) 신마신은 두 코신　여기서, 신 = sin, 프 = (+), 코 = cos
(1.23) 코프코는 두 코코　마 =(-), 두 = 2 이다.
(1.24) 코마코는 마두신신

[예제 1.10] ① $\sin3\theta\cdot\cos\theta$을 합 또는 차의 꼴로 고쳐라.

② $\cos5\theta+\cos3\theta$를 곱의 꼴로 고쳐라.

[풀이]

① $\sin3\theta\cdot\cos\theta=\frac{1}{2}sin(3\theta+\theta)+\sin(3\theta-\theta)=\frac{1}{2}(\sin4\theta+\sin2\theta)$

② $\cos5\theta+\cos3\theta=2\cos\frac{5\theta+3\theta}{2}\cdot\cos\frac{5\theta-3\theta}{2}=2\cos4\theta\cdot\cos\theta$

1.7 sine, cosine 법칙

다음 [그림 1-9]와 같이 삼각형의 세 각을 각각 A, B, C라 하고 이들의 대변의 길이를 각각 a, b, c라 하면 다음의 세 가지 법칙이 성립된다.

1.7.1. sine 법칙

$$\frac{a}{\sin A}=\frac{b}{\sin B}=\frac{c}{\sin C}=2R \qquad (1.25)$$

(R은 △ABC의 외접원의 반지름)

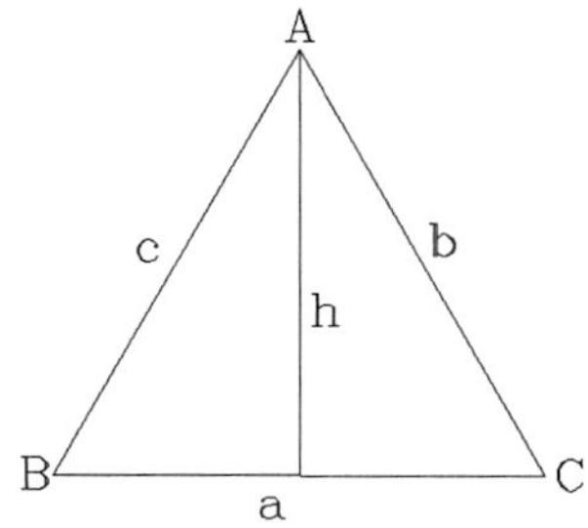

그림1-9

1.7.2 제1 코사인 법칙

$$a=b\cos C+c\cos B$$
$$b=c\cos A+a\cos C$$
$$c=a\cos B+b\cos A \qquad (1.26)$$

1.7.3 제2 코사인 법칙

$$a^2=b^2+c^2-2bc\cos A$$
$$b^2=c^2+a^2-2ca\cos B$$
$$c^2=a^2+b^2-2ab\cos C \qquad (1.27)$$

[예제 1.11] △ABC에서 b=15, ∠A=45°, ∠C=75°일 때 a를 구하시오.

[풀이]

$\angle A+\angle B+\angle C=180°$ 이므로 $\angle B=60°$

sine 법칙을 이용하면 $\dfrac{a}{\sin 45°}=\dfrac{15}{\sin 60°}$ 이므로

$$a=\frac{15}{\sin 60°}\cdot\sin 45°=\frac{15}{\frac{\sqrt{3}}{2}}\cdot\frac{1}{\sqrt{2}}=5\sqrt{6}$$

[예제 1.12] 삼각형의 세변의 길이가 다음과 같을 때 세 각의 크기를 구하시오.

$$a=\sqrt{6},\ b=2,\ c=\sqrt{3}+1$$

[풀이]

cosine 제2법칙을 이용하면

$$\cos A=\frac{b^2+c^2-a^2}{2bc}=\frac{2^2+(\sqrt{3}+1)^2-(\sqrt{6})^2}{2\cdot 2\cdot(\sqrt{3}+1)}=\frac{1}{2} \qquad \therefore\ \angle A=60°$$

$$\cos B = \frac{c^2 + a^2 - b^2}{2bc} = \frac{(\sqrt{3}+1)^2 + (\sqrt{6})^2 - 2^2}{2 \cdot (\sqrt{3}+1) \cdot \sqrt{6}} = \frac{1}{\sqrt{2}} \qquad \therefore \angle B = 45^\circ$$

$$\therefore \quad \angle C = 180^\circ - (A+B) = 180^\circ - 105^\circ = 75^\circ$$

1.8 삼각형의 면적

[그림 1-9]의 △ABC에서 삼각형의 면적 S는

$$S = \frac{1}{2} \text{밑변} \cdot \text{높이} = \frac{1}{2} ah = \frac{1}{2} ac \sin B$$

이므로 삼각형의 두변의 길이와 그 사이각을 알면 삼각형의 면적을 구할 수 있다.

$$S = \frac{1}{2} bc \sin A = \frac{1}{2} ca \sin B = \frac{1}{2} ab \sin C \tag{1.28}$$

또한 삼각형의 세 변의 길이를 알고 있을 때 삼각형의 면적은 다음의 **헤론(Heron)의 공식** 으로 구할 수 있다.

$$s = \sqrt{s(s-a)(s-b)(s-c)} \tag{1.29}$$

(여기서 $2s = a+b+c$ 이다)

[예제 1.13] 세변의 길이가 3, 4, 5인 삼각형의 면적 S를 구하여라.

[풀이]

헤론의 공식을 이용하면 $s = \dfrac{3+4+5}{2} = 6$ 이므로

삼각형의 면적 $S = \sqrt{6 \cdot (6-3) \cdot (6-4) \cdot (6-5)} = 6$

1.9 삼각함수의 응용문제

1.9.1 각주파수(각속도 w)

회전각 θ 를 radian을 사용하여 나타내면 $[rad] = \dfrac{\text{원호의 길이}}{\text{원의 반지름}} = \theta$ 이고 1 [rad]는 원의 반지름과 원호의 길이가 각각 r 로써 같을 때이다. 360° 회전하였을 때 원둘레가 $2\pi r$ 이므로 이를 반지름 r 로 나누면 $360^o = 2\pi$[rad]가 된다. 각속도 $w[rad/\sec]$는 단위 시간당 회전한 각도(회전변위)를 나타내므로 1주기 T 동안 $360^o = 2\pi$ [rad] 회전하므로

$$w = \frac{2\pi}{T} = \frac{2\pi}{\frac{1}{f}} \qquad w = 2\pi f \ [rad/\sec]$$

로 주어진다.

[예제 1-14 a] ① 60 $[Hz]$의 교류전압의 각주파수는 얼마이며,
② $1M$ $[Hz]$의 주파수의 주기는 얼마인가 ?

[풀 이] 각주파수는 w는

① $w = 2\pi f = 2 \cdot 3.14 \cdot 60 = 376.8 \frac{1}{s}$ 이며

② 주기 $T = \frac{1}{f} = \frac{1}{1 \cdot 10^6} = 1 \cdot 10^{-6} = 1\,\mu s$ 이다.

1.9.2 교류의 일반식

교류전압 $e[V]$ 혹은 $v[V]$ 와 교류전류 $i[A]$는 다음과 같이 표현된다.

$$v = e = E_m \sin\omega t[V], \quad i = I_m \sin\omega t[A] \tag{1.30}$$

이때 e, i는 교류의 순시값, E_m, I_m 은 최대값, $\omega\,(=2\pi f)$는 각속도이고 t는 시간을 나타낸다. 또한 f는 진동수(주파수)를 나타내며 단위는 Hertz[Hz]를 사용한다.
교류전류 i_1의 위상이 i 보다 $\pi/2$ 앞선 경우의 파형은 다음과 같으며 식으로 표시하면

$i_1 = I_m \sin(\omega t + \pi/2)$ 이다.

일반적으로 교류의 전압이나 전류를 코일이나 콘덴서에 가하면 전압, 전류에 시간적인 오차가 생기는데 이 시간차를 각도로 표시한 것을 "위상차"라고 한다.
즉, 위상차는 사인파의 파형의 오차를 말한다. 위상차를 가진 교류전압을 일반식으로 표시하면 다음과 같다. 여기서 $+\theta$는 위상이 θ만큼 앞선 것(진상)을 의미하고 $-\theta$는 θ만큼 위상이 늦어짐(지상)을 나타낸다.

$$e = E_m \sin(\omega t \pm \theta) \tag{1.31}$$

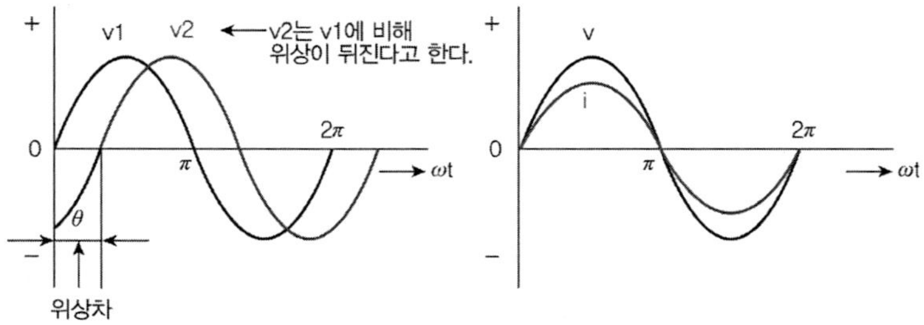

(a) 위상차가 있는 2개의 교류 (b) 동상의 전압과 전류

교류의 위상과 위상차

[예제 1.15] 최대전압 $E_m = 170[V]$인 $60[Hz]$ 발전기의 순시전압에 대한 일반식을 쓰시오.

[풀이]

순시전압 $e = E_m \cdot \sin\omega t = E_m \cdot \sin 2\pi f t$에서

$E_m = 170, \quad 2\pi f = 2 \cdot 3.14 \cdot 60 = 377[rad/S]$이므로

$\therefore\ e = 170 \sin 377t$

1.9.3 교류회로

(1) 교류회로소자.

직류회로는 직류전원과 저항 소자만으로 구성되어 있다. 그러나 교류회로 에서는 교류전원과 저항소자 외에 인덕터와 케퍼시터를 추가적으로 고려해야 하는데 이들은 교류에 대하여 저항과 같은 기능을 하기 때문이다.

(2)저항회로

[그림1.11] 과 같이 저항R 에 교류전원$v = V_m \sin wt$를 인가하면 회로에는 교류전류i 가 흐르는데 전류i는 옴의 법칙에 의하여

$$i = \frac{v}{R} = \frac{V_m}{R}\sin wt = I_m \sin wt \quad (1\text{-}32)$$

가 되며 전류의 최대값 I_m은 $I_m = \frac{V_m}{R}$가 되고 실효값 I 는 $I = \frac{V}{R}$ 로 구해진다. 전류i와 전압v 는 위상차가 없는 동위상 이다.

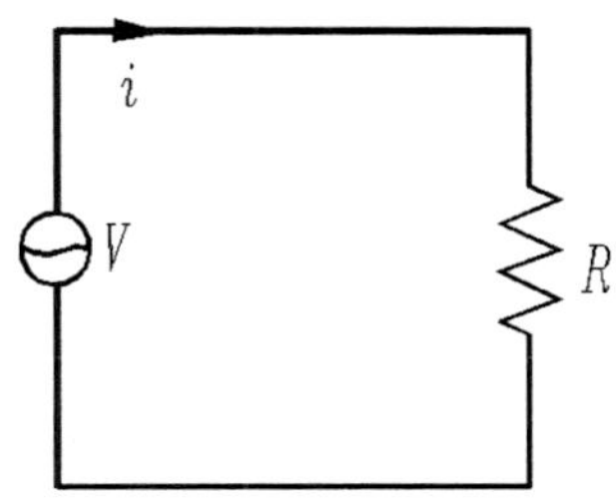

그림1.11 저항R 의 교류회로

[예제1-16] $25[\Omega]$의 저항을 가진 EMG 에 $v = 100\sqrt{2}\sin wt$의 교류전압을 인가하면 얼마의 전류가 흐르는가? 그리고 전류의 실효값과 EMG 에서 소비되는 전력은 얼마인가?

[풀 이] EMG 에 흐르는 전류 i는

$$i = \frac{V_m}{R} sinwt = \frac{100\sqrt{2}\sin wt}{25} = 4\sqrt{2}\sin wt\ [A]$$

으로 전압과 전류의 위상은 같다.

전류의 실효값은

$$I = \frac{I_m}{\sqrt{2}} = \frac{4\sqrt{2}}{\sqrt{2}} = 4[A]$$ 이며

EMG 에서 소비되는 전력 P는

$P = I \cdot V = 4 \cdot 100 = 400\ [W]$가 된다.

(3) 인덕터(코일) 회로

[그림1.12]와 같이 인덕턴스가 L인 인덕터(코일)에 교류전원 $v = V_m \sin wt$을 인가하면 인덕터 회로에는 전류i가 흐른다.

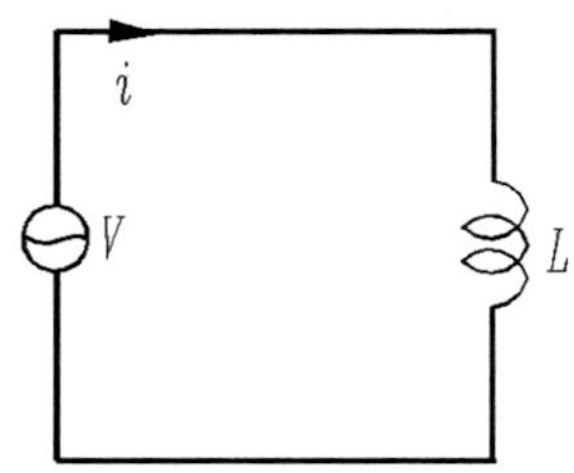

그림1.12　　인덕터회로

이 전류 i는 인덕터(inductor) 양단에 걸리는 전압은 $v = L\dfrac{di}{dt}$이 되며 이 식으로부터 $i = \dfrac{1}{L}\int v dt$을 얻는다.　이 전류 i는

$$i = \frac{1}{L}\int V_m \sin wt \ dt = -\frac{V_m}{\omega L}\cos wt$$

$$= \frac{V_m}{\omega L}\sin(wt - 90^o) = I_m \sin(wt - 90^o) \qquad (1\text{-}33)$$

가 된다. 최대값 I_m은 $I_m = \dfrac{V_m}{\omega L} = \dfrac{V_m}{wL} = \dfrac{V_m}{X_L}$ 이며 $(X_L = \omega L)$

X_L 은 회로 내에서 저항성분으로 작용하고 유도리액턴스라 한다.

실효값 I 는 $I = \dfrac{V}{\omega L} = \dfrac{V}{X_L}$ 가 되며 인덕터에 흐르는 전류는 전압보다 위상이 90° 혹은 $\dfrac{\pi}{2}$가 뒤진다.

[예제 1-17] $L = 20\,[mH]$인 인덕터에 $60\ [Hz]$, 110 [V]인 교류전압을 인가하면 인덕터에 흐르는 실효전류와 순시전류는 얼마인가?

[풀 이] 유도성리액턴스 $X_L = 2\pi f L$

$$= 2\pi \cdot 60 \cdot 20 \cdot 10^{-3} = 7.536\,[\Omega]$$

실효전류는 $I = \dfrac{V}{\omega L} = \dfrac{V}{X_L} = \dfrac{110}{7.345} = 14.6\ [A]$

인덕터에서는 전류가 전압보다 위상이 $\dfrac{\pi}{2}$ 늦으므로

순시전류 $i = 14.6\sqrt{2}\,sin(120\pi t - \dfrac{\pi}{2})$ 가 된다.

[예제 1-18] 인덕터 코일에 100[V], 60[Hz]의 교류전압을 인가하여 15 [A]의 전류가 흘렀다. 코일의 인덕턴스L은 얼마인가?

[풀 이] 실효전류$I = \dfrac{V}{X_L}$에서 $X_L = \dfrac{V}{I} = \dfrac{100}{5} = \dfrac{20}{3}\ [\Omega]$ 이고

유도 리액턴스 $X_L = \omega L = 2\pi f L$ 에서

$$L = \frac{X_L}{2\pi f} = \frac{20/3}{2\pi \cdot 60} \fallingdotseq 17.7\,[mH]$$ 이다.

4. 캐퍼시터(콘덴서) 회로

[그림1.13]과 같이 정전용량이C 인 케퍼시터(콘덴서)에 교류전원 $v = V_m \sin wt$ 을 인가하면 케퍼시터 회로에는 교류전류 i 가 흐른다.

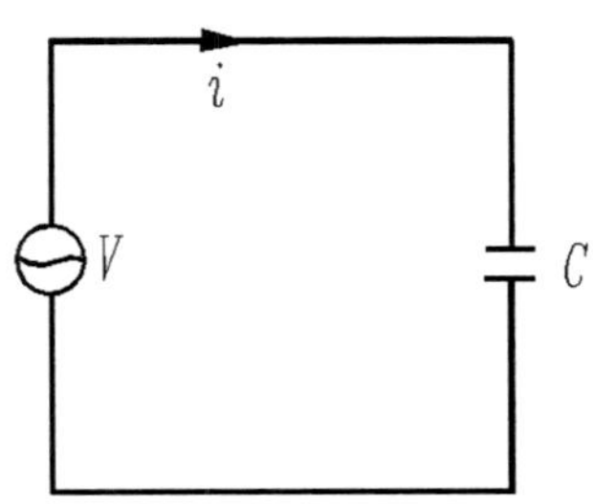

그림1.13 케퍼시터(콘덴서) 회로

이 전류i 는 케페시터에 의하여

$$i = \frac{dq}{dt}, \quad q = Cv, \quad i = C\frac{dv}{dt} \tag{1-34}$$

$$i = C\frac{d}{dt}V_m \sin wt = wCV_m \cos wt$$

가 되며 $i = wCV_m \sin(wt + \frac{\pi}{2}) = I_m \sin(wt + \frac{\pi}{2})$ (1-35)

이 된다. 여기서 최대값 I_m은 $I_m = wCV_m$이 되고 $X_C = \frac{1}{wC}$ 라 하면

최대값은 $I_m = \frac{V_m}{X_C}$이 되고 실효값은 $I = \frac{V}{X_C}$이 된다. X_C는 회로 내에서 저항 성분으로 작용하고 용량성 리액턴스라 부른다. 케퍼시터 회로를 통하여 흐르는 전류는 전압보다 위상이 90° 혹은 $\frac{\pi}{2}$ 앞선다.

[예제 1-19] 정전용량 0.1 $[\mu F]$인 케퍼시터가 50[Hz]일 때 몇$[\Omega]$인가?

[풀 이] 용량성 리액턴스 $X_C = \frac{1}{wC} = \frac{2}{2\pi fC}$

$$= \frac{1}{2\pi \cdot 10^{-6} \cdot 50} \fallingdotseq 159\ [\Omega]$$ 이다.

[예제 1-20] 정전용량C 가 50 $[\mu F]$인 케퍼시터에 전압 $v = 100\sqrt{2}\ sin377t$ 을 인가하였다. 이 회로의 용량성 리액턴스와 전류의 순시값 및 실효값을 구하라.

[풀 이] 용량성 리액턴스 $X_C = \frac{1}{wC} = \frac{1}{2\pi fC}$

$$= \frac{1}{377 \cdot 50 \cdot 10^{-6}} = 53\ [\Omega]$$

전압의 실효값 $V = \frac{V_m}{\sqrt{2}} = \frac{100\sqrt{2}}{\sqrt{2}} = 100\,[V]$

전류의 실효값 $I = \frac{V}{wC} = \frac{V}{X_C} = \frac{100}{53} = 1.89\,[A]$

케퍼시터에서 전류는 전압보다 위상이 $\frac{\pi}{2}$ 앞서므로

전류의 순시값 $i = 1.89\sqrt{2}\sin(377t + \frac{\pi}{2})$ 이다.

[예제 1.21] 다음 그림[1.13]의 회로에 흐르는 전류를 구하시오.

$v = V_m \sin wt$

단, $C = 5\ [\mu F]$ 이다.
$V_m = 141\ [V]$
$f = 60\ [Hz]$

[풀이] 전류 $i = \frac{dq}{dt}$이고, $q = CV$이므로 $i = C\frac{dV}{dt}$ 이다.

$$\therefore\ i = C \times \frac{d}{dt}[V_m \sin\omega t]$$

$$= C \times V_m \times \omega\cos\omega t\ (\because \sin \text{ 함수의 미분은 부록 미분법을 참고하시오.})$$

$$= \omega C V_m \sin(\omega t + \frac{\pi}{2}) \qquad = \frac{V_m}{X_c}\sin(\omega t + \frac{\pi}{2})$$

단, $X_c = \frac{1}{\omega C}$이며 용량성 리액턴스로 콘덴서의 교류저항에 해당한다.

한편 $\omega = 2\pi f = 2 \times \pi \times 60 = 377$

$$\frac{1}{\omega C} = \frac{1}{2\pi f \times 5\mu F} \quad = \frac{1}{377 \times 5 \times 10^{-6}}$$

$$= 5.3 \times 10^2 = 530[\Omega]\ \ i\ = \frac{141}{530}\sin(377t + \frac{\pi}{2})$$

$$= 0.266 \times \sin(377t + \frac{\pi}{2})$$

즉, 사인파 전압을 커패시터(콘덴서) 양단에 인가할 때, 콘덴서에 흐르는 전류는 최대값이 0.266[A]이고 위상이 인가전원에 비해 $\frac{\pi}{2}$ 즉 $90°$ 빠른 사인파가 된다.

(5) RLC 직렬회로

[그림1.14]와 같이 저항 R, 인덕턴스 L, 케퍼시터 C 를 직렬로 연결하고 교류전압 $v\ =\ V_m\ \sin wt$ 를 인가하면 그림과 같이 저항 R과 인덕턴스 L 그리고 케퍼시터 C 에는 전류i가 흐르고 R 의 양단에는 전압v_R이 L의 양단에는 전압v_L이 그리고 C 의 양단에는 전압v_c가 걸린다.

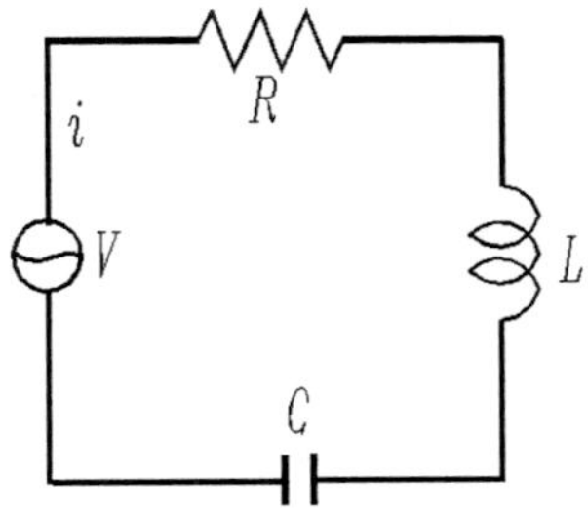

그림1.14 RLC 직렬회로

전압 v_R, v_L, v_C 는 각각

$$v_R = R \cdot i = R\,I_m \sin wt, \qquad v_L = L\frac{di}{dt} = X_L\,I_m \cos wt$$

$$v_C = \frac{1}{C}\int i\,dt = -X_C\,I_m \cos wt \tag{1-36}$$

이며 전체전압은 $v = v_R + v_L + v_C$ 이므로

$$v = R\,I_m \sin wt + X_L I_m \cos wt - X_C I_m \cos wt$$

$$= I_m [R \sin wt + (X_L - X_C)\cos wt] \tag{1-37}$$

이다. 이를 삼각함수의 합성공식에 의하여 식(1-37)를 풀면

$$v = I_m \sqrt{R^2 + (X_L - X_C)^2}\,\sin(wt + \theta) \tag{1-38}$$

$$\theta = \tan^{-1}\frac{X_L - X_C}{R} \tag{1-39}$$

이 된다.

위상은 $X_L > X_C$이면 전류가 전압보다 θ 만큼 늦고 $X_L < X_C$ 이면 전류가 전압보다 θ 만큼 앞선다. 최대값은 $V_m = \sqrt{R^2 + (X_L - X_C)^2}\,I_m$ 이다.
임피던스는 $Z = \sqrt{R^2 + (X_L - X_C)^2}$ 이고 최대값은 다시 $V_m = Z \cdot I_m$으로 나타내며 실효값은 $V = Z \cdot I$ 가 된다.

[예제 1.22] $R = 30\,[\Omega]$, $X_L = 50\,[\Omega]$, $X_c = 20[\Omega]$이 직렬로 연결되고 교류전압 $v = 100\sqrt{2}\,\sin wt$를 인가하면 회로에 흐르는 최대 전류와 위상은 얼마인가?

[풀 이] 합성임피던스 $Z = \sqrt{R^2 + (X_L - X_C)^2}$

$$= \sqrt{30^2 + (50-20)^2} = 30\sqrt{2}\ [\Omega]$$

최대전류 $I_m = \dfrac{V_m}{Z} = \dfrac{100\sqrt{2}}{30\sqrt{2}} \fallingdotseq 33.3\ [A]$

위상 $\theta = \tan^{-1}\dfrac{X_L - X_C}{R} = \tan^{-1}1 = 45^o$

위상은 $X_L > X_C$이므로 전류가 전압보다 45^o만큼 늦다.

1.9.4 교류회로의 저항 순시전력

교류회로에서도 저항의 순시전력 P는 전압, 전류와 다음 식을 만족한다.

$$P = iv = i^2 R = \frac{v^2}{R} \tag{1.40}$$

여기서, P의 단위는 와트*(Watt)*이며, v는 저항 양단의 순시전압강하를 나타내며 단위는 볼트(Volt)이고, i는 저항내를 흐르는 순시전류이며 단위는 암페어*(Ampere)*이다. 그리고 R은 회로의 저항으로 오옴(Ohm)이다.

순시전류가 $i = I_m \sin\omega t$ 일 때

$$P = (I_m \sin\omega t)^2 R = I_m^2 R \sin^2\omega t \tag{1.41}$$

$$= P_m \frac{1-\cos 2\omega t}{2} \; (\because \; \sin^2\theta = \frac{1-\cos 2\theta}{2})$$

이고 여기서 $P_m = I_m^2 R$ 은 최대 순시 값을 나타낸다.

위 식에서 알 수 있는 바와 같이 전력은 항상 양의 값을 가지며(∵ 전류의 제곱이므로 음의 값은 갖지 않는다.) 주파수는 신호전원의 2배(2ω)가 되는 사인파의 파형이 된다.

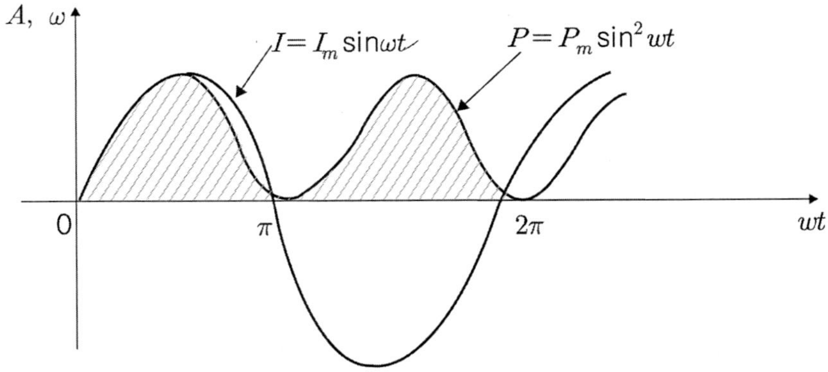

그림1.11 순시전류 I 와 순시전력 P 와의 관계

순시전류와 순시전력과의 관계를 그래프로 나타내면 그 개략적 파형은 [그림1-11]과 같다.

지금까지 전류에 대해서만 논의하였으나 전압의 경우도 위와 같은 결과가 된다.

위의 관계를 통하여 다음의 사실을 알 수 있다.

(1) 순시전력의 파동은 사인파의 성질을 갖는다.

(2) 2ω는 각속도 ω의 2배이므로, 사인파적 파동의 주파수는 순시전압과 순시전류 주파수의 2배와 같다.

(3) $\sin^2\omega t = \frac{1}{2}(1-\cos 2\omega t)$값은 0과 +1 사이에서 변하므로 저항의 순시전력의 파형은 항상 +값을 갖는다.

1장 연습문제

1. 다음 함수의 주기를 주하고 그래프를 그려라.

① $y=\sin 2x$ ② $y=\cos\frac{1}{3}x$ ③ $y=\tan 3x$

2. 삼각함수의 공식을 이용하여 다음 삼각함수 값을 구하시오.

① $\sin 15^\circ$ ② $\cos 75^\circ$

③ $\tan 135^\circ$ ④ $\sin\frac{5}{6}\pi$

⑤ $\cos\frac{3}{4}\pi$ ⑥ $\tan\frac{5}{4}\pi$

3. x의 함수 $a\sin x-b\cos x$의 최소값은 $-2\sqrt{5}$이고 $b=a\tan 30^\circ$인 관계가 있을 때 a, b 값을 구하시오.

4. 첨두전압이 150[V]인 60[Hz]의 사인파가 있다. 시간이 0[sec]에서 10[ms]까지 경과한 후의 사인파의 순시전압 값은?

※ 주의 : 위의 계산을 계산기를 사용하여 계산할 때 $2\pi ft$의 값은 $\theta[rad]$ 으로 계산하여야 한다. 특히 계산기를 사용할 때 계산기의 각도 표현이 Degree(도)로 되어 있는 경우에는 엉뚱한 답이 나오게 된다.

5. $\sin 50^\circ=a$ 일 때 $\sin 40^\circ$를 a로 표시하여라.

6. 다음 식의 값을 구하여라.

① $\cos 160^\circ-\cos 110^\circ+\sin 70^\circ-\sin 20^\circ$

② $\sin^2 27^\circ+\sin^2 63^\circ$

7. 다음 삼각함수의 그래프를 그리고 최대값, 최소값, 주기를 구하시오.

① $y=4\sin(2x-\frac{\pi}{3})$

② $y=\sin\theta+2\cos\theta$

③ $y=\sin\theta+\cos(\theta+\frac{\pi}{6})$

8. $\sin x = \dfrac{3}{5}$일 때 $\sin 2x$, $\cos 2x$, $\tan 2x$의 값을 구하라.

9. 다음 그림과 같이 2개의 끈 OA, OB 에 의하여 P_1=100[kg]의 물체를 지지하고 있을 때, OA, OB 에 걸리는 장력 P_2, P_3를 구하라.

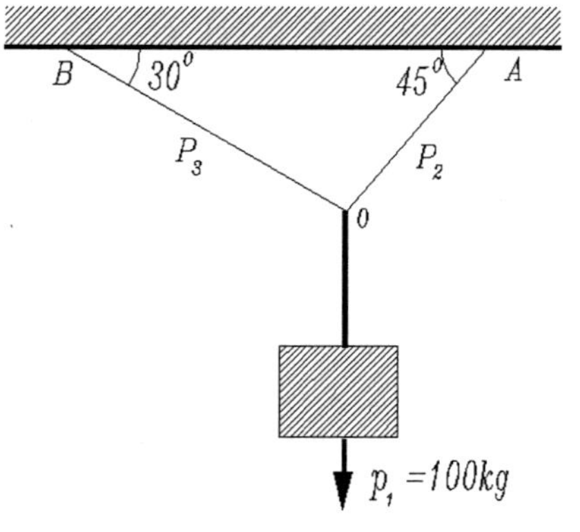

10. 전류 $I_1(10[A]), I_2(20[A])$가 위상차60°를 가지고 그림과 같이 흐르고 있는 경우, 합성전류의 크기 I 는?

힌트) $\triangle OBD$ 에서 $\overline{AB} = 20$, $\overline{BD} = 10$이라 생각할 수 있으므로 cosine제 2정리를 이용

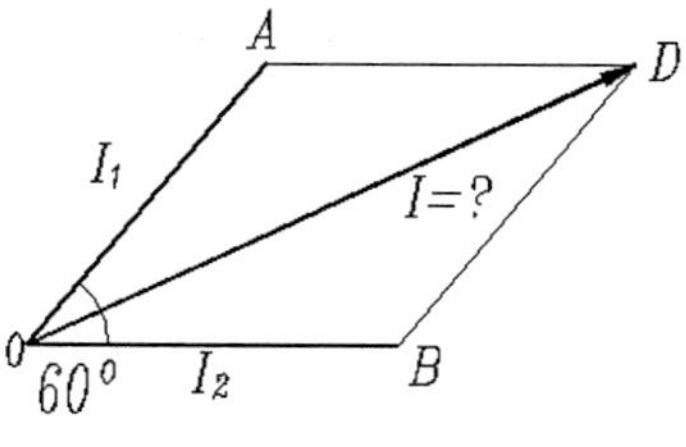

제2장 편미분과 중적분

2.1 편미분

2.1.1 편도함수

영역D에서 정의되는 이변수함수

$$z = f(x,y)$$

가 있다. 이 D 안의 한 점(a,b)에 대하여

$$\lim_{h \to 0} \frac{f(a+h,b) - f(a,b)}{h} \tag{2.1}$$

이 유한확정으로 존재하면 $f(x, y)$는 (a, b) 에서 x 에 대하여 편미분가능이라 하고, 식(2.1)을 $f_x(a, b)$로 나타낸다. 같은 방법으로

$$\lim_{k \to 0} \frac{f(a,b+k) - f(a,b)}{k} \tag{2.2}$$

이 유한확정으로 존재하면 $f(x, y)$는 (a, b) 에서 y 에 대하여 편미분가능이라 하고, 식(2.2) 를 $f_y(a, b)$로 나타낸다.

식(2.1)과(2.2)를 각각 $f(x, y)$의 점 (a, b)에서의 x 및 y 에 대하여 순간변화율이고, $f(x, y)$는 점(a, b)에서 x 및 y에 대하여 편미분가능 *(partially differentiable at (a, b))* 하다고 한다.

정의 2.1

(1) 이변수 함수 $z = f(x\ ,\ y)$에 대하여 극한

$$\lim_{h \to 0} \frac{f(x+h\ ,\ y) - f(x\ ,\ y)}{h}$$

이 존재하면 이 극한을 $f(x\ ,\ y)$의 x 에 대한 편도함수(*partial derivative of f with respect to* x) 라 하고 다음과 같이 나타낸다.

$$f_x(x\ ,\ y)\ ,\ f_x\ ,\ \frac{\partial f}{\partial x}\ ,\ \frac{\partial z}{\partial x}\ ,\ z_x\ ,\ \frac{\partial}{\partial x}f(x\ ,\ y)\ ,\ D_x f(x\ ,\ y)$$

(2) 이 변수함수 $z=f(x\ ,\ y)$에 대하여 극한

$$\lim_{k\to 0}\frac{f(x\ ,\ y+k)-f(x\ ,\ y)}{k}$$

이 존재하면 이 극한을 $f(x\ ,\ y)$의 y에 대한 편도함수(*partial derivative of f with respect to* y) 라 하고 다음과 같이 나타낸다.

$$f_y(x,\ y),\ f_y,\ \frac{\partial f}{\partial y},\ \frac{\partial z}{\partial y},\ z_y,\ \frac{\partial}{\partial y}f(x,\ y),\ D_y f(x,\ y)$$

[예제 2.1] $f(x,y)=x^2+xy+y^2$의 편도함수를 구하여라.

[풀이] $f_x(x\ ,\ y)=\lim_{h\to 0}\frac{f(x+h\ ,\ y)-f(x\ ,\ y)}{h}$

$$=\lim_{h\to 0}\frac{(x+h)^2+(x+h)y+y^2-(x^2+xy+y^2)}{h}$$

$$=\lim_{h\to 0}\frac{2xh+yh+h^2}{h}=\lim_{h\to 0}(2x+y+h)$$

$$=2x+y$$

$$f_y(x\ ,\ y)=\lim_{k\to 0}\frac{f(x\ ,\ y+k)-f(x\ ,\ y)}{k}$$

$$=\lim_{k\to 0}\frac{x^2+x(y+k)+(y+k)^2-(x^2+xy+y^2)}{k}$$

$$=\lim_{k\to 0}\frac{xk+2yk+k^2}{k}=\lim_{k\to 0}(x+2y+k)$$

함수 $f(x\ ,\ y)$의 x에 대한 편도함수는 y를 상수로 하고 f의 x에 대한 도함수를 의미한다.

즉,
$$\frac{\partial f}{\partial x}=\left(\frac{df}{dx}\right)_{y=(\text{상수})} \tag{2.3}$$

또 함수 $f(x\ ,\ y)$의 y에 대한 편도함수는 x를 상수로 하고 f의 y에 대한 도함수를

의미한다. 즉,

$$\frac{\partial f}{\partial y} = \left(\frac{df}{dy}\right)_{x=(\text{상수})} \tag{2.4}$$

로부터 편도함수 $f_x(x\ ,\ y)$, $f_y(x\ ,\ y)$를 구하는 것을 편미분법(*partial differentiation*)이라 한다.

간단히 정리하면 $f_x(x\ ,\ y)$를 구할 때에는 y를, $f_y(x\ ,\ y)$를 구할 때에는 x를 상수로 보고 x 및 y 에 대하여 일변수 함수의 미분법을 적용하면 된다는 의미이다.

[예제 2.2] $f(x,y) = \dfrac{3\sqrt{x}}{y^2}$ 에 대하여 (1)$\dfrac{\partial f}{\partial x}$ (2)$\dfrac{\partial f}{\partial y}$ 를 구하여라.

[풀이] (1) $\dfrac{\partial f}{\partial x} = \dfrac{\partial}{\partial x}\left(3x^{\frac{1}{2}}y^{-2}\right) = 3y^2\dfrac{\partial}{\partial x}\left(x^{\frac{1}{2}}\right) = 3y^{-2} \cdot \dfrac{1}{2}x^{-\frac{1}{2}} = \dfrac{3}{2y^2\sqrt{x}}$

(2) $\dfrac{\partial f}{\partial y} = \dfrac{\partial}{\partial y}\left(3x^{\frac{1}{2}}y^{-2}\right) = 3x^{\frac{1}{2}}\dfrac{\partial}{\partial y}(y^{-2}) = 3x^{\frac{1}{2}} \cdot (-2y^{-3}) = -\dfrac{3\sqrt{x}}{2y^3}$

[예제 2.3] $z = f(x,y) = x^3 + 2xy^2 + y^4$ 에 대하여 (1) $\dfrac{\partial z}{\partial x}$ (2) $\dfrac{\partial z}{\partial y}$ 를 각각 구하여라. 그리고 (3) $f_x(1,0)$, (4) $f_y(-3,2)$를 구하여라.

[풀이] (1) $\dfrac{\partial z}{\partial x} = \dfrac{\partial}{\partial x}(x^3 + 2xy^2 + y^4) = \dfrac{\partial}{\partial x}(x^3) + 2y^2\dfrac{\partial}{\partial x}(x) + \dfrac{\partial}{\partial x}(y^4)$

$= 3x^2 + 2y^2 \cdot 1 + 0$

$= 3x^2 + 2y^2$

(2) $\dfrac{\partial z}{\partial y} = \dfrac{\partial}{\partial y}(x^3 + 2xy^2 + y^4) = \dfrac{\partial}{\partial y}(x^3) + \dfrac{\partial}{\partial y}(x^3) + 2x \cdot \dfrac{\partial}{\partial y}(y^2) + \dfrac{\partial}{\partial y}(y^4)$

$= 0 \cdot 2x \cdot 2y + 4y^3$

$= 4xy + 4y^3$

(3) $f_x(1\ ,\ 0) = \dfrac{\partial z}{\partial x}\Big|_{(1,0)} = \left[3x^2 + 2y^2\right]_{\substack{x=1\\y=0}} = 3 \cdot 1^2 + 2 \cdot 0^2 = 3$

(4) $f_y(-3\ ,2) = \dfrac{\partial z}{\partial y}\Big|_{(-3,2)} = \left[4xy + 4y^3\right]_{\substack{x=-3\\y=2}} = 4 \cdot (-3) \cdot 2 + 4 \cdot 2^3 = 8$

[예제 2.4] 다음 함수에 대하여 f_x , f_y를 각각 구하여라.

$(1)z = f(x,y) = \ln|2x + y^2|$ $\qquad$ $(2)z = f(x,y) = xe^{x2+y2}$

[풀이] (1) $f_x(x\ ,\ y) = \dfrac{\partial}{\partial x}(\ln|2x+y^2|) = \dfrac{1}{2x+y^2} \cdot \dfrac{\partial}{\partial x}(2x+y^2)$

$$= \frac{1}{2x+y^2} \cdot 2 = \frac{2}{2x+y^2}$$

$$f_y(x\ ,\ y) = \frac{\partial}{\partial y}(\ln|2x+y^2|) = \frac{1}{2x+y^2} \cdot \frac{\partial}{\partial y}(2x+y^2)$$

$$= \frac{1}{2x+y^2} \cdot 2y = \frac{2y}{2x+y^2}$$

(2) $f_x(x\ ,\ y) = \dfrac{\partial}{\partial x}\left(xe^{x^2+y^2}\right) = e^{x^2+y^2} \cdot \dfrac{\partial}{\partial x}(x) + x \cdot \dfrac{\partial}{\partial x}\left(e^{x^2+y^2}\right)$ (곱의미분)

$$= e^{x^2+y^2} \cdot 1 + x \cdot e^{x^2+y^2} \cdot \frac{\partial}{\partial x}(x^2+y^2) \quad \text{(연쇄법칙)}$$

$$= e^{x^2+y^2} + xe^{x^2+y^2}(2x) = (1+2x^2)e^{x^2+y^2}$$

$$f_y(x\ ,\ y) = \frac{\partial}{\partial y}\left(xe^{x^2+y^2}\right) = e^{x^2+y^2} \cdot \frac{\partial}{\partial y}(x) + x \cdot \frac{\partial}{\partial y}\left(e^{x^2+y^2}\right) \quad \text{(곱의미분)}$$

$$= e^{x^2+y^2} \cdot 0 + x \cdot e^{x^2+y^2} \cdot \frac{\partial}{\partial y}(x^2+y^2) \quad \text{(연쇄법칙)}$$

$$= x \cdot e^{x^2+y^2} \cdot 2y$$

$$= 2xye^{x^2+y^2}$$

이변수 함수 $z=f(x,y)$가 나타내는 곡면과 평면 $y=b$의 교선은 $z=f(x,b)$와 같은 방정식으로 나타낼 수 있다.

이때 $f_x(a,b)$는 곡선 $z=f(x,b)$의 $x=a$ 에서의 접선의 기울기이다.

같은 이치로 곡면 $z=f(x,y)$와 평면 $x=a$의 교선 $z=f(a,y)$에 대하여 $f_y(a,b)$는 곡선 $z=f(a,y)$의 $y=b$ 에서의 접선의 기울기이다.

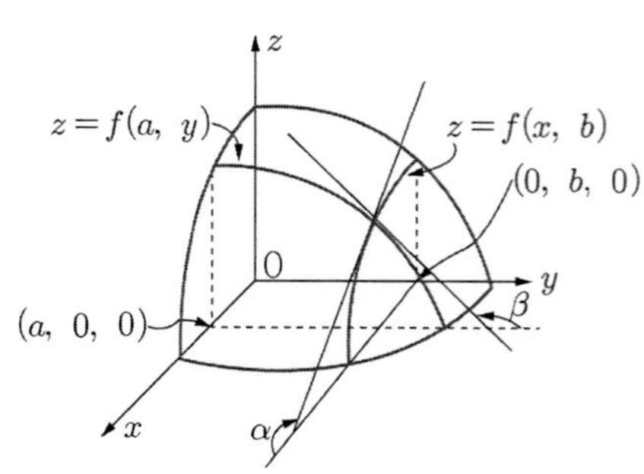

그림 2.1

오른쪽 위 [그림2.1] 에서

$$f_x(a,b) = \tan\alpha\ ,\quad f_y(a,b) = \tan\beta$$

함수 $z=f(x,y)$의 영역 D에서 편도함수

$$f_x = \frac{\partial z}{\partial x},\ f_y = \frac{\partial z}{\partial y}$$

는 x와 y의 함수이다. 이 f_x, f_y는 또 편도함수를 가질 수 있다. D에서 f_x, f_y 가 x, y에 대하여 편미분가능이면 다음과 같은 이계편도함수(*second-order partial derivatives*)를 얻는다.

$$\frac{\partial}{\partial x}\left(\frac{\partial z}{\partial x}\right) = \frac{\partial^2 z}{\partial x^2} \text{ 또는 } (f_x)_x = f_{xx},\ (z_x)_x = z_{xx} \qquad (2.5)$$

$$\frac{\partial}{\partial y}\left(\frac{\partial z}{\partial x}\right) = \frac{\partial^2 z}{\partial y \partial x} \text{ 또는 } (f_x)_y = f_{xy},\ (z_x)_y = z_{xy}$$

$$\frac{\partial}{\partial x}\left(\frac{\partial z}{\partial y}\right) = \frac{\partial^2 z}{\partial x \partial y} \text{ 또는 } (f_y)_x = f_{yx},\ (z_y)_x = z_{yx}$$

$$\frac{\partial}{\partial y}\left(\frac{\partial z}{\partial y}\right) = \frac{\partial^2 z}{\partial y^2} \text{ 또는 } (f_y)_y = f_{yy},\ (z_y)_y = z_{yy}$$

위의 이계편도함수(2^2개)를 얻는 방법과 같이 삼계편도함수 (2^3개), 사계편도함수(2^4개), n계는 편도함수(2^n개)를 얻을 수 있다. 이들을 통틀어 고계편도함수(partial derivative of higher order)라 한다.

f_{xy}, $\frac{\partial^2 z}{\partial x \partial y}$에서 x와 y는 미분법의 계(order)를 의미하고 x와 y는 이 두 가지표기에서 왼쪽부터 오른쪽으로 썼다. 그렇지만 f_{xy}는 $f(x,y)$를 x 에 대하여 먼저 편미분하고 다음에 y에 대하여 편미분한 것이고, 반면 $\frac{\partial^2 z}{\partial x \partial y}$는 $z=f(x,y)$를 y 에 대하여 먼저 편미분하고 다음에 x 에 대하여 편미분 한 것이다.

[예제 2.5] $f(x,y)=x^2e^y+y^2e^x+xy$의 이계편도함수 f_{xx}, f_{xy}, f_{yx}, f_{yy} 모두 구하여라.

[풀이] 먼저 주어진 함수를 x, y에 대하여 각각 편미분하면

$$f_x = 2xe^y + y^2e^x + y \quad f_y = x^2e^y + 2ye^x + x$$

$$\text{또, } f_{xx} = \frac{\partial}{\partial x}(f_x) = \frac{\partial}{\partial x}(2xe^y + y^2e^x + y) = 2e^y + y^2e^x$$

$$f_{xy} = \frac{\partial}{\partial y}(f_x) = \frac{\partial}{\partial y}(2xe^y + y^2e^x + y) = 2xe^y + 2ye^x + 1$$

$$f_{yx} = \frac{\partial}{\partial x}(f_y) = \frac{\partial}{\partial x}(x^2e^y + 2ye^x + x) = 2xe^y + 2ye^x + 1$$

$$f_{yy} = \frac{\partial}{\partial y}(f_y) = \frac{\partial}{\partial y}(x^2e^y + 2ye^x + x) = x^2e^y + 2e^x$$

위 예제 2.5에서 $f_{xy} = f_{yx}$ 임을 알 수 있다.

이것은 모든 함수에 대하여 항상 성립하는 것은 아니다.

다음과 같은 정리가 성립한다는 것이 알려져 있다.

[정리] 2.1

함수 $f(x,y)$, 일계편도함수 f_x, f_y, 이계편도함수 f_{xy}, f_{yx}가 한 영역에서 모두 연속이면

$$f_{xy}(x,y) = f_{yx}(x,y) \quad \text{이다.}$$

2개 이상의 변수를 갖는 함수에서도 이변수함수의 편미분법과 마찬가지로 편도함수를 구한다. 예를 들어 삼변수 함수

$$w = f(x,y,z)$$

에 대한 일계편도함수는

$$\frac{\partial w}{\partial x} = f_x(x,y,z), \ \frac{\partial w}{\partial y} = f_y(x,y,z), \ \frac{\partial w}{\partial z} = f_z(x,y,z) \tag{2.6}$$

이다. 어떤 변수에 대한 편도함수일 때 그 변수외의 모든 변수는 상수로 보고 편미분하면 된다.

[예제 2.6] 다음의 편도함수를 구하라

$$w = f(x,y,z) = x^2y^2 + y^2z^2 + z^2x^2 \quad \text{일 때}$$

[풀이] $f_x = \dfrac{\partial w}{\partial x} = 2xy^2 + 2z^2x = 2x(y^2 + z^2)$,

$$f_y = \frac{\partial w}{\partial y} = 2x^2y + 2yz^2 = 2y(x^2 + z^2)$$

$$f_z = \frac{\partial w}{\partial z} = 2y^2 z + 2zx^2 = 2z(x^2 + y^2)$$

2.2 치환적분과 부분적분

2.2.1 치환적분법

수학적 문제를 풀이함에 있어 변수를 다른 변수로 치환하여 해석하므로써 쉽게 문제를 풀 수 있는 경우가 많다. 적분법에서도 적분변수를 다른 변수로 치환 하게 되면 익숙치 않는 적분문제를 알고 있는 적분 형태로 변형 시킬 수 있다.
이와 같은 적분 방법을 치환 적분법(integration by substitution)이라고 한다.

합성함수 $f(g(x))$를 미분하면 도함수

$\{f(g(x))\}' = f'(g(x)) \cdot g'(x)$ 얻으며

이를 적분하면

$$\int f'(g(x)) \cdot g'(x)\,dx = f(g(x)) + c \qquad (2.7)$$

를 얻는다.
여기서 $f'(g(t))$는 피적분 함수. 피적분 함수에 그 함수의 도함수 $g'(t)$일부가 곱해져 있을 때 치환 적분법을 이용하여 적분 한다.

$\int f'(g(x)) \cdot g'(x)dx$ 에서 $g(x)$ 를 t 로 치환하면

$t = g(x)$ 이를 미분하면

$\frac{dt}{dx} = g'(x)$ 이 된다. 이를 dx로 전개하면 $dx = \frac{1}{g'(x)}dt$ 이다.

이를 식(2.7)에 대입하면

$$\int f'(t) \cdot g'(x) \cdot \frac{1}{g'(x)}dt = f(t) + C$$

$$= f(g(x)) + C$$ 를 얻는다.

이와 같이 변수를 바꾸어 적분하는 방법을 치환적분법이라 한다.

[예제 2.7] 다음 부정적분을 구하여라.

(1) $\int 24x(x^2+1)^3 dx$　　(2) $\int x^2\sqrt{x^3-1}\,dx$

(3) $\int \frac{2x+3}{(x^2+3x)^2}dx$

[풀이] (1) $x^2+1=t$로 하면 $2xdx=dt$ (t의 미분)

$$\int 24x(x^2+1)^3dx = \int 12 \cdot 2x(x^2+1)^3dx = 12\int (x^2+1)^3 \cdot 2xdx$$
$$= 12\int t^3dt = 12 \cdot \frac{1}{4}t^4 + C = 3t^4 + C$$
$$= 3(x^2+1)^4 + C$$

(2) $x^3-1=t$로 하면 $3x^2dx=dt$

$$\therefore \int x^2\sqrt{x^3-1}\,dx = \frac{1}{3}\int \sqrt{x^3-1} \cdot 3x^2dx = \frac{1}{3}\int \sqrt{t}\,dt$$
$$= \frac{1}{3} \cdot \frac{t^{3/2}}{3/2} + C$$
$$= \frac{2}{9}(x^3-1)^{\frac{3}{2}} + C$$

(3) $x^2+3x=u$로 하면 $(2x+3)dx=du$ (u의 미분)

$$\therefore \int \frac{2x+3}{(x^2+3x)^2}dx = \int \frac{1}{u^2}du = \int u^{-2}du = \frac{1}{-1}u^{-1} + C$$
$$= -\frac{1}{u} + C = -\frac{1}{x^2+3x} + C$$

[예제 2.8] 다음 부정적분을 구하여라.

(1) $\int x^2e^{x^3}dx$　　(2) $\int \frac{(2x+5)dx}{x^2+5x}$

(3) $\int \sin x\cos^2 x dx$　　(4) $\int \frac{1}{x}(\ln x)^3 dx$

[풀이] (1) $x^3=t$로 하면 $3x^2dx=dt$

$$\therefore \int x^2e^{x^3}dx = \int \frac{1}{3} \cdot 3x^2e^{x^3}dx = \frac{1}{3}\int e^{x^3} \cdot 3x^2dx$$
$$= \frac{1}{3}\int e^t dt = \frac{1}{3}e^t + C = \frac{1}{3}e^{x^3} + C$$

(2) $x^2+5x=t$로 하면 $(2x+5)dx=dt$

$$\therefore \int \frac{(2x+5)dx}{x^2+5x} = \int \frac{dt}{t} = \ln|t| + C \quad = \ln|3x+5| + C$$

(3) $\cos x = u$로 하면 $-\sin x dx = du$

$$\therefore \int \sin x cos^2 x dx = -\int \cos^2 x \cdot (-\sin x) dx = -\int u^2 du$$
$$= -\frac{1}{3}u^3 + C = -\frac{1}{3}cos^3 x + C$$

(4) $\ln x = u$로 하면 $\frac{1}{x}dx = du$

$$\therefore \int \frac{1}{x}(\ln x)^3 dx = \int (\ln x)^3 \cdot \frac{1}{x}dx = \int u^3 du$$
$$= \frac{1}{4}u^4 + C$$
$$= \frac{1}{4}(\ln x)^4 + C$$

[예제 2.9] 부정적분 $\int x\sqrt{1-x}\,dx$를 구하여라.

[풀이] $1-x=t$로 하면 $x=1-t, dx=-dt$

$$\therefore \int x\sqrt{1-x}\,dx = \int (1-t)\sqrt{t}\,(-dt)$$
$$= \int (t-1)t^{\frac{1}{2}}dt = \int \left(t^{\frac{3}{2}} - t^{\frac{1}{2}}\right)dt$$
$$= \frac{t^{\frac{3}{2}+1}}{\frac{3}{2}+1} - \frac{t^{\frac{1}{2}+1}}{\frac{1}{2}+1}dt + C$$
$$= \frac{2}{5}t^{\frac{5}{2}} - \frac{2}{3}t^{\frac{3}{2}} + C$$
$$= \frac{2}{5}(1-x)^{\frac{5}{2}} - \frac{2}{3}(1-x)^{\frac{3}{2}} + C$$

2.2.2 부분적분법

x의 함수 $f(x)$, $g(x)$가 미분가능일 때 두 함수의 곱 $f(x) \cdot g(x)$를 x에 관하여 미분하면 $\frac{d}{dx}(f(x)g(x)) = f(x) \cdot g'(x) + f'(x) \cdot g(x)$ 이 식을 $f'(x) \cdot g(x)$ 로 정리하여 적분하면

$$\int f'(x)\,g(x)dx = f(x) \cdot g(x) - \int f(x)\,g'(x)dx \qquad (2.8)$$

가 된다. $f'(x)=1$이면

$$\int g(x)dx = x \cdot g(x) - \int x\,g'(x)dx$$

위와 같이 적분하는 방법을 부분적분법(integration by parts)이라 한다.

[예제 2.10] 다음 부정적분을 구하여라.

(1) $\int xe^{2x}dx$ (2) $\int \ln x dx$

[풀이] (1) $f'(x) = e^{2x}$, $g(x) = x$

$f(x) = \frac{1}{2}e^{2x}$, $g'(x) = 1$ 라 하면

$$\int xe^{2x}dx = \frac{1}{2}x\,e^{2x} - \frac{1}{2}\int e^{2x} \cdot 1dx$$

$$= \frac{1}{2}xe^{2x} - \frac{1}{4}e^{2x} + C \quad = \frac{1}{2}e^{2x}(x - \frac{1}{2}) + C$$

(2) $f'(x) = 1$, $g(x) = \ln x$

$f(x) = x$, $g'(x) = \frac{1}{x}$ 이므로

$$\int \ln x\,dx = x\ln x - \int x \cdot \frac{1}{x}dx$$

$$= x\ln x - \int dx$$

$$= x\ln x - x + C \quad = x(\ln x - 1) + C$$

[예제 2.11] 다음 부정적분을 구하여라.

(1) $\int 2x^2e^x dx$ (2) $\int x^2\cos x dx$

[풀이] (1) $f'(x) = e^x$, $g(x) = 2x^2$

$f(x) = e^x$, $g'(x) = 4x$ 이므로

$$\int 2x^2e^xdx = 2x^2e^x - \int e^x\,4x\,dx \qquad ①$$

$$= 2x^2\,e^x - 4\int x\,e^x\,dx$$

여기서 $\int x\,e^x dx$ 를 또 부분적분법으로 구하면

$$f'(x) = e^x \quad , \qquad g(x) = x$$
$$f(x) = e^x \quad , \qquad g'(x) = 1 \quad \text{이므로}$$

$$\int x e^x dx = e^x x - \int 1 \cdot e^x dx \qquad ②$$

$$= 4(xe^x - e^x) + C_1$$

① 과 ② 에서

$$\int 2x^2 e^x dx = 2x^2 e^x - 4(xe^x - e^x + C_1)$$

$$= 2(x^2 - 2x + 2)e^x + C \qquad (C = -4C_1)$$

(2) $f'(x) = \cos x \quad , \qquad g(x) = x^2$

$f(x) = \sin x \quad , \qquad g'(x) = 2x$ 이므로

$$\int x^2 \cos x \, dx = x^2 \sin x - 2\int x \sin x \, dx \qquad ①$$

여기서 $\int x \sin x \, dx$ 을 다시 부분적분 하면

$$f'(x) = \sin x \quad , \qquad g(x) = x$$
$$f(x) = -\cos x \quad , \qquad g'(x) = 1 \quad \text{이므로}$$

$$2\int x \sin x \, dx = x \cdot (-\cos x) - \int 1 \cdot (-\cos x) dx$$

$$= 2(-x\cos x + \sin x + C_2) \qquad ②$$

① 과 ② 에서

$$\therefore \int x^2 \cos x \, dx = x^2 \sin x - 2(-x\cos x + \sin x + C_2)$$

$$= (x^2 - 2)\sin x + 2x\cos x + C \; (C = -2C_2)$$

[예제 2.12] 부정적분 $I=\int e^{x}\sin x\,dx$ 를 구하여라.

[풀이] $$I=\int e^{x}\sin x\,dx=\int (e^{x})'\sin x\,dx \qquad ①$$

$$=e^{x}\sin x-\int e^{x}\cos x\,dx$$

여기서 $$\int e^{x}\cos x\,dx=\int (e^{x})'\cos x\,dx \qquad ②$$

$$=e^{x}\cos x+\int e^{x}\sin x\,dx$$

$$=e^{x}\cos x+I$$

① 과 ② 에서 $$I=e^{x}\sin x-(e^{x}\cos x+I)$$

$$2I=e^{x}(\sin x-\cos x)$$

$$\therefore\ I=\frac{1}{2}e^{x}(\sin x-\cos x)+C$$

2.3 중적분

2.3.1 이중적분

이변수 함수 $z=f(x,y)$가 $a\le x\le b,\ c\le y\le d$인 점 (x,y)로 이루어진 사각형 영역 R 에서 정의된다. 이 때, 영역$R=\{(x,y)|a\le x\le b, c\le y\le d\}$의 가로, 세로를 좌표축에 평행한 직선들로

$$a=x_0<x_1<x_2<\cdots<x_{n-1}<x_n=b$$
$$c=y_0<y_1<y_2<\cdots<y_{m-1}<y_m=d$$

와 같이 R을 mn개의 직사각형으로 분할한다.

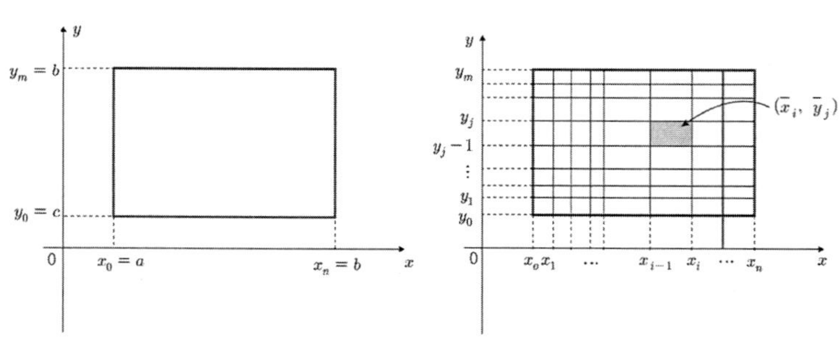

그림 2.2

위의 [그림 2.2]와 같이 분할된 직사각형의 내부의 한 점을

$$\left(\overline{x_i},\ \overline{y_j}\right),\ i=1,2,3,\cdots,n,\quad j=1,2,3,\cdots,m$$

라 하고, $x_i-x_{i-1}=\triangle x_i,\ y_j-y_{j-1}=y_j$라 한다. 이 때 $\left(\overline{x_i},\overline{y_j}\right)$가 있는 작은 직사각형의 영역을 R_{ij}라 하면 R_{ij}의 넓이는 $\triangle x_i \triangle y_j$, 이 영역을 밑면으로 하고 높이가 $f\left(\overline{x_i},\overline{y_j}\right)$인 직육면체의 부피는 $f\left(\overline{x_i},\overline{y_j}\right)\triangle x_i \triangle y_j$임을 알 수 있다.

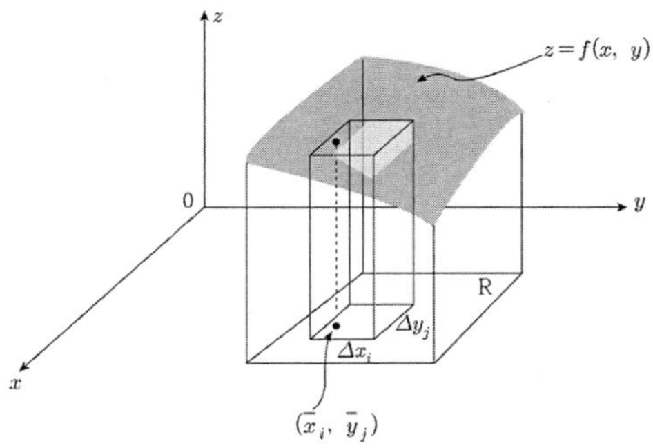

그림 2.3

직사각형 영역 R과 곡면 $z=f(x,y)$, R의 각 꼭지점에서 z축에 평행한 직선과 곡면이 만나는 선분을 네 모서리로 하는 입체의 부피를 구하여 보자 $(z=f(x,y)>0)$.

이와 같이 분할로 이루어진 직육면체들의 부피의 합은 구간

$$[y_0,y_1]\text{에서}\ \sum_{i=1}^{n} f\left(\overline{x_i},\ \overline{y_1}\right)\triangle x_i \triangle y_1$$

$$[y_1,y_2]\text{에서}\ \sum_{i=1}^{n} f\left(\overline{x_i},\ \overline{y_2}\right)\triangle x_i \triangle y_2$$

$$[y_2,y_3]\text{에서}\ \sum_{i=1}^{n} f\left(\overline{x_i},\ \overline{y_3}\right)\triangle x_i \triangle y_3$$

$$\vdots$$

$$[y_{m-1},\ y_m]\text{에서}\ \sum_{i=1}^{n} f\left(\overline{x_i},\overline{y_m}\right)\triangle x_i \triangle y_m$$

이므로

$$\sum_{j=1}^{m}\sum_{i=1}^{n} f\left(\overline{x_i},\overline{y_j}\right)\triangle x_i \triangle y_j \qquad (2.9)$$

임을 알 수 있다.

식(2.9) 를 직사각형 영역 R에서 $f(x,y)$의 리만합(Riemann sum for $f(x,y)$ over the rectangle R)이라 한다.

이 리만합 식(2.9)가 $m\to\infty$, $n\to\infty\left(\triangle x_i\to 0,\ \triangle y_j\to 0\right)$일 때, 극한값 I를 가지면 I는 직사각형 영역 R에서 $f(x,y)$의 이중적분(double integral of $f(x,y)$ over the rectangle R)이라 하고

$$I=\iint_R (x,y)dxdy \tag{2.10}$$

로 나타낸다. 그리고 영역은 $R=\{(x,y)|a \le x \le b, c \le y \le d\}$ 이므로 I는

$$I=\int_c^d \int_a^b f(x,y)dxdy \tag{2.11}$$

로도 나타낸다. 반면에 구간을 $[x_0,x_1]$, $[x_1,x_2]$, $\cdots$, $[x_{n-1},x_n]$을 기준으로 생각하면 (2.9)은

$$\sum_{i=1}^{n}\sum_{j=1}^{m} f(\overline{x_i},\overline{y_j})\triangle y_j \triangle x_i$$

로 나타내어지고, (2.10)와 (2.11)은

$$I=\iint_R (x,y)dydx$$

$$I=\int_a^b \int_c^d f(x,y)\,dydx \tag{2.12}$$

로 나타내어진다. 이상에서 다음을 알 수 있다.

$f(x,y)$가 영역 $R=\{(x,y)|a \le x \le b, c \le x \le d\}$에서 연속일 때

$$\int_c^d \int_z^b f(x,y)dxdy = \int_a^b \int_c^d f(x,y)dydx \quad \text{(푸비니(}\textit{Fubini}\text{)의 정리)} \tag{2.13}$$

여기서 $f(x,y)$를 피적분함수(*integrand*), R을 적분영역(*Region of integration*)이라 한다.

함수 $f(x,y)=x^3y^3+x^2y^2+xy+C(y)$가 있다. $C(y)$는 y만의 함수이다. 이 때 $f_x(x,y)$를 구하면

$$f_x=\frac{\partial f}{\partial x}=\frac{\partial}{\partial x}\left(x^3y^3+x^2y^2+xy+C(y)\right)$$

$$=3x^2y^3+2xy^2+y$$

이것은 $3x^2y^3+2xy^2+y$를 x에 대하여 적분하면 주어진 함수

$f(x,y) = x^3y^3 + x^2y^2 + xy + C(y)$임을 의미한다. 즉,

$$\int (3x^2y^3 + 2xy^2 + y)dx = x^3y^3 + x^2y + xy + C(y)$$

x에 대하여 적분할 때 y는 상수로 보고 적분상수는 y 만의 식으로 나타낸다($C(y)$).

[예제 2.13] 영역 $R = \{(x,y) | 0 \le x \le 1, 1 \le y \le 2\}$에서 $f(x,y) = 3x^2y^3 - 2xy^2 + y - 1$의 이중적분 $\iint_R f(x,y)dx\,dy$를 계산하여라.

[풀이] $\iint_R f(x,y)dxdy = \int_1^2 \int_0^1 (3x^2y^3 - 2xy^2 + y - 1)dxdy$

$$= \int_1^2 \left[\int_0^1 (3x^2y^3 - 2xy^2 + y - 1)dx\right]dy$$

$$= \int_1^2 [x^3y^3 - x^2y^2 + xy - x]_0^1\, dy$$

$$= \int_1^2 (y^3 - y^2 + y - 1)\, dy$$

$$= \left[\frac{y^4}{4} - \frac{y^3}{3} + \frac{y^2}{2} - y\right]_1^2 = \frac{23}{12}$$

$R = \{(x,y) | a \le x \le b, c \le y \le d\}$를 간단히 $[a,b] \times [c,d]$로 나타내기도 한다. 즉, $R = [a,b] \times [c,d]$. 이것을 데카르트 곱(*cartesian product*)이라 한다.

[예제 2.14] $R = [-1,2] \times [0,\pi]$에서 $\iint_R y\cos xy\, dx\, dy$를 계산하여라.

[풀이] $\iint_R y\cos xy\, dx\, dy = \int_0^\pi \int_{-1}^2 y\cos xy\, dxdy = \int_0^\pi [\sin xy]_{-1}^2 dy$

$$= \int_0^\pi (\sin 2y + \sin y)dy = \left[\frac{-\cos 2y}{2} - \cos y\right]_0^\pi = \frac{-\cos 2\pi}{2} - \cos\pi$$

$$-\left(\frac{-\cos 0}{2} - \cos 0\right) = \frac{-1}{2} - (-1) - \left(\frac{-1}{2} - 1\right) = 2$$

일반영역에서 이중적분을 어떻게 계산하는지를 알아본다.

함수 $g_1(x)$, $g_2(x)$가 연속이고 $[a,b]$에 속한 모든x 에 대하여 $g_1(x) \le g_2(x)$이다.

그리고 영역 R은 $a \le x \le b$이고 $g_1(x) \le y \le g_2(x)$, 즉

$$R = \{(x,y) | a \le x \le b,\ g_1(x) \le y \le g_2(x)\}$$

이다. 함수 $f(x,y)$는 영역 R 에서 연속한다.

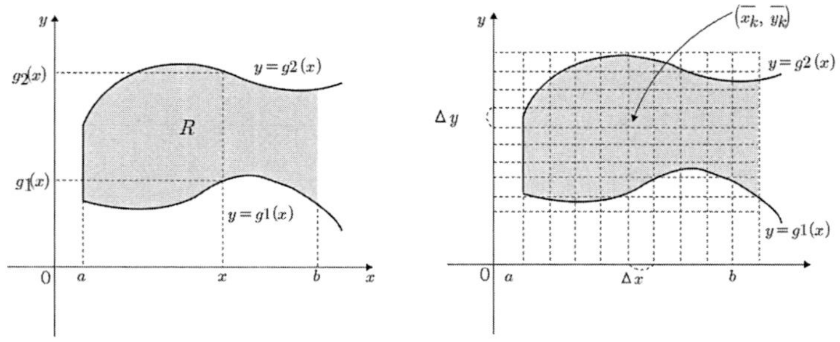

그림 87

그림 2.4

이 영역 R를 x축, y축에 각각 평행한 직선으로 분할하여 직사각형으로 분할하였다. 위의 [그림2.4]과 같이 각직사각형의 넓이가 $\triangle x \triangle y$이다. 직사각형은 영역 R내부에 완전히 들어있는 것과 일부분이 들어 있지 않은 것이 있다.

R의 내부에 완전히 들어 있는 임의의 직사각형 안에 임의의 점을 잡고 좌표를 $(\overline{x_k}, \overline{y_k})$ 라 하면 리만합(*Riemann sum*)은

$$f(\overline{x_1}, \overline{y_1}) \triangle x \triangle y + f(\overline{x_2}, \overline{y_2}) \triangle x \triangle y + \cdots + f(\overline{x_n}, \overline{y_n}) \triangle x \triangle y \qquad (2.15)$$

$$= \sum_{k=1}^{n} f(\overline{x_k}, \overline{y_k}) \triangle x \triangle y$$

로 나타낼 수 있다.

이 때, $n \to \infty$ 이면 $\triangle x \to 0$이고 $\triangle y \to 0$일 때 리만합은 존재하고 이 극한값을 영역 R에서 $f(x,y)$의 이중적분(*double integral of* $f(x,y)$ *over the region* R)이라 하고

$$\iint_R f(x,y)\,dxdy$$

로 나타낸다. 함수 $f(x,y)$가 연속함수이고, x의 두 함수 $g_1(x)$, $g_2(x)$가 구간 $[a,b]$에서

연속일 때

$$\int_a^b \left[\int_{g_1(x)}^{g_2(x)} f(x,y)\, dy \right] dx \qquad (2.16)$$

를 반복적분(*iterated integral*)이라 한다.

함수 $f(x,y)$가 연속함수이고, 수 y의 함수 $h_1(y), h_2(y)$가 구간 $[c,d]$에서 연속일 때

$$\int_c^d \left[\int_{h_1(y)}^{h_2(y)} f(x,y)\, dx \right] dy \qquad (2.17)$$

를 앞의 경우와 마찬가지로

반복적분(*iterated integral*)이라 한다.

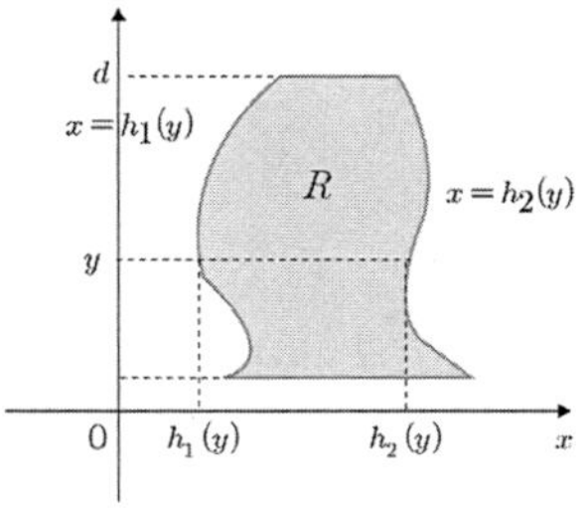

그림 2.5

[예제 2.15] 함수 $f(x,y) = x + y^2$ 가

R 로 둘러싸여 있다.

이때 R 은 $y = x$ 와 $y = x^2$ 로 주어졌다.

R 에서 $f(x,y)$을 이중적분을 이용하여 풀어라.

[풀이] 그림 2.6에서 $y = x$ 와 $y = x^2$ 가 만나는 좌표는(2,4) 이다. 때문에

x축 적분구간은 0 에서 2까지 이며 y축 적분구간은 식(2.16)에 의해

$g_1(x) = x^2$, $g_2(x) = 2x$ 이다. 이를 식으로 나타내면

$\int_0^2 \int_{x^2}^{2x} (x+y^2)dydx$ 이다. 이를 적분하면

$$\int_0^2 \left[xy + \frac{y^3}{3} \right]_{x^2}^{2x} dx$$

$$= \int_0^2 \left[x(2x) + \frac{(2x)^3}{3} - \left\{ x(x^2) + \frac{(x^2)^3}{3} \right\} \right] dx$$

$$= \int_0^2 \left[-\frac{x^6}{3} + \frac{5x^3}{3} + 2x^2 \right] dx$$

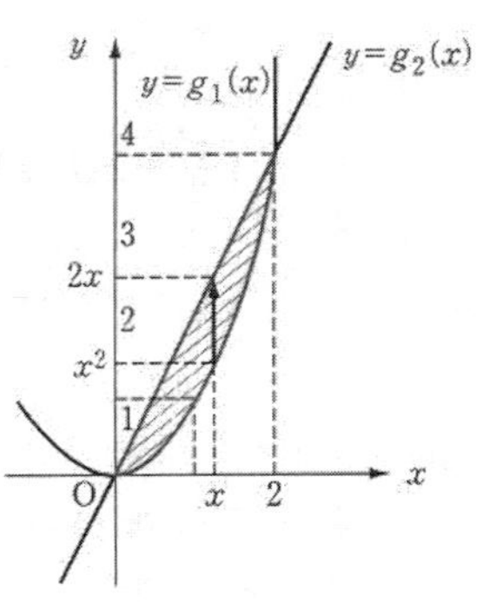

$$=\left[-\frac{x^7}{7\cdot 3}+\frac{5x^4}{4\cdot 3}+\frac{2x^3}{3}\right]_0^2=\frac{124}{21}$$ [그림2.6]

[예제 2.16] 예제2.15를 적분 순서를 바꾸어 적분하라.

[풀이] 위의 식(2.17)에 의해 x 구간은 $h_1(y)=\frac{y}{2}$, $h_2(y)=\sqrt{y}$ 이다.

y 구간은 0 에서 4 까지 이다.

이를 적분 식으로 나타내고 적분하면

$$\int_0^4\int_{\frac{y}{2}}^{\sqrt{y}}(x+y^2)dxdy=\int_0^4\left[\frac{x^2}{2}+xy^2\right]_{\frac{y}{2}}^{\sqrt{y}}dy$$

$$=\int_0^4\left[\frac{\sqrt{y}^2}{2}+(\sqrt{y})y^2-\left\{\frac{1}{2}\left(\frac{y}{2}\right)^2+\left(\frac{y}{2}\right)y^2\right\}\right]dy$$

$$=\int_0^4\left(\frac{y}{2}+y^{\frac{5}{2}}-\frac{y^2}{8}-\frac{y^3}{2}\right)dy=2\left[\frac{y^2}{4}+\frac{2}{7}y^{\frac{7}{2}}-\frac{y^3}{24}-\frac{y^4}{8}\right]_0^4=\frac{124}{21}$$

[예제2.15]와 [예제2.16] 에서 적분순서를 바꾸어서 계산할 때 적분의 상, 하한 즉 위 끝과 아래 끝의 변화에 주목해야 한다. 그리고 그 결과는 같음을 알았다.

[예제 2.17] 함수 $f(x,y)$는 $f(x,y)=xy+\cos x$로 주어지고 R은 그림2.7과 같이 주어졌다. 이중적분으로 함수 $f(x,y)$ 계산하여라.

[풀이] 그림2.7 에 의해

x축 적분 구간은 0 에서 $\frac{\pi}{2}$ 이고

y축 적분 구간은 0 에서 x 까지 이다.

이를 2중적분 식으로 나타내고 풀면

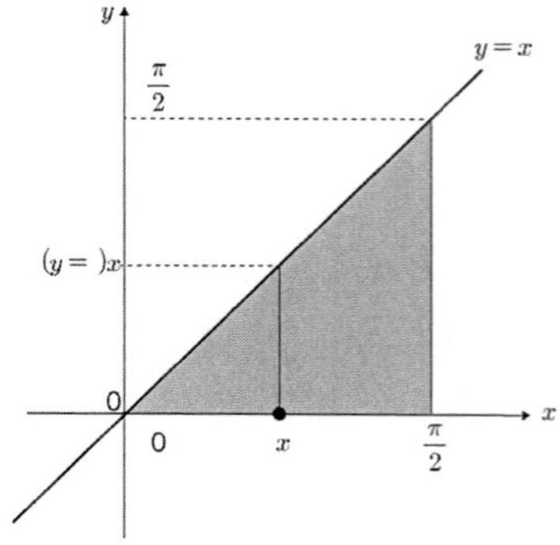

그림 2.7

$$\iint_R (xy+\cos x)dydx = \int_0^{\frac{\pi}{2}}\int_0^x (xy+\cos x)dydx$$

$$=\int_0^{\frac{\pi}{2}}\left[\frac{xy^2}{2}+y\cos x\right]_0^x dx = \int_0^{\frac{\pi}{2}}\left[\frac{x(x)^2}{2}+(x)\cos x-0\right]dx$$

$$=\int_0^{\frac{\pi}{2}}\left(\frac{x^3}{2}+x\cos x\right)dx = \int_0^{\frac{\pi}{2}}\frac{x^3}{2}dx+\int_0^{\frac{\pi}{2}}x\cos x\,dx$$

$$=\left[\frac{x^4}{4\cdot 2}\right]_0^{\frac{\pi}{2}}+[x\sin x+\cos x]_0^{\frac{\pi}{2}} = \frac{\pi^4}{128}+\frac{\pi}{2}-1$$

[예제 2.18] 위 [예제2.17]의 반복적분을 적분순서를 바꾸어서 계산하여 위의 예제의 결과와 같은지 확인하라.

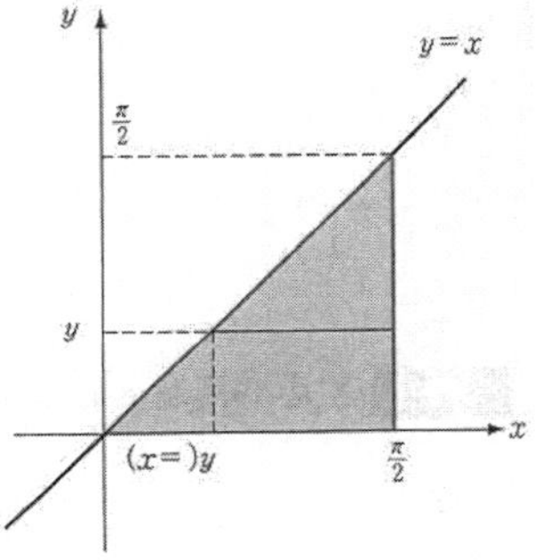

그림2.8

[풀이] 위의 식(2.7)에 의해 x축 적분 구간은 y 에서 $\frac{\pi}{2}$ 이고

y축 적분 구간은 0 에서 $\frac{\pi}{2}$ 까지 이다.

이를 2중적분 식으로 나타내고 풀면

$$=\int_0^{\frac{\pi}{2}}\int_y^{\frac{\pi}{2}}(xy+\cos x)dxdy$$

$$=\int_0^{\frac{\pi}{2}}\left[\frac{x^2y}{2}+\sin x\right]_y^{\frac{\pi}{2}}dy$$

$$=\int_0^{\frac{\pi}{2}}\left[\frac{\pi^2y}{8}+1-\frac{y^3}{2}-\sin y\right]dy=\left[\frac{\pi^2y^2}{16}+y-\frac{y^4}{8}+\cos y\right]_0^{\frac{\pi}{2}}$$

$$=\frac{\pi^2}{16}\cdot\frac{\pi^2}{4}+\frac{\pi}{2}-\frac{1}{8}\cdot\frac{\pi^4}{16}+0-(0+0-0+1)=\frac{\pi^4}{128}+\frac{\pi}{2}-1$$

2.3.2 삼중적분

이중적분은 적분영역을 직사각형으로 분할하여 정의하고 적분을 계산하였다. 이와 같은 이치로 삼중적분은 적분영역을 직육면체로 분할하여 정의하고 적분을 계산할 수 있다. 어떤 직육면체의 영역에서 정의되는 삼변수함수

$$u = f(x,y,z)$$

가 있다. 이 직육면체의 영역 B가

$$B = \{(x,y,z)|a \le x \le b, c \le y \le d, s \le z \le t\}$$

일 때, 각 좌표평면에 평행한 평면으로 구간 $[a,b]$, $[c,d]$, $[s,t]$를 다음과 같이 분할한다.

$$a = x_0 < x_1 < x_2 < \cdots < x_{n-1} < x_n = b$$

$$c = y_0 < y_1 < y_2 < \cdots < y_{m-1} < y_m = d$$

$$s = z_0 < z_1 < z_2 < \cdots < z_{l-1} < z_l = t$$

이 분할로 영역 B는 nml 개의 작은 직육면체로 나누어진다.

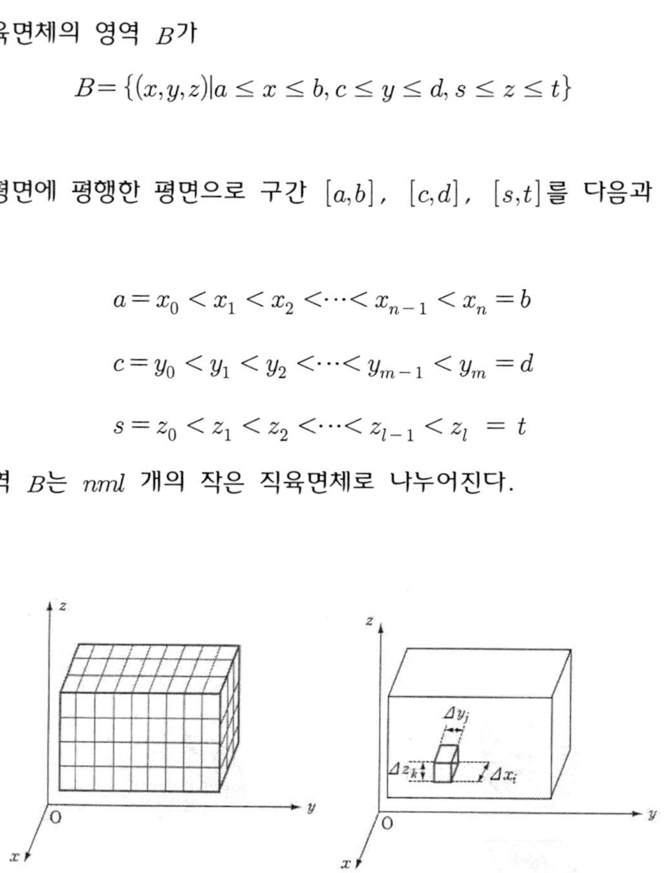

이 작은 직육면체 중 한 작은 직육면체를 위의 그림과 같이 생각하면
$\triangle x_i = x_i - x_{i-1}$, $\triangle y_j = y_j - y_{j-1}$, $\triangle z_k = z_k - z_{k-1}$이고 그 내부에 임의의 한 점의 좌표를 $(\overline{x_i}, \overline{y_j}, \overline{z_k})$로 할 때 삼중리만합(*triple Riemann sum*)은

$$\sum_{k=1}^{l}\sum_{j=1}^{m}\sum_{i=1}^{n} f(\overline{x_i}, \overline{y_j}, \overline{z_k}) \triangle x_i \triangle y_j \triangle z_k \quad (2.18)$$

로 나타낸다. 분할을 무한히 할 때($l \to \infty, m \to \infty, n \to \infty$), $\triangle x_i \to 0, \triangle y_j \to 0, \triangle z_k \to 0$이고 이 경우 (2.18)의 극한값이 I 이면 이 I 를 직육면체 영역 B에서 $f(x,y,z)$의 삼중적분(*triple integral of* $f(x,y,z)$ *over the rectangular box* B)이라 한다. 이 I 를 다음과 같이 나타낸다.

$$\iiint_B f(x,y,z)dxdydz = \int_s^t \int_c^d \int_a^b f(x,y,z)dxdydz \quad (2.19)$$

함수 $f(x,y,z)$가 직육면체의 영역 $B = [a,b] \times [c,d] \times [s,t]$에서 적분가능하면

$$\begin{aligned}\iiint_B f(x,y,z)dxdydz &= \int_s^t \int_c^d \int_a^b f(x,y,z)= dxdydz \\ &= \int_a^b \int_s^t \int_c^d f(x,y,z)= dydzdx \\ &= \int_c^d \int_a^b \int_s^t f(x,y,z)= dzdxdy = \cdots\end{aligned}$$

이다. 일반적인 유계 영역 W 에서 삼중적분(*triple integral over a general bounded region* W)은 이중적분의 경우를 적용하여 나타낸다.

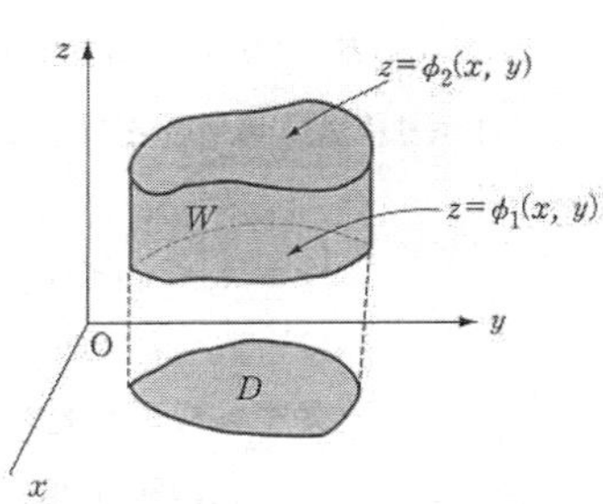

오른쪽 그림과 같이 입체영역 W 의 xy평면에 내린 정사영의 영역을 D라 하고, W는 x,y의 연속인 두 함수 $\varnothing_1(x,y)$, $\varnothing_2(x,y)$ 사이의 입체라 하면

$W = \{(x,y,z) | (x,y) \in D,\ \varnothing_1(x,y) \le z \le \varnothing_2(x,y)\}$로

나타낼 수 있다. 이 때

$$\iiint_W f(x,y,z)dxdydz = \iint_D \left[\int_{\varnothing_1(x,y)}^{\varnothing_2(x,y)} f(x,y,z)dz \right] dxdy \quad (2.20)$$

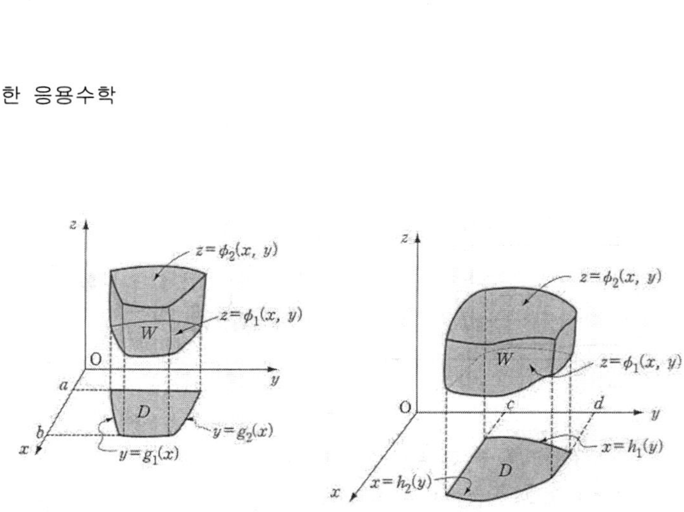

입체영역 W의 xy평면으로 내린 정사영인 영역 D가 $a \le x \le b$에서 $y=g_1(x)$, $y=g_2(x)$인 곡선으로 둘러싸인 영역이면

$W=\{(x,y,z)|a \le x \le b, g_1(x) \le y \le g_2(x), \varnothing_1(x,y) \le z \le \varnothing_2(x,y)\}$이고 식(2.20)은 다음과 같이 나타내어진다.

$$\iiint_W f(x,y,z)dxdydz = \iint_D \left[\int_{\varnothing_1(x,y)}^{\varnothing_2(x,y)} f(x,y,z)dz \right] dxdy \qquad (2.21)$$

$$= \int_a^b \int_{g_1(x)}^{g_2(x)} \int_{\varnothing_1(x,y)}^{\varnothing_2(x,y)} f(x,y,z)dzdydx$$

그리고 입체영역 W 의 xy평면으로 내린 정사영인 영역 D가 $c \le y \le d$에서 $x=h_1(y)$, $x=h_1(y)$인 곡선으로 둘러싸인 영역이면

$$W=\{(x,y,z)|c \le x \le d, h_1(y) \le y \le h_2(y), \varnothing_1(x,y) \le z \le \varnothing_2(x,y)\}$$

이고 식(2.20)은 다음과 같이 나타내어진다.

$$\iiint_W f(x,y,z)dxdydz = \int_c^d \int_{h_1(y)}^{h_2(y)} \int_{\varnothing_1(x,y)}^{\varnothing_2(x,y)} f(x,y,z)dzdxdy$$

[예제 2.19] 직육면체영역 $B=\{(x,y,z)|1 \le x \le 3, -1 \le y \le 0, 1 \le z \le 2\}$에서

삼중적분 $\iiint_B xy^2z\,dx\,dy\,dz$ 를 계산하여라.

[풀이] $\iiint_B xy^2z\,dx\,dy\,dz = \int_1^2\int_{-1}^0\int_1^3 xy^2z\,dx\,dy\,dz$

$$= \int_1^2\int_{-1}^0\left[\frac{x^2y^2z}{2}\right]_1^3 dy\,dz = \int_1^2\int_{-1}^0\left(\frac{3^2y^2z}{2} - \frac{1^2y^2z}{2}\right)dy\,dz$$

$$= \int_1^2\int_{-1}^0 4y^2z\,dy\,dz = \int_1^2\left[\frac{4y^3z}{3}\right]_{-1}^0 dz = \int_1^2\left\{0 - \frac{4(-1)^3z}{3}\right\}dz = \int_1^2\frac{4z}{3}dz$$

$$= \left[\frac{2z^2}{3}\right]_1^2 = \frac{2\cdot 2^2}{3} - \frac{2\cdot 1^2}{3} = 2$$

2장 연습문제

1. 다음 함수의 일계편도함수 f_x, f_y를 각각 구하여라.

① $f(x,y) = \frac{y^3}{x^2}$ ② $f(x,y) = \frac{x-y}{x+y}$

③ $f(x,y) = e^{x-y}$ ④ $f(x,y) = 2e^{3x-y}$

⑤ $f(x,y) = 3xe^y$ ⑥ $f(x,y) = \ln(xy)$

2. 다음 함수의 이계편도함수 f_{xx}, f_{xy}, f_{yx}, f_{yy}를 각각 구하여라.

① $f(x,y) = x^2y + 2xy - y^3$ ② $f(x,y) = x - 3y$

③$f(x,y) = 3e^{2x+3y}$ ④ $f(x,y) = \frac{2x}{x+y}$

⑤ $f(x,y) = \frac{3y}{2x+y}$ ⑥ $f(x,y) = ye^{xy^2}$

3. 다음 함수의 (일계)편도함수를 구하여라

① $w = f(x,y,z) = xy + yz + zx$ ② $w = f(x,y,z) = x^2y^2 - \frac{y}{z^2}$

4. 다음 부정적분을 치환적분법으로 구하여라.

① $\int x(x^2-1)^n dx$ ② $\int a^x dx \, (a \neq 1, a > 0)$

③ $\int \tan x dx$ ④ $\int e^x(e^x+1)^2 dx$

⑤ $\int \frac{e^x - e^{-x}}{e^x + e^{-x}} dx$ ⑥ $\int \frac{x+2}{\sqrt{x+1}} dx$

5. 다음 부정적분을 부분적분법으로 구하여라.

① $\int x^2 e^{-x} dx$ ② $\int x(\ln x)^2 dx$

③ $\int x^2 \ln x dx$ ④ $\int x ln x dx$

6. 다음 반복적분을 계산하여라.

① $\int_1^2 \int_{-2}^1 (xy + y^2) dx\, dy$ ② $\int_0^{-1} \int_{-1}^2 (x^2 + 3y) dy\, dx$

③ $\int_0^1 \int_0^1 ye^{xy} dx\, dy$ ④ $\int_1^e \int_1^{e^2} \frac{x}{y} dy\, dx$

7. 다음과 같이 영역 R과 $f(x,y)$가 주어졌을 때 R 에서 $f(x,y)$의 이중적분을 각각 구하여라.

① $f(x,y)=x+2y$, R은 꼭지점이 $(1,0)$, $(3,0)$, $(1,1)$인 삼각형

② $f(x,y)=xy$, R은 $y=x^2$, $y=\sqrt{x}$로 둘러싸인 도형

③ $f(x,y)=e^{x-y}$, R은 x축, y축, $y=-x+1$로 된 삼각형

8. 함수 $y=x$ 와 $y=x^2$ 로 둘러싸인 면적을 이중적분을 이용하여 풀어라.

제3장 행렬과 행렬식

행렬은 말 그대로 숫자나 문자를 가로(행), 세로(열)로 배열한 것을 의미하며 복잡한 연립방정식이나 선형변환에 사용된다.

3.1 행렬의 기본 개념과 행렬식

3.1.1 행렬의 기본 개념

(1) 행렬의 정의

행렬(matrix)이란 다음의 식(3.1)과 같이, 일반적으로 실수 또는 복소수를 직사각형으로 배열하여 괄호로 묶은 것을 말하며 $[A]$, $[a_{ij}]$, (A), (a_{ij}) 또는 문자로 A로 쓰기도 한다.

$$A = \begin{pmatrix} a_{11} & a_{12} & a_{13} \\ a_{21} & a_{22} & a_{23} \\ a_{31} & a_{32} & a_{33} \end{pmatrix} \tag{3.1}$$

(2) 행렬의 원소

식(3.1)에서 행렬 A를 구성하는 수 $a_{11}, a_{12}, \cdots, a_{33}$등을 원소(element) 또는 성분이라 하고, 행렬에서 가로(횡)로 배열된 수를 이 행렬의 행(row), 세로(종)로 배열된 수를 열(column)이라 한다. 행렬의 원소를 표시할 때에는 행을 먼저 쓰고 열을 나중에 쓴다. 즉, 3행 2열의 원소는 a_{32}로 표시한다.

(3) 행렬의 종류 및 용어

① 정방행렬 : m개의 행과 n개의 열을 갖는 행렬을(m x n)행렬이라 하고, m=n인 행렬을 정방행렬이라 하고 이때 행(열)의 수를 그 행렬의 차수(order)라 한다.

② 행행렬 : 단 하나의 행만을 갖는 행렬을 **행행렬**이라 한다.

③ 열행렬 : 단 하나의 열만을 갖는 행렬을 **열행렬**이라 한다.

④ 대각행렬 : 정방행렬의 경우 대각원소, 즉 a_{ij}에서 $i=j$인 대각의 원소만 가지고 타원소($i \neq j$인 원소)는 모두 0인 행렬을 **대각행렬**이라 한다.

⑤ 단위행렬 : 대각행렬의 모든 대각원소가 1일 때를 **단위행렬**(unit matrix)이라 하며 I로 표시한다.

⑥ 영행렬 : 모든 원소가 0인 행렬을 **영행렬**이라 하며 0으로 표시한다.

⑦ n차 정방행렬 A=(a_{ij})에서 대각 원소, 즉 a_{ij}에서 $i=j$인 대각의 원소를 주대각선 원이라 하고 그들의 합을 행렬 A의 **양적(trace)**이라 부르며 $T_r(A)$로 표시한다.

⑧ 행렬 A의 행과 열을 바꾸어 놓은 행렬을 전치행렬(transpose)이라 하며 A^t로 표시한다.

다음에 행렬의 종류에 대한 예를 나타내었다.

> [정리 3.1]
> 전치행렬에 대해서 다음의 식이 성립한다.
> ① $(A+B)^t = A^t + B^t$
> ② $(A^t)^t = A$
> ③ $(\kappa A)^t = \kappa \cdot A^t$
> ④ $(AB)^t = B^t A^t$, 단 κ는상수

예)

$\begin{pmatrix} 1 & 3 \\ 2 & 1 \end{pmatrix}$	$\begin{pmatrix} 1 \\ 2 \\ 3 \end{pmatrix}$	$(1 \cdots\cdots 2)$	$\begin{pmatrix} 1 & 0 & 0 \\ 0 & 3 & 0 \\ 0 & 0 & 2 \end{pmatrix}$	$I=\begin{pmatrix} 1 & 0 & 0 \\ 0 & 1 & 0 \\ 0 & 0 & 1 \end{pmatrix}$	$0=\begin{pmatrix} 0 & 0 \\ 0 & 0 \end{pmatrix}$
정방행렬	열행렬	행행렬	대각행렬	단위행렬	영행렬

[예제 3.1] 다음 두 행렬 A와 B의 행의 수와 열의 수는?

$$A=\begin{pmatrix} 2 & 1 \\ 3 & 2 \\ 6 & 4 \end{pmatrix} \quad B=\begin{pmatrix} 2 & 1 & 5 \\ 3 & 2 & 4 \end{pmatrix}$$

[풀이]

A 행렬 : 행의 수=3, 열의 수=2,
즉 3행 2열의 행렬 $A=\{a_{32}\}$

B 행렬 : 행의 수=2, 열의 수=3,
즉 2행 3열의 행렬 $B=\{b_{23}\}$

[예제 3.2] 위 예제 3.1의 행렬 B에서 원소 b_{12}와 b_{22}의 값을 구하시오.

[풀이]

b_{12}(1행 2열의 원소)=1,

b_{22}(2행 2열의 원소)=2

[예제 3.3] 다음 행렬 A에 대하여 $T_r(A)$와 A^t를 구하시오.

$$A=\begin{pmatrix}1 & 0 & -3 \\ 2 & -1 & 5 \\ 2 & 1 & 4\end{pmatrix}$$

[풀이]

$$T_r(A)=a_{11}+a_{22}+a_{33}=1+(-1)+4=4$$

$$A^t=\begin{pmatrix}1 & 2 & 2 \\ 0 & -1 & 1 \\ -3 & 5 & 4\end{pmatrix}$$

3.1.2 행렬의 덧셈, 뺄셈 및 상수 배

(1) 행렬의 덧셈, 뺄셈

행렬의 덧셈과 뺄셈은 행과 열의 수가 같은 행렬에서만 정의할 수 있다.

① 행렬의 덧셈 : 두 개의 (mxn) 행렬 $A=[a_{ij}]$, $B=[b_{ij}]$가 있을 때, 두 행렬의 합 $A+B=C$인 행렬 $C=[c_{ij}]$는 각 원소 c_{ij}가

$$c_{ij}=a_{ij}+b_{ij}(i=1,\ \cdots\cdots, m, j=1,\ \cdots\cdots, n) \tag{3.2}$$

인 $(m\times n)$행렬이다. 즉, C는 A와 B의 대응하는 각각의 원소를 서로 합하여 얻어진다는 것을 알 수 있다.

[예제 3.4] $A=\begin{pmatrix}2 & 3 & 1 \\ 1 & 3 & 4\end{pmatrix}$, $B=\begin{pmatrix}1 & 3 & 1 \\ 2 & 1 & 2\end{pmatrix}$일 때 A+B는?

[풀이]

$$A+B=\begin{pmatrix}3 & 6 & 2 \\ 3 & 4 & 6\end{pmatrix}$$

② 행렬의 뺄셈 : 행렬의 뺄셈 A-B는 A+(-B)와 같이 나타낼 수 있으며, A의 원소에서 그에 대응하는 B의 각각의 원소를 빼 줌으로써 얻어진다.

[예제 3.5] 위의 예제 3.4에서 A-B는?

[풀이]

$$A-B=\begin{pmatrix} 1 & 0 & 0 \\ -1 & 2 & 2 \end{pmatrix}$$

행렬의 덧셈, 뺄셈에 대한 성질은 다음과 같다.

㉠ $A+B=B+A$ [교환법칙]

㉡ $(A+B)+C=A+(B+C)$

㉢ $A+0=A$

㉣ $A-B=A+(-B)$

한편 행렬 A가 있을 때 -A는 A의 각 원소에 (-)부호를 붙인 것과 같다.

즉, $A=\begin{pmatrix} a & b \\ c & d \end{pmatrix}$일 때 $-A=\begin{pmatrix} -a & -b \\ -c & -d \end{pmatrix}$이다.

[예제 3.6] 행렬 A가 다음과 같을 때 -A는?

① $\begin{pmatrix} 2 & 3 & 1 \\ 1 & 3 & 4 \end{pmatrix}$ ② $\begin{pmatrix} 1 & 3 & 1 \\ 2 & 1 & 2 \end{pmatrix}$

[풀이]

① $-A=\begin{pmatrix} -2 & -3 & -1 \\ -1 & -3 & -4 \end{pmatrix}$

② $-A=\begin{pmatrix} -1 & -3 & -1 \\ -2 & -1 & -2 \end{pmatrix}$

(2) 행렬의 상수 배

(mxn) 행렬 A에 임의 상수 k를 곱한 것을 kA 또는 Ak로 표시하며, A의 모든 원소에 k를 곱하여 얻어진 (mxn) 행렬을 말한다. 즉

$$kA=Ak=\begin{pmatrix} ka_{11} & ka_{12} & \cdots & \cdots & ka_{1n} \\ ka_{21} & ka_{22} & \cdots & \cdots & ka_{2n} \\ \cdots & \cdots & \cdots & \cdots & \cdots \\ \cdots & \cdots & \cdots & \cdots & \cdots \\ ka_{m1} & ka_{m2} & \cdots & \cdots & ka_{mn} \end{pmatrix} \tag{3.3}$$

[예제 3.7] 행렬 $A=\begin{pmatrix} 1 & 2 \\ 3 & 0 \end{pmatrix}$일 때 2A는 얼마인가?

[풀이]

$$2A=2\begin{pmatrix} 1 & 2 \\ 3 & 0 \end{pmatrix}=\begin{pmatrix} 2 & 4 \\ 6 & 0 \end{pmatrix}$$

3.1.3 행렬의 곱셈

$A=[a_{ij}]$를 $(m\times n)$행렬, $B=[b_{ij}]$를 $(r\times p)$ 행렬이라 하면, 두 행렬의 곱셈 $A\times B$ 는 오직 $n=r$ 일 때만 정의되고, 그 원소는

$$c_{ij}=a_{i1}b_{1j}+a_{i2}b_{2j}+\cdots\cdots+a_{in}b_{nj}=\sum_{k=1}^{n}a_{ik}b_{kj} \tag{3.4}$$

로 주어지는 $C=[c_{ij}]$ 는 $(m\times p)$ 행렬이다.

즉, 행렬의 곱셈 $A\times B$ 는 A 행렬의 열의 수(n)와 B 행렬의 행의 수(r)가 같을 때에만 정의되며 A 행렬의 행의 원소와 B 행렬의 열의 원소를 순서대로 곱하여 합한 것을 그 행 그 열의 원소로 하는 것은 다음의 보기를 통하여 자세히 알아보기로 하자.

■ 보기

$$A=\begin{pmatrix}a_{11} & a_{12}\\ a_{21} & a_{22}\end{pmatrix},\quad B=\begin{pmatrix}b_{11} & b_{12}\\ b_{21} & b_{22}\end{pmatrix}$$

$$A\times B=\begin{pmatrix}a_{11}b_{11}+a_{12}b_{21} & a_{11}b_{12}+a_{12}b_{22}\\ a_{21}b_{11}+a_{22}b_{21} & a_{21}b_{12}+a_{22}b_{22}\end{pmatrix}$$

즉, A 행렬의 1행과 B 행렬의 1열을 차례대로 곱하여 더한 것이 AxB 행렬의 1행 1열이 되며 나머지 행과 열은 순서에 따라 곱하여 더하면 된다.

* 참고 : 위의 보기에서 $B\times A$ 를 해보면 그 결과는 $A\times B$ 와 다른 것을 알 수 있다. 즉,

행렬의 곱셈에서는 교환법칙이 성립하지 않는다. $A\times B\neq B\times A$ 이다.

[예제 3.8] 다음 행렬에서 행렬의 곱셈 $A\times B$, $C\times D$ 을 구하시오.

$$A=\begin{pmatrix}2&3&1\\1&3&4\end{pmatrix}\quad B=\begin{pmatrix}1&2\\3&1\\-1&0\end{pmatrix}\quad C=(1\ 2\ 3)\quad D=\begin{pmatrix}3\\-4\\5\end{pmatrix}$$

[풀이]

$$A\times B=\begin{pmatrix}2&3&1\\1&3&4\end{pmatrix}\cdot\begin{pmatrix}1&2\\3&1\\-1&0\end{pmatrix}$$

$$=\begin{pmatrix}2\cdot1+3\cdot3+1\cdot(-1) & 2\cdot2+3\cdot1+1\cdot0\\ 1\cdot1+3\cdot3+4\cdot(-1) & 1\cdot2+3\cdot1+4\cdot0\end{pmatrix}=\begin{pmatrix}10&7\\6&5\end{pmatrix}$$

3.2 행렬식(Determinant)

행렬식이란 행렬의 값을 수치로 나타낸 것으로 $|A|$, $\det A$, $D(A)$, $|a_{ij}|$로 표현하며 3×3 행렬식인 경우 다음 식(3.5)로 표시한다.

$$|A|=\begin{vmatrix} a_{11} & a_{12} & a_{12} \\ a_{21} & a_{22} & a_{11} \\ a_{31} & a_{32} & a_{11} \end{vmatrix} \tag{3.5}$$

이 행렬식의 수치를 계산하는 방법은 다음과 같다.

(1) Sarrus의 방법

먼저 간단한 2×2 행렬을 예로 들어보자.

$$|B|=\begin{vmatrix} b_{11} & b_{12} \\ b_{21} & b_{22} \end{vmatrix} = b_{11}b_{22}-b_{12}b_{21} \tag{3.6}$$

(-) (+)

위의 예와 같이 오른쪽 대각선 방향으로 곱은 (+), 왼쪽 대각선 방향으로의 곱은 (-)를 붙이고 이 두 값을 더하면 된다.

다음으로 3×3 행렬식의 예를 들어 설명해 보기로 하자.

- 3×3 행렬식

(+) (+) (+) (-) (-) (-)

$$|A| = \begin{vmatrix} a_{11} & a_{12} & a_{13} \\ a_{21} & a_{22} & a_{23} \\ a_{31} & a_{32} & a_{33} \end{vmatrix} = a_{11}a_{22}a_{33}+a_{12}a_{23}a_{31}+a_{13}a_{32}a_{21} \\ -a_{13}a_{22}a_{31}-a_{12}a_{21}a_{33}-a_{11}a_{32}a_{23} \tag{3.7}$$

위와 같이 오른쪽 대각선 방향으로 곱은 (+) 왼쪽 대각선 방향으로의 곱은 (-)를 붙여 전개하는 방법을 Sarrus의 방법이라고 하는데 이 방법은 4차 이상의 행렬식 전개에서는 적용하기 힘든 면이 있다.

(2) Laplace 전개 방법

이러한 단점을 보완하여 행렬식을 계산하는 다른 방법으로는 원 행렬식을 소행렬식(minor Determinant)으로 구분하여 푸는 **Laplace 전개 방법**이 있다. 즉, $n\times n$ 행렬식 D에서 이 행렬식의 각각의 원소에 대해서 소행렬식 $M_{i\kappa}$를 만든다.

$M_{i\kappa}$는 원소 $a_{i\kappa}$의 소행렬식이고 원소 $a_{i\kappa}$의 행번호 i와 열번호 k를 더해서 $(-1)^{i+\kappa}$ 한 후 이것을 소행령식 $M_{i\kappa}$에 곱한 것을 $a_{i\kappa}$의 **여인자(여인수)**라 하고 $C_{i\kappa}$로 나타낸다. 즉

$$C_{i\kappa} = (-1)^{i+\kappa} M_{i\kappa} \tag{3.8}$$

이다. 예를 들어 3차 행렬식

$$|A| = \begin{vmatrix} a_{11} & a_{12} & a_{13} \\ a_{21} & a_{22} & a_{23} \\ a_{31} & a_{32} & a_{33} \end{vmatrix} \quad \text{에서}$$

원소 $a_{i\kappa}$의 소행렬 M_{ik}는 i행 k열에 있는 원소를 제외하고 이루어진 소행렬식이며 다음과 같다. 원소 a_{11}, a_{12}, a_{13} 의 소행렬식은 각각

$$M_{11} = \begin{vmatrix} a_{22} & a_{23} \\ a_{32} & a_{33} \end{vmatrix} \qquad M_{12} = \begin{vmatrix} a_{21} & a_{23} \\ a_{31} & a_{33} \end{vmatrix} \qquad M_{13} = \begin{vmatrix} a_{21} & a_{22} \\ a_{31} & a_{32} \end{vmatrix} \tag{3.9}$$

n차 행렬식 D는 임의의 행 또는 열의 원소와 그들의 각 여인자의 곱의 합으로 표시할 수 있다. 즉,

$$D = a_{i1}C_{i1} + a_{i2}C_{i2} + \cdots\cdots + a_{in}C_{in} = \sum_{k=1}^{n} a_{ik}C_{ik}$$
$$(i = 1, 2, \cdots\cdots, n)$$

또는

$$D = a_{1k}C_{1k} + a_{2k}C_{2k} + \cdots\cdots + a_{nk}C_{nk} = \sum_{i=1}^{n} a_{ik}C_{ik} \tag{3.10}$$
$$(k = 1, 2, \cdots\cdots, n)$$

로 나타낼 수 있다.

위 식을 소행렬식을 $\sum$ 로 표시하면

$$D = \sum_{k=1}^{n} (-1)^{i+k} a_{ik} M_{ik} \, (i = 1, 2, \cdots\cdots, n) \tag{3.11}$$

또는 $D = \sum_{i=1}^{n} (-1)^{i+k} a_{ik} M_{ik} \, (i = 1, 2, \cdots\cdots, n)$이다.

앞의 예와 같은 3차 행렬식 A인 경우에는 다음과 같이 나타낼 수 있다.

$$|A| = a_{11}(-1)^{1+1} \begin{vmatrix} a_{22} & a_{23} \\ a_{32} & a_{33} \end{vmatrix} - a_{12}(-1)^{1+2} \begin{vmatrix} a_{21} & a_{23} \\ a_{31} & a_{33} \end{vmatrix} + a_{13}(-1)^{1+3} \begin{vmatrix} a_{21} & a_{22} \\ a_{31} & a_{32} \end{vmatrix}$$

$$= \sum_{k=1}^{3}(-1)^{1+k}a_{1k}M_{1k} \tag{3.12}$$

[예제 3.9] 다음 행렬식의 값을 계산하시오.

① $\begin{vmatrix} 2 & -3 \\ 4 & 5 \end{vmatrix}$ ② $\begin{vmatrix} 1 & 0 & -1 \\ 2 & -1 & 1 \\ 0 & -1 & 1 \end{vmatrix}$ ③ $\begin{vmatrix} 2 & 7 & -3 & 8 \\ 0 & -3 & 7 & 5 \\ 0 & 0 & 6 & 7 \\ 0 & 0 & 0 & 2 \end{vmatrix}$

[풀이]

Sarrus의 방법을 이용하면

① $\begin{vmatrix} 2 & -3 \\ 4 & 5 \end{vmatrix} = 10-(-12) = 22$

② $\begin{vmatrix} 1 & 0 & -1 \\ 2 & -1 & 1 \\ 0 & -1 & 1 \end{vmatrix} = -1+0+2-0-0-(-2) = 2$

(3) 행렬식의 성질

(1) 한 행의 모든 원소나 또는 한 열의 모든 원소가 0이면, 그 행렬식의 값은 0 이다.

예) $\begin{vmatrix} a_{11} & a_{12} & a_{13} \\ a_{21} & a_{22} & a_{23} \\ 0 & 0 & 0 \end{vmatrix} = 0, \quad \begin{vmatrix} a_{11} & a_{12} & 0 \\ a_{21} & a_{22} & 0 \\ a_{31} & a_{32} & 0 \end{vmatrix} = 0$

(2) 한 행이나 한 열에서 한 원소를 제외한 모든 원소가 0이면, 원 행렬식은 0이 아닌 원소에 그 원소의 여인수를 곱한 것과 같다.

예) $\begin{vmatrix} a_{11} & a_{12} & a_{13} \\ 0 & 0 & a_{23} \\ a_{31} & a_{32} & a_{33} \end{vmatrix} = a_{23}\times C_{23} = a_{23}\times(-1)^{2+3}\begin{vmatrix} a_{11} & a_{12} \\ a_{31} & a_{32} \end{vmatrix}$

(3) 모든 행과 열을 바꾸어도 행렬식의 값은 변하지 않는다.

예) $\begin{vmatrix} a_{11} & a_{12} & a_{13} \\ a_{21} & a_{22} & a_{23} \\ a_{31} & a_{32} & a_{33} \end{vmatrix} = \begin{vmatrix} a_{11} & a_{21} & a_{31} \\ a_{12} & a_{22} & a_{32} \\ a_{13} & a_{23} & a_{33} \end{vmatrix}$

(4) 임의의 두 행 또는 임의의 두 열을 바꾸면 행렬식의 값은 부호만 바뀐다.

예) $\begin{vmatrix} a_{11} & a_{12} & a_{13} \\ a_{21} & a_{22} & a_{23} \\ a_{31} & a_{32} & a_{33} \end{vmatrix} = -\begin{vmatrix} a_{21} & a_{22} & a_{23} \\ a_{11} & a_{12} & a_{13} \\ a_{31} & a_{32} & a_{33} \end{vmatrix}$

$$\begin{vmatrix} 1 & 3 & 0 \\ 2 & 6 & 4 \\ -1 & 0 & 2 \end{vmatrix} = -\begin{vmatrix} 2 & 6 & 4 \\ 1 & 3 & 0 \\ -1 & 0 & 2 \end{vmatrix} = -12$$

(5) 두 행 또는 두 열의 대응하는 원소가 같으면, 그 행렬식의 값은 0이다.

예) $\begin{vmatrix} a_{11} & a_{12} & a_{13} \\ a_{21} & a_{22} & a_{23} \\ a_{31} & a_{32} & a_{33} \end{vmatrix} = 0$

(6) 한 행 또는 열의 모든 원소가 어떤 인수의 배수이면 이 인수를 행렬식 앞에 내놓을 수 있다.

예) $\begin{vmatrix} a_{11} & a_{12} & ka_{13} \\ a_{21} & a_{22} & ka_{23} \\ a_{31} & a_{32} & ka_{33} \end{vmatrix} = k\begin{vmatrix} a_{11} & a_{12} & a_{13} \\ a_{21} & a_{22} & a_{23} \\ a_{31} & a_{32} & a_{33} \end{vmatrix}$

(7) 한 행 또는 열의 각 원소가 두 양의 합으로 표시되면, 두 행렬식의 합으로 고쳐 쓸 수 있다.

예) $\begin{vmatrix} a_{11}+\alpha & a_{12} & a_{13} \\ a_{21}+\beta & a_{22} & a_{23} \\ a_{31}+\gamma & a_{32} & a_{33} \end{vmatrix} = \begin{vmatrix} a_{11} & a_{12} & a_{13} \\ a_{21} & a_{22} & a_{23} \\ a_{31} & a_{32} & a_{33} \end{vmatrix} + \begin{vmatrix} \alpha & a_{12} & a_{13} \\ \beta & a_{22} & a_{23} \\ \gamma & a_{32} & a_{33} \end{vmatrix}$

(8) 한 행 또는 열에 일정한 상수를 곱해 다른 행(열)에 더해도 행렬식의 값은 변치 않는다.

예) $\begin{vmatrix} a_{11} & a_{12} & a_{13} \\ a_{21} & a_{22} & a_{23} \\ a_{31} & a_{32} & a_{33} \end{vmatrix} = \begin{vmatrix} a_{11}+ka_{13} & a_{12} & a_{13} \\ a_{21}+ka_{23} & a_{22} & a_{23} \\ a_{31}+ka_{33} & a_{32} & a_{33} \end{vmatrix}$

(9) 전치행렬의 행렬식은 원래의 행렬식과 같다.
즉 $|A^t| = |A|$이다.

3.3 역행렬

역행렬을 정의하기에 앞서 다음의 정리를 살펴보자.

[정리 3.2]
임의로 주어진 n차의 정방행렬 A에 대해서 $AX = XA = I$ 를 만족시키는 n차의 정방행렬 X는 단위행렬 I 뿐이다.

■ 역행렬의 정의

주어진 n차의 정방행렬 A에 대해서 $AX = XA = I$ 를 만족하는 n차의 정방행렬 X가 존재할 때, X 를 A의 역행렬(inverse matrix)이라 하고 $X = A^{-1}$로 표시한다.
한편 역행렬을 갖는 정방행렬 A를 비특이 또는 정칙행렬(non singular matrix)이라 부르고, 역행렬을 갖지 않는 행렬을 특이행렬(singular matrix)이라 한다.

[정리 3.3]
n차 정방행렬 A에 대해서 역행렬 A^{-1}가 존재할 필요충분조건은 $|A| \neq 0$일 때이다.

이상의 정리와 정의를 참고하여 역행렬을 구하는 방법에 대해서 알아보자.
3.2장 에서 배운 행렬식 $|A|$의 여인자 C_{ik}를 다음과 같이 나열한 행렬을 A의 여인자 행렬(adjoint matrix)이라 하고 이것을 adj A로 표시한다.
즉,

$$adjA = \begin{pmatrix} C_{11} & C_{21} & \cdots\cdots & C_{n1} \\ C_{12} & C_{22} & \cdots\ \cdots & C_{n2} \\ \vdots & \vdots & & \vdots \\ C_{1n} & C_{2n} & \cdots\ \cdots & C_{nn} \end{pmatrix} \text{이다.} \tag{3.13}$$

이때 행렬 A의 역행렬 A^{-1}은 다음 식으로 정의된다.

$$A^{-1} = \frac{adjA}{|A|} \tag{3.14}$$

여기서 $|A|$는 행렬 A의 행렬식을 나타낸다.

[예제 3.10] 다음 각 행렬의 역행렬의 존재여부를 알아보아라.

① $A = \begin{pmatrix} 1 & 2 \\ 3 & 6 \end{pmatrix}$ ② $B = \begin{pmatrix} 1 & -1 & 2 \\ 2 & 1 & 0 \\ -1 & 2 & -1 \end{pmatrix}$

[풀이] ① $|A| = \begin{vmatrix} 1 & 2 \\ 3 & 6 \end{vmatrix} = 6-6=0$: 역행렬이 존재하지 않는다.

② $|B| = \begin{vmatrix} 1 & -1 & 2 \\ 2 & 1 & 0 \\ -1 & 2 & -1 \end{vmatrix} = 1 \times \begin{vmatrix} 1 & 0 \\ 2 & -1 \end{vmatrix} - (-1) \times \begin{vmatrix} 2 & 0 \\ -1 & -1 \end{vmatrix} + 2 \times \begin{pmatrix} 2 & 1 \\ -1 & 2 \end{pmatrix}$

$= -1-2+10$
$= \ 7$: 역행렬이 존재한다.

[예제 3.11] 다음 행렬의 역행렬을 구하시오.

① $A=\begin{pmatrix} 1 & 3 \\ 2 & 5 \end{pmatrix}$ ② $B=\begin{pmatrix} 1 & -2 & 1 \\ -2 & 5 & -4 \\ 1 & -4 & 6 \end{pmatrix}$

[풀이] ① $|A|=5-6=-1$이므로 역행렬이 존재한다.

여인자를 구하면 $C_{11}=5$, $C_{21}=-3$, $C_{22}=1$ 이므로 여인자 행렬은

$adjA=\begin{pmatrix} 5 & -3 \\ -2 & 1 \end{pmatrix}$이다.

역행렬은 $A^{-1}=\dfrac{adjA}{|A|}=\dfrac{1}{-1}\times\begin{pmatrix} 5 & -3 \\ -2 & 1 \end{pmatrix}=\begin{pmatrix} -5 & 3 \\ 2 & -1 \end{pmatrix}$이다.

② $|B|=\begin{vmatrix} 1 & -2 & 1 \\ -2 & 5 & -4 \\ 1 & -4 & 6 \end{vmatrix}=1$ 이므로 역행렬이 존재한다.

여인자 행렬을 구해보면

$$C_{11}=\begin{vmatrix} 5 & -4 \\ -4 & 6 \end{vmatrix}=14,\quad C_{12}=-\begin{vmatrix} -2 & -4 \\ 1 & 6 \end{vmatrix}=8,\quad C_{13}=-\begin{vmatrix} -2 & 5 \\ 1 & -4 \end{vmatrix}=3$$
$$C_{21}=\begin{vmatrix} -2 & 1 \\ -4 & 6 \end{vmatrix}=8,\quad C_{22}=\begin{vmatrix} 1 & 1 \\ 1 & 6 \end{vmatrix}=5,\quad C_{23}=-\begin{vmatrix} 1 & -2 \\ 1 & -4 \end{vmatrix}=2$$
$$C_{31}=\begin{vmatrix} -2 & 1 \\ 5 & -4 \end{vmatrix}=3,\quad C_{32}=-\begin{vmatrix} 1 & 1 \\ -2 & -4 \end{vmatrix}=2,\quad C_{33}=\begin{vmatrix} 1 & -2 \\ -2 & 5 \end{vmatrix}=1$$

이므로

$$Adj\,B=\begin{vmatrix} C_{11} & C_{21} & C_{31} \\ C_{12} & C_{22} & C_{32} \\ C_{13} & C_{23} & C_{33} \end{vmatrix}=\begin{vmatrix} 14 & 8 & 3 \\ 8 & 5 & 2 \\ 3 & 2 & 1 \end{vmatrix}\qquad \therefore B^{-1}=\frac{AdjB}{|B|}=\begin{vmatrix} 14 & 8 & 3 \\ 8 & 5 & 2 \\ 3 & 2 & 1 \end{vmatrix}$$

3.4 연립 1차 방정식과 Cramer's 법칙

행렬을 이용하여 연립방정식의 해를 구하는 방법을 알아보기로 하자.
3 개의 미지수 x_1, x_2, x_3 를 갖는 연립방정식

$$\begin{aligned} a_{11}x_1+a_{12}x_2+a_{13}x_3&=b_1 \\ a_{21}x_1+a_{22}x_2+a_{23}x_3&=b_2 \\ a_{31}x_1+a_{32}x_2+a_{33}x_3&=b_3 \end{aligned} \qquad (3.15)$$

이다. 위(3.15)의 연립방정식을 행렬을 이용하여 다시 쓰면

$$AX=B \qquad (3.16)$$

로 쓸 수 있고 이때

$$A = \begin{pmatrix} a_{11} & a_{12} & a_{13} \\ a_{21} & a_{22} & a_{23} \\ a_{31} & a_{32} & a_{33} \end{pmatrix} \quad X = \begin{pmatrix} x_1 \\ x_2 \\ x_3 \end{pmatrix} \quad B = \begin{pmatrix} b_1 \\ b_2 \\ b_3 \end{pmatrix} \tag{3.17}$$

여기서 계수행렬 A의 행렬식의 첫번째 열을 상수 열 백터 B 로 치환하여 D_1라 하면

$$D_1 = \begin{vmatrix} b_1 & a_{12} & a_{13} \\ b_2 & a_{22} & a_{23} \\ b_3 & a_{32} & a_{33} \end{vmatrix} = \begin{vmatrix} a_{11}x_1 + a_{12}x_2 + a_{13}x_3 & a_{12} & a_{13} \\ a_{21}x_1 + a_{22}x_2 + a_{23}x_3 & a_{22} & a_{23} \\ a_{31}x_1 + a_{32}x_2 + a_{33}x_3 & a_{32} & a_{33} \end{vmatrix}$$

(3.18)

행렬식의 특성에 의해 식(3.18)은

$$\begin{vmatrix} a_{11}x_1 & a_{12} & a_{13} \\ a_{21}x_1 & a_{22} & a_{23} \\ a_{31}x_1 & a_{32} & a_{33} \end{vmatrix} + \begin{vmatrix} a_{12}x_2 & a_{12} & a_{13} \\ a_{22}x_2 & a_{22} & a_{23} \\ a_{32}x_2 & a_{32} & a_{33} \end{vmatrix} + \begin{vmatrix} a_{13}x_3 & a_{12} & a_{13} \\ a_{23}x_3 & a_{22} & a_{23} \\ a_{33}x_3 & a_{32} & a_{33} \end{vmatrix}$$

(3.19)

행렬식의 특성에 의해 공통인수 $x_{1,}x_{2,}x_3$ 를 밖으로 꺼내면

$$x_1\begin{vmatrix} a_{11} & a_{12} & a_{13} \\ a_{21} & a_{22} & a_{23} \\ a_{31} & a_{32} & a_{33} \end{vmatrix} + x_2\begin{vmatrix} a_{12} & a_{12} & a_{13} \\ a_{22} & a_{22} & a_{23} \\ a_{32} & a_{32} & a_{33} \end{vmatrix} + x_3\begin{vmatrix} a_{13} & a_{12} & a_{13} \\ a_{23} & a_{22} & a_{23} \\ a_{33} & a_{32} & a_{33} \end{vmatrix}$$

(3.20)

여기서 2번째 행렬식은 1열과 2열이 그리고 3번째 행렬식은 1열과 3열의 대응원소가 같으므로 행렬식은 0 이 된다.

식(3.18)과 식(3.20)에 의해 $D_1 = x_1|A|$ 가 되며

$$x_1 = \frac{D_1}{|A|} \tag{3.21}$$

로 구해지며 x_2는 계수행렬 A의 두 번째 열을 상수 열 백터 B 로 치환하여 D_2라 하면 식(3.19)-(3.20)에 의해

$$x_2 = \frac{D_2}{|A|}$$

로 구해지고 같은 방법으로

$$x_3 = \frac{D_3}{|A|} \text{ 로 구해진다.}$$

이 공식을 *Cramer*의 **법칙**이라 한다. D_1은 D의 첫째 열을 D_2는 D의 둘째 열을 그리고 D_3는 D의 셋째 열을 각각 B 행렬의 원소로 대치함으로써 얻는다.

한편 위 식에서 $B=0$일 경우, 즉 $AX=0$ 이고 $X=0$ 이외의 해를 가질 조건은 $|A|=0$이 될 때이다. [예제 3.12 참조]

위의 Cramer법칙은 3차 이상의 행렬에 대해서도 똑같이 적용되며 다음 절에서 다룰 회로의 응용에 필요한 부분이므로 다음의 예제를 통하여 자세히 공부하기로 하자.

[예제 3.12] 다음 연립방정식을 *Cramer* 법칙을 이용하여 풀어라.

① $\begin{cases} 2x - y = 6 \\ x + 2y = 8 \end{cases}$ ② $\begin{cases} x - y + z = 1 \\ 2x + y - 2z = 0 \\ -x + 3y - z = 3 \end{cases}$

[풀이]

① 위 연립방정식을 행렬을 이용하여 다시 쓰면 다음과 같다.

$$\begin{pmatrix} 2 & -1 \\ 1 & 2 \end{pmatrix}\begin{pmatrix} x \\ y \end{pmatrix} = \begin{pmatrix} 6 \\ 8 \end{pmatrix}$$

3.5 행렬 및 형렬식의 응용

3.5.1 행렬식의 회로에의 응용

행렬식 이론을 이용하여 전기, 전자회로 문제를 풀어보기로 하자.

다음 [그림 3.1] 과 같은 전기회로에서 기전력 E, 저항 R 을 알고 전류 I 를 구하는 경우 키르히호프의 법칙을 이용하여 관계식을 얻게 되는데 이것은 곧 행렬식을 이용한 연립 방정식 풀이의 문제가 된다.

먼저 회로에서 많이 사용되는 **키르히호프**의 법칙을 알아보기로 하자.

(1) 제1법칙

어떤 점에 입·출력하는 전류의 대수합은 0이다.

$$\sum_{i=1}^{n} I_i = 0 \tag{3.22}$$

즉, [그림 3.1] 의 A 점에서

$$-I_1 - I_2 + I_3 = 0 \tag{3.23}$$

(입력전류는 +, 출력전류는 - 부호를 붙인다)

(2) 제2법칙

어떤 폐회로에서 기전력의 대수합은 회로내 전압강하(전류X저항)의 대수합과 같다.

$$\sum_{i=1}^{n} I_i R_i = \sum_{i=1}^{n} E_i \tag{3.24}$$

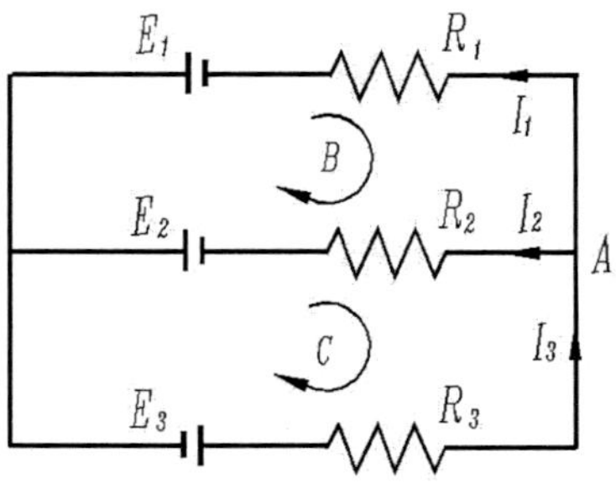

그림 3.1

[그림 3.1] 의 B 폐로에서

$$-I_1R_1 + I_2R_2 = -E_1 + E_2 \tag{3.25}$$

[그림 3.1] 의 C 폐로에서

$$-I_2R_2 - I_3R_3 = E_2 - E_3 \tag{3.26}$$

(회로의 방향과 전류 및 기전력의 방향이 같으면 +, 방향이 반대 방향이면 -를 붙인다.)

위의 연립방정식 (3.23), (3.25), (3.26)을 행렬로 표시하면 다음과 같다.

$$\begin{pmatrix} -1 & -1 & 1 \\ R_1 & -R_2 & 0 \\ 0 & -R_2 & -R_3 \end{pmatrix} \begin{pmatrix} I_1 \\ I_2 \\ I_3 \end{pmatrix} = \begin{pmatrix} 0 \\ -E_1 + E_2 \\ E_2 - E_3 \end{pmatrix} \tag{3.27}$$

위 식(3.27)에 R 과 E 값이 주어지면 3.4절의 $Cramer$ 법칙을 이용하여 전류값 I 를 구할 수 있다.

[예제 3.13]

다음 그림과 같은 회로에서 각 저항에 흐르는 전류 I_1, I_2, I_3 를 구하라.

단, $E_1 = 10[V], E_2 = 3[V], R_1 = 1[\Omega], R_2 = 2[\Omega], R_3 = 3[\Omega]$ 이다.

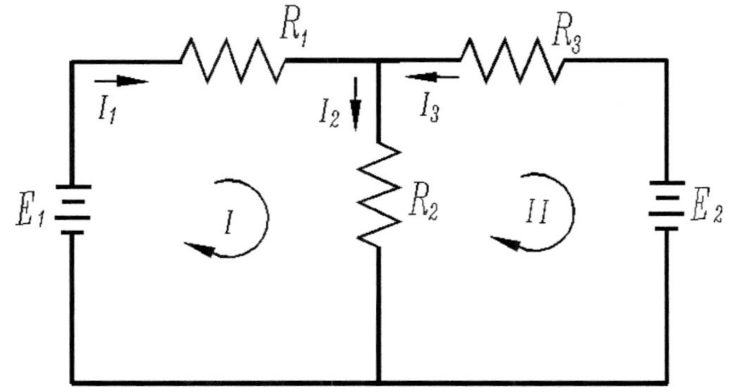

[예제 3.14]

다음 그림과 같은 회로에서 $R_1 = 1[\Omega]$, $R_2 = 2[\Omega]$, $R_3 = 3[\Omega]$ 그리고 $E_1 = 5[V]$, $E_2 = 10[V]$일때 $3[\Omega]$에 흐르는 전류 $i_3[A]$를 구하라.

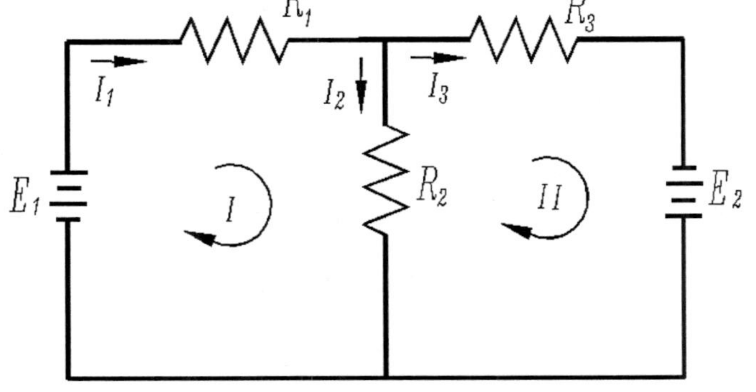

3.5.2 임피던스(Impedance) 행렬과 어드미턴스(Admittance) 행렬

세 개의 미지수를 갖는 전기회로에서 전압 (E)과 전류 (I) 사이에는 키르히호프의 제 2 법칙에 따라 다음의 연립방정식이 성립된다.

$$\begin{aligned} Z_{11}I_1 + Z_{12}I_2 + Z_{13}I_3 &= E_1 \\ Z_{21}I_1 + Z_{22}I_2 + Z_{23}I_3 &= E_2 \\ Z_{31}I_1 + Z_{32}I_2 + Z_{33}I_3 &= E_3 \end{aligned} \tag{3.28}$$

위 식을 행렬로 표시하면 $[Z][I] = [E]$와 같이 간단하게 나타낼 수 있으며, 여기서

$$[Z] = \begin{pmatrix} Z_{11} & Z_{12} & Z_{13} \\ Z_{21} & Z_{22} & Z_{23} \\ Z_{31} & Z_{32} & A_{33} \end{pmatrix}, \quad [I] = \begin{pmatrix} I_1 \\ I_2 \\ I_3 \end{pmatrix}, \quad [E] = \begin{pmatrix} E_1 \\ E_2 \\ E_3 \end{pmatrix} \tag{3.29}$$

이다.

이때 [Z]를 임피던스 행렬이라 하고, 임피던스 행렬은 $z_{jk} = z_{kj}$ 인 대칭행렬이다. Cramer법칙을 이용하여 위 식에서 전류를 구하면

$$I_1 = \frac{|Z_1|}{|Z|} \quad I_2 = \frac{|Z_2|}{|Z|} \quad I_3 = \frac{|Z_3|}{|Z|}$$

(3.30)

이고, 여기서

$$|Z| = \begin{vmatrix} Z_{11} & Z_{12} & Z_{13} \\ Z_{21} & Z_{22} & Z_{23} \\ Z_{31} & Z_{32} & Z_{33} \end{vmatrix} \qquad |Z_1| = \begin{vmatrix} E_1 & Z_{12} & Z_{13} \\ E_2 & Z_{22} & Z_{23} \\ E_3 & Z_{32} & Z_{33} \end{vmatrix} \tag{3.31}$$

$$|Z_2| = \begin{vmatrix} Z_{11} & E_1 & Z_{13} \\ Z_{21} & E_2 & Z_{23} \\ Z_{31} & E_3 & Z_{33} \end{vmatrix} \qquad |Z_3| = \begin{vmatrix} Z_{11} & Z_{12} & E_1 \\ Z_{21} & Z_{22} & E_2 \\ Z_{31} & Z_{32} & E_3 \end{vmatrix}$$

이다.

행렬식 $|Z|$, $|Z_1|$, $|Z_2|$, $|Z_3|$를 원 행렬식에서 j행과 k열을 제외한 소행렬식 (M_{jk})에

$(-1)^{j+k}$ 를 곱한 여인수 $[C_{jk} = (-1)^{j+k} M_{jk}]$ 로 다시 쓰면

$$|Z| = Z_{11}C_{11} + Z_{12}C_{12} + Z_{13}C_{13} \quad \text{혹은} \tag{3.32}$$

$$= Z_{11}C_{11} + Z_{21}C_{21} + Z_{31}C_{31}$$

$$|Z_1| = E_1C_{11} + E_2C_{21} + E_3C_{31}$$

$$|Z_2| = E_1C_{12} + E_2C_{22} + E_3C_{32}$$

$$|Z_3| = E_1C_{13} + E_2C_{23} + E_3C_{33}$$

가 되므로 I_1, I_2, I_3 는 다음 식으로 표현된다.

$$I_1 = \frac{1}{|Z|}C_{11}E_1 + \frac{1}{|Z|}C_{21}E_2 + \frac{1}{|Z|}C_{31}E_3 = Y_{11}E_1 + Y_{12}E_2 + Y_{13}E_3 \tag{3.33}$$
$$I_2 = \frac{1}{|Z|}C_{12}E_1 + \frac{1}{|Z|}C_{22}E_2 + \frac{1}{|Z|}C_{32}E_3 = Y_{21}E_1 + Y_{22}E_2 + Y_{23}E_3$$
$$I_3 = \frac{1}{|Z|}C_{13}E_1 + \frac{1}{|Z|}C_{23}E_2 + \frac{1}{|Z|}C_{33}E_3 = Y_{31}E_1 + Y_{32}E_2 + Y_{33}E_3$$

여기서 $Y_{jk} = \frac{1}{|Z|} \quad C_{kj} = \frac{(-1)^{j+k}M_{kj}}{|Z|}$ 이고, 위식을 행렬로 표현하면 $[I] = [Y][E]$ 이 되며, 여기서 행렬 $[Y]$ 는

$$[Y] = \begin{pmatrix} Y_{11} & Y_{12} & Y_{13} \\ Y_{21} & Y_{22} & Y_{23} \\ Y_{31} & Y_{32} & Y_{33} \end{pmatrix} \tag{3.34}$$

을 어드미턴스 행렬 이라 한다. 전류와 전압의 관계식 $[E] = [Z][I]$ 와 $[I] = [Y][E]$에서

$$[Z]^{-1}[E] = [Z]^{-1}[Z][I] = [I] = [Y][E] \tag{3.35}$$

이므로 $[Z]^{-1} = [Y]$ 가 성립하여 어드미턴스 행렬은 임피던스 행렬의 역행렬이 됨을 알 수 있다.

[예제 3.15]

옆 그림과 같은 회로망에서 Admittance Matrix를 구하고 $E_1 = 100$, $E_2 = -j50$ 이고 $R_1 = 10\,[\Omega]$, $R_2 = 5\,[\Omega]$, $L = j10$ 일 때 전류 I_1, I_2 를 구하라.

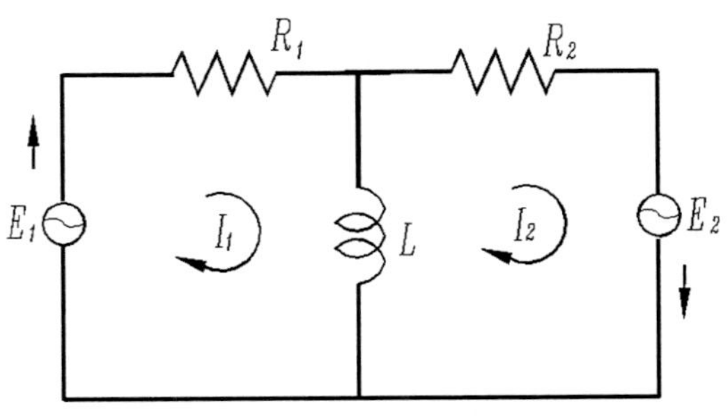

3.5.3. 4단자 회로망 행렬

다음 그림과 같이 1쌍의 입력단자와 1쌍의 출력단자를 가진 회로망을 4단자 회로망(four - terminal network)이라 하며, 이 회로망의 입력과 출력 사이의 관계를 나타내는 정수를 4단자 파라미터 라 한다. 그림에서 입력측 $1-1'$ 에 가한 전압을 E_1 , 전류를 I_1, 출력측 $2-2'$의 전압, 전류를 E_2 , I_2 라 하면 E_1 , E_2 , I_1 , I_2 중에서 임의의 2개를 독립변수로 하고 나머지 두 개를 종속변수로 하여 방정식을 만들면 6조의 연립방정식을 만들 수 있으나, 실용적으로는 다음의 세가지 표시방법이 많이 쓰이고 있다.

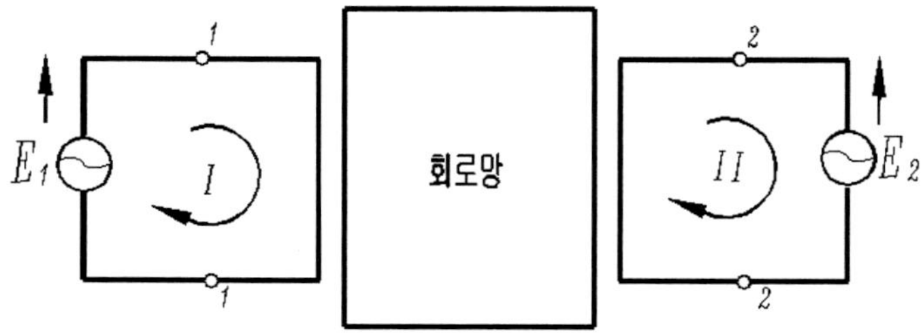

(1)어드미턴스 파라미터(Admittance parameter)

4단자 회로망의 입력전류와 출력전류의 관계를 구하기 위해 도입되는 매개변수를 어드미턴스 파라미터라 한다. 즉,

$$\begin{pmatrix} I_1 \\ I_2 \end{pmatrix} = \begin{pmatrix} Y_{11} & Y_{12} \\ Y_{21} & Y_{22} \end{pmatrix} \begin{pmatrix} E_1 \\ -E_2 \end{pmatrix} \tag{3.36}$$

에서 Y_{11} , Y_{12} , Y_{21} , Y_{22} 를 어드미턴스 파라미터라 한다. 위 식에서 E_2 에 $-$ 를 붙인 것은 I_2 의 정방향과 E_2 의 정방향을 반대로 정하였기 때문이다.

여기서 Y_{11} 은 출력단자 $2-2'$를 단락하였을 때 ($E_2=0$ 일 때) 입력단자 $1-1'$에서 본 어드미턴스, Y_{22} 는 $1-1'$를 단락하였을 때 ($E_1=0$ 일 때) $2-2'$에서 본 어드미턴스 , Y_{21}은 $2-2'$를 단락하였을 때의 I_2와 E_1의 비, Y_{12}는 $1-1'$를 단락하였을 때의 I_1 과 E_2의 비이고 $Y_{12}=Y_{21}$ 이다.

이것을 식으로 표현하면 다음과 같다.

$$E_1=0 \text{ 일 때 } \begin{Bmatrix} Y_{12}=-\dfrac{I_1}{E_2} \\ Y_{22}=-\dfrac{I_2}{E_2} \end{Bmatrix}, \quad E_2=0 \text{ 일 때 } \begin{Bmatrix} Y_{11}=\dfrac{I_1}{E_1} \\ Y_{21}=+\dfrac{I_2}{E_1} \end{Bmatrix} \tag{3.37}$$

또한 $Y_{12}=Y_{21}$ 에서 $I_1 E_1 = I_2(-E_2)$ 가 성립한다.

(2) 임피던스 파라미터 (Impedance parameter)

식(3.36) 을 전압으로 표시하면

$$\begin{pmatrix} E_1 \\ -E_2 \end{pmatrix} = \begin{pmatrix} Y_{11} & Y_{12} \\ Y_{21} & Y_{22} \end{pmatrix}^{-1} \begin{pmatrix} I_1 \\ I_2 \end{pmatrix} = \begin{pmatrix} Z_{11} & Z_{12} \\ Z_{21} & Z_{22} \end{pmatrix} \begin{pmatrix} I_1 \\ I_2 \end{pmatrix} \tag{3.38}$$

이 되고 이때 Z_{11}, Z_{12}, Z_{21}, Z_{22} 를 임피던스 파라미터 라 한다.
역행렬의 성질을 이용하면

$$Z_{11}=\frac{Y_{22}}{|Y|},\ Z_{12}=\frac{-Y_{12}}{|Y|},\ Z_{21}=\frac{-Y_{12}}{|Y|},\ Y_{22}=\frac{Y_{11}}{|Y|} \tag{3.39}$$

이고, 여기서

$$|Y| = \begin{vmatrix} Y_{11} & Y_{12} \\ Y_{21} & Y_{22} \end{vmatrix} \tag{3.40}$$

이다.

한편, $I_2=0$ 일 때 $Z_{12}=\dfrac{E_1}{I_2}$, $Z_{22}=-\dfrac{E_2}{I_2}$ 이고, $I_2=0$ 일 때

$$Z_{11}=\frac{E_1}{I_1},\ Z_{21}=-\frac{E_2}{I_2} \tag{3.41}$$

이다.

(3) 4단자 정수

위에서 구한 전압, 전류의 관계식에서 입력전압 (E_1)과 전류 (I_2)를 출력전압 (E_2),

전류 (I_2)로 표시하면 다음과 같다.

$$E_1 = \frac{Y_{22}}{Y_{12}}E_2 + \frac{1}{Y_{12}}I_2 \ , \ \ I_1 = \frac{Y_{11}Y_{22} - {Y_{12}}^2}{Y_{12}}E_2 + \frac{Y_{11}}{Y_{12}}I_2 \tag{3.42}$$

여기서

$$\frac{Y_{22}}{Y_{12}} = A \ , \ \frac{1}{Y_{12}} = B \ , \ \frac{Y_{11}Y_{22} - {Y_{12}}^2}{Y_{12}} = C, \ \frac{Y_{11}}{Y_{12}} = D \tag{3.43}$$

라 하면

$$\begin{aligned} E_1 &= AE_2 + BI_2 \\ I_1 &= CE_2 + DI_2 \end{aligned}$$

즉,
$$\begin{pmatrix} E_1 \\ I_1 \end{pmatrix} = \begin{pmatrix} A & B \\ C & D \end{pmatrix} \begin{pmatrix} E_2 \\ I_2 \end{pmatrix} \tag{3.44}$$

이며, 위 식의 A, B, C, D 를 4단자 정수 또는 4단자 파라미터 라 한다.

4단자 정수와 어드미턴스 파라미터 및 임피던스 파라미터의 관계는 다음과 같다.

$$A = \frac{Y_{22}}{Y_{12}} = -\frac{Z_{11}}{Z_{12}} \tag{3.45}$$

$$B = \frac{1}{Y_{12}} = \frac{{Z_{12}}^2 - Z_{11}Z_{22}}{Z_{12}}$$

$$C = \frac{Y_{11}Y_{22} - {Y_{12}}^2}{Y_{12}} = -\frac{1}{Z_{12}}$$

$$D = \frac{Y_{11}}{Y_{12}} = -\frac{Z_{22}}{Z_{12}}$$

또한, (3.44)식으로부터 다음 관계를 얻을 수 있다.

$$\begin{vmatrix} A & B \\ C & D \end{vmatrix} = AD - BC = 1 \tag{3.46}$$

역으로 어드미턴스 파라미터와 임피던스 파라미터를 4단자 정수로 표현하면 다음과 같다.

$$Y_{11}=\frac{D}{B},\ Y_{12}=\frac{1}{B},\ Y_{22}=\frac{A}{B}$$

$$Z_{11}=\frac{A}{C},\ Z_{12}=Z_{21}=-\frac{1}{C},\ Z_{22}=\frac{D}{C}$$

다음 예제는 4단자 회로망의 A , B, C, D 파라미터를 쉽게 구하는 기본 문제이므로 잘 이해하자.

[예제 3.16] 다음 그림과 같은 회로망의 4단자 정수를 구하시오.

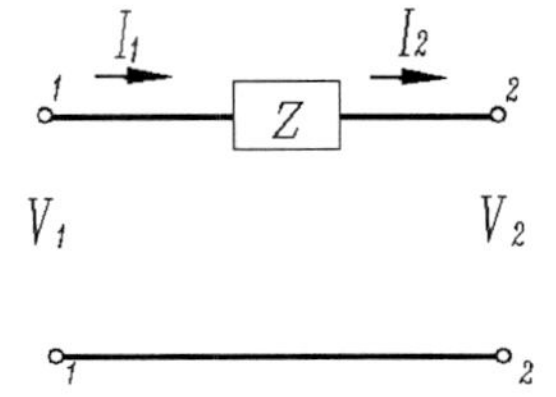

[예제 3.17] 다음 회로망의 4단자 정수를 구하시오. 단 $Y_2=\dfrac{1}{Z_2}$ 이다.

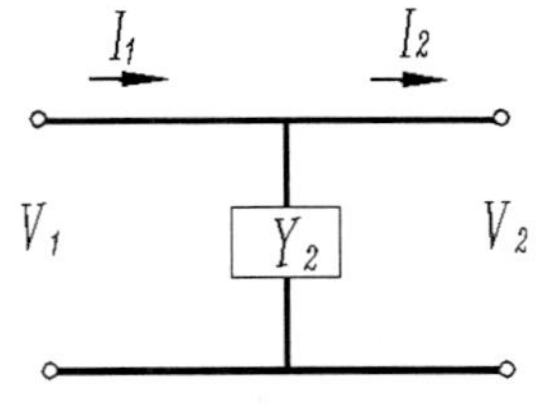

[예제 3.18] 다음 회로망의 4단자 정수를 구하시오

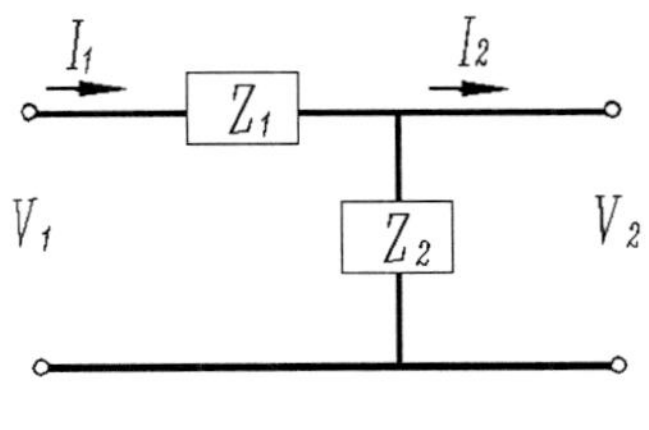

[예제 3.19] 다음 T 회로망의 4단자 정수를 구하시오

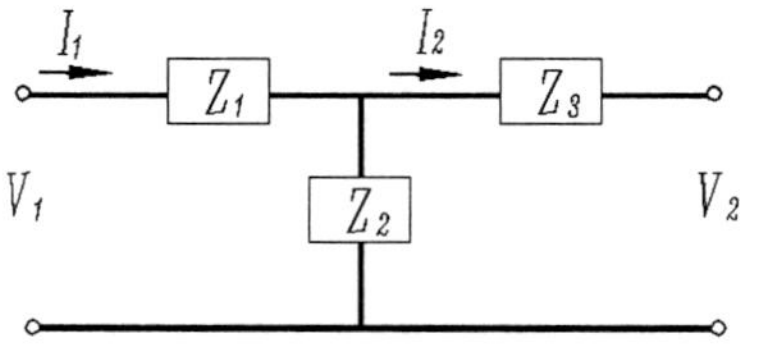

3장 연습문제.

1. 다음 행렬을 계산하시오.

① $\begin{pmatrix} 1 & -2 & 3 \\ 4 & 5 & -6 \\ -3 & 2 & 1 \end{pmatrix} + \begin{pmatrix} 0 & -1 & -4 \\ 4 & -2 & 5 \\ 2 & 3 & -1 \end{pmatrix}$　　② $2\begin{pmatrix} -1 & 2 \\ -2 & 1 \end{pmatrix} + 3\begin{pmatrix} 2 & 1 \\ 1 & 4 \end{pmatrix}$

③ $\begin{pmatrix} 1 & 0 & 2 \\ 3 & 2 & 1 \\ 0 & 0 & 0 \end{pmatrix} + \begin{pmatrix} 2 & 0 & 0 \\ -1 & 2 & 0 \\ 3 & 2 & 0 \end{pmatrix}$　　④ $\begin{pmatrix} 1 & 2 \\ 3 & 4 \end{pmatrix}\begin{pmatrix} 4 & 3 \\ 2 & 1 \end{pmatrix}$

⑤ $\begin{pmatrix} 1 \\ 2 \\ 3 \end{pmatrix}(1\ 2\ 3)$　　⑥ $\begin{pmatrix} 1 & 0 \\ 0 & 2 \end{pmatrix}$

> ※ 참고
>
> 여기서 $|Z| = \begin{vmatrix} 3 & 2 \\ 7 & 5 \end{vmatrix} = 15 - 14 = 1$
>
> M_{11}은 원행렬에서 1행 1열을 제외한 행렬식을 의미

⑦ $\begin{pmatrix} 3 & 2 \\ 7 & 5 \end{pmatrix}^{-1}$　　⑧ $\begin{pmatrix} 1 & 0 & 2 \\ 5 & 3 & 2 \\ 2 & 1 & 4 \end{pmatrix}^{-1}$

⑨ $\begin{pmatrix} 1 & 2 \\ 3 & 4 \end{pmatrix}\begin{pmatrix} 1 & 0 \\ 0 & 2 \end{pmatrix}$　　⑩ $\begin{pmatrix} 1 & 2 \\ 3 & 4 \end{pmatrix}\begin{pmatrix} 1 & 0 \\ 0 & 1 \end{pmatrix}$

> ※참고
>
> 어떤 행렬 A 와 단위행렬 I 와의 곱은 그 행렬 자신이 된다.
>
> 즉, $AI = IA = A$ 이다.

2. 다음 행렬식의 값을 구하시오.

① $|A| = \begin{vmatrix} 1 & 2 \\ 3 & 4 \end{vmatrix}$　　② $\begin{vmatrix} 2 & 1 & 0 \\ 0 & 3 & 2 \\ 1 & 0 & -2 \end{vmatrix}$

③ $\begin{vmatrix} a & b \\ b & a \end{vmatrix}$　　④ $\begin{vmatrix} c & b & a \\ b & a & c \\ a & c & b \end{vmatrix}$

3. 다음 등식이 성립하도록 k 값을 구하시오.

$$\begin{vmatrix} 5 & 0 & 1 \\ 1 & 3 & -1 \\ 2k & 2k+3 & -1 \end{vmatrix} = 0$$

4.행렬식을 이용하여 다음 연립방정식을 풀어라.

$$\begin{cases} x+y+z=1 \\ 2x+y-2z=6 \\ -x+3y-z=-1 \end{cases}$$

5. 다음 회로에 흐르는 전류 I_1 , I_2 , I_3 값을 행렬을 이용하여 구하라.
(단, 여기서 $E_1=3[V], E_2=3[V], E_3=6[V], R_1=10[\Omega]$
$R_2=15[\Omega], R_3=25[\Omega]$)

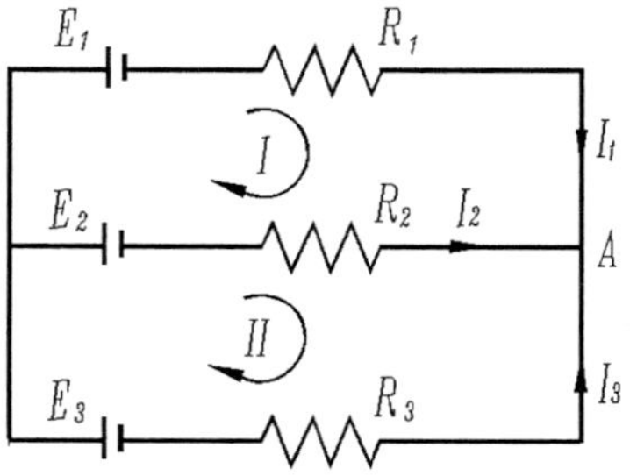

6. 다음 회로에서 $E_1=4[V], E_2=2[V], R_1=0.25[\Omega], R_2=0.1[\Omega], R_3=0.1[\Omega]$ 일 때 R_1, R_2, R_3 에 흐르는 전류를 구하여라. (단, 전지의 내부저항은 무시한다.)

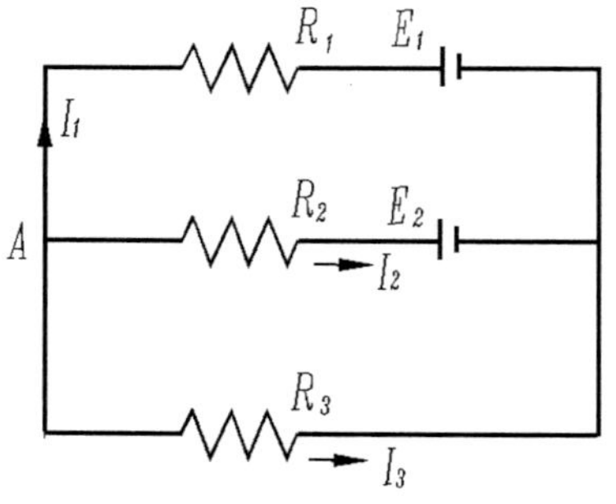

7. 자동차의 전기 시스템은 축전지와 자동차 엔진에 의해 동작되는 발전기의 두 곳에서부터 공통부하회로에 전류를 공급한다. 다음 그림과 같이 0.2 $[\Omega]$ 의 내부저항을 가진 자동차의 발전기는 $16.0[V]$의 개방회로전압을 발생시킨다. 축전지는 $0.1[\Omega]$의 내부저항을 가지며 개방회로전압은 $12.8[V]$ 이다. 두 전원 모두 $1[\Omega]$ 의 부하에 병렬로 연결되어 있을 경우, 발전기 전류 (I_G), 전지전류 (I_B) 그리고 부하전류 (I_L)를 구하라.

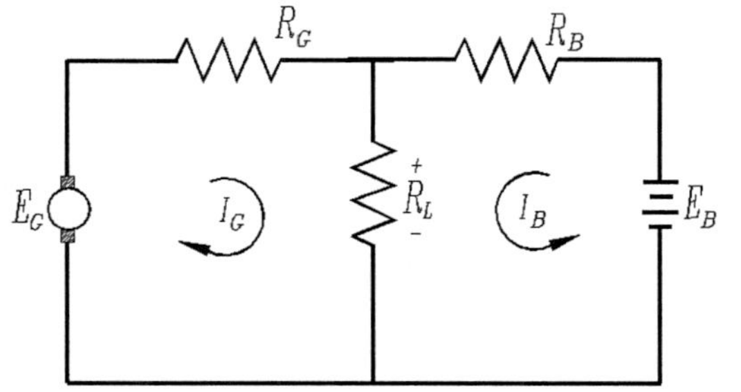

8. 다음 그림에 나타난 3선 분배 시스템 (three-wires distribution system)에서 세 개의 $1[\Omega]$ 도체들에서의 총전력 손실을 계산하시오.

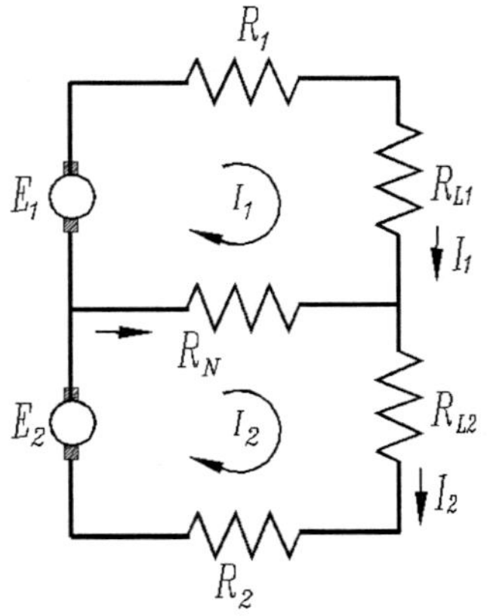

9. 다음 그림에서 4단자 정수를 구하시오.

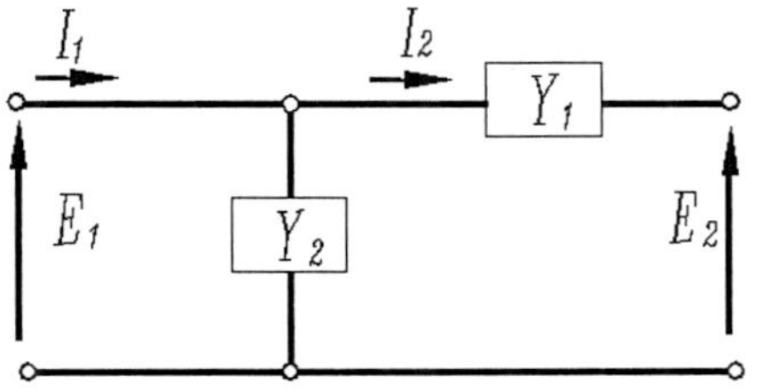

10. 그림과 같은 회로망에서 전류 및 어드미턴스 파라미터를 구하라.

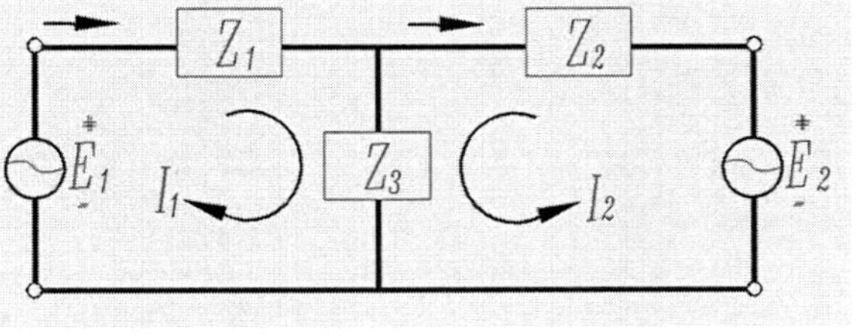

제4장 벡터해석

4.1 벡터의 정의 및 표시

물리적 양을 나타내는 방법으로는 길이, 시간, 질량, 온도, 밀도, 압력, 체적 등과 같이 크기만을 갖는 스칼라(*Scalar*) 량이 있고, 크기와 방향을 갖는 양인 벡터(*Vector*) 량이 있다.

벡터의 예로는 힘, 속도, 가속도, 전계, 자계 등이 있다.

스칼라량의 표시는 L, T, M, x, y, z 등과 같이 문자 자체를 사용하며, 벡터는 $A, B, C \cdots\cdots$, 또는 $\overrightarrow{A}, \overrightarrow{B}, \overrightarrow{C} \cdots\cdots$, 등과 같이 굵은 고딕체문자 또는 문자 위에 화살표로 표현한다.

다음 [그림 4-1]과 같이 공간에 두 점 P, Q 가 있을 때, P에서 Q로 향하는 유향선분을 벡터(*vector*)라 부르고, 기호로는 $\overrightarrow{PQ}$ 로 나타낸다.

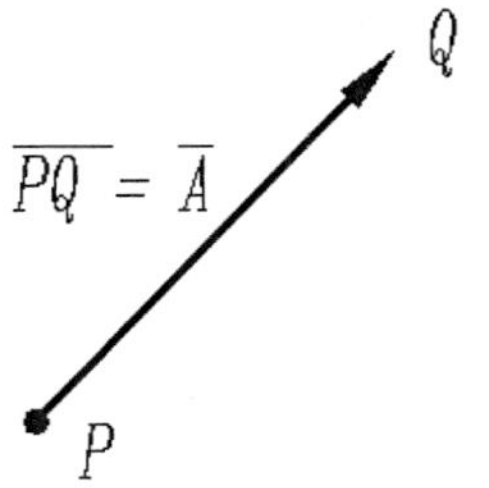

그림 4-1

여기서 점 P 를 시점, 점 Q 를 종점이라 하며 $\overrightarrow{PQ} = \overrightarrow{A}$ 이라 할 때, 선분 PQ 의 길이를 벡터 $\overrightarrow{A}$ 의 크기(*magnitude*) 또는 벡터 $\overrightarrow{A}$ 의 절대값(*absolute value*) 이라 하고 다음과 같이 표현한다.

$$|\overrightarrow{A}| = |\overrightarrow{PQ}| = A \tag{4.1}$$

4.2 단위 벡터, 기본 벡터 및 성분 표시

4.2.1 단위벡터(*Unit vector*)

크기가 1이고 방향만을 갖는 벡터를 단위벡터라 하며, 일반적인 벡터 $\overrightarrow{A}$ 의 크기를 A 라 하면 단위 벡터 $\widehat{a_0}$ 는 다음과 같이 표시할 수 있다.

$$\widehat{a_0} = \frac{\overrightarrow{A}}{A} \tag{4.2}$$

4.2.2 기본 단위 벡터(*elementary unit vector*)

직각 좌표계에서 각 축 방향으로의 단위 벡터를 기본 단위 벡터라 하며 $x-y$좌표계인 경우 x축 , y축 , z축 으로의 기본 단위 벡터를 각각 $\hat{i}$, $\hat{j}$, $\hat{k}$ 또는 $\widehat{a_x}$, $\widehat{a_y}$, $\widehat{a_z}$ 로 표시하고 원통좌표계(*cylindrical coordinate system*)에서는 $\widehat{a_r}$, $\widehat{a_\Phi}$, $\widehat{a_z}$ 로 표시하며, 구좌표계(*spherical coordinate system*)에서는 $\widehat{a_r}$, $\widehat{a_\theta}$, $\widehat{a_\Phi}$ 로 표시한다.

한편 벡터의 시점과 종점이 일치할 때의 벡터를 영벡터라 하며 다음과 같이 표현한다.

$$\overrightarrow{A} = \overrightarrow{0} \tag{4.3}$$

4.2.3 성분 표시

$x-y$ 좌표계에서 벡터의 표시는 다음과 같다.

① 2차원 : $\overrightarrow{A} = A_x\hat{i} + A_y\hat{j}$ [그림 4-2]

② 3차원 : $\overrightarrow{A} = A_x\hat{i} + A_y\hat{j} + A_z\hat{k}$ [그림 4-3]

여기서 A_x, A_y, A_z 는 벡터 $\overrightarrow{A}$ 의 x, y, z 방향의 스칼라 성분을 의미한다.
3차원인 경우 벡터 $\overrightarrow{A}$ 의 크기 A 를 성분으로 표시하면 다음과 같다.

$$A = |\overrightarrow{A}| = \sqrt{A_x^2 + A_y^2 + A_z^2}$$

또한, 벡터 $\overrightarrow{A}$ 의 단위벡터 $\widehat{a_0}$ 는 성분으로 표시하면

$$\hat{a_0} = \frac{\vec{A}}{A} = \frac{\vec{A}}{\sqrt{{A_x}^2 + {A_y}^2 + {A_z}^2}}$$

이다.

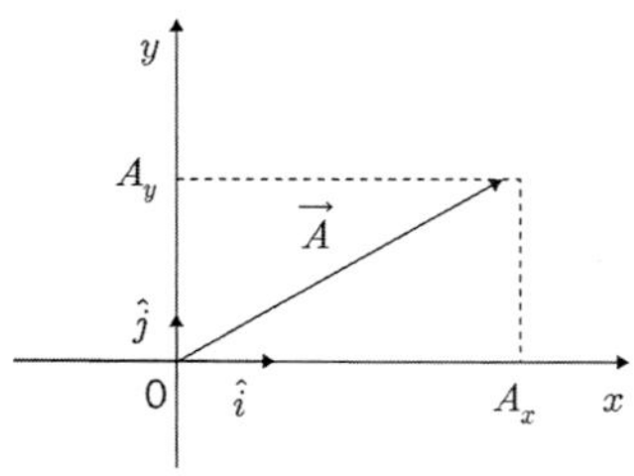

그림4.2 2차원 벡터

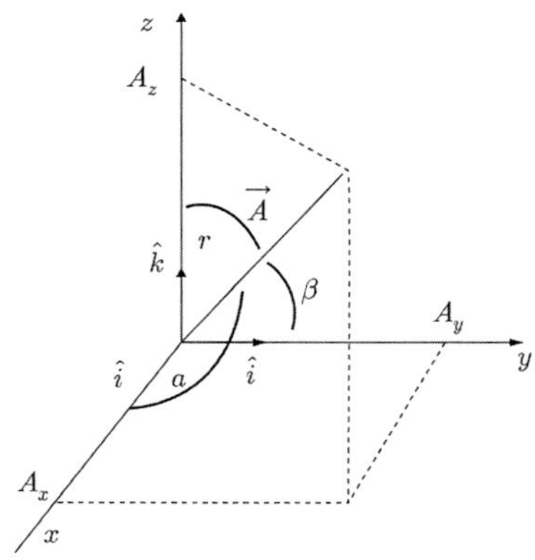

그림4.3 3차원 벡터

한편 [그림 4-3]과 같이 벡터 $\vec{A}$ 가 x, y, z축과 이루는 각을 각각 α, β, γ 라 하면 x, y, z방향의 스칼라 성분인 A_x , A_y , A_z는 다음과 같이 나타낼 수 있으며 여기서 $\cos\alpha$, $\cos\beta$, $\cos\gamma$ 를 벡터 $\vec{A}$ 의 방향여현*(directional cosines)*이라 한다.

$$A_x = A\cos\alpha,\ A_y = A\cos\beta,\ A_z = A\cos\gamma$$

이때 $\cos^2\alpha + \cos^2\beta + \cos^2\gamma = 1$ 이 성립하며 단위벡터

$$\hat{a} = \cos\alpha\,\hat{i} + \cos\beta\,\hat{j} + \cos\gamma\,\hat{k}$$

로 표시할 수 있다.

[예제 4.1]

전계의 세기가 $\vec{E} = 300\hat{i} + 400\hat{j} + 500\hat{k}\,[V/m]$ 로 주어졌을 때 전계의 세기의 크기는 얼마인가?

[풀이] $|\vec{E}| = \sqrt{300^2 + 400^2 + 500^2} = 707.1\,[V/m]$

[예제 4.2] 벡터 $\overrightarrow{A} = \hat{i}+2\hat{j}+3\hat{k}$ 일 때

① 벡터 $\overrightarrow{A}$ 의 크기를 구하시오.

② 벡터 $\overrightarrow{A}$ 의 방향여현을 구하시오.

③ $\overrightarrow{A}$ 의 단위 벡터를 구하시오.

[풀이] ① $\overrightarrow{|A|} = \sqrt{1^2+2^2+3^2} = \sqrt{14}$

② $\overrightarrow{|A|}$ 와 x, y, z축과 이룬 각을 α, β, γ 라 하면 방향여현은

$$\cos\alpha = \frac{A_x}{A} = \frac{1}{\sqrt{14}}, \ \cos\beta = \frac{A_y}{A} = \frac{2}{\sqrt{14}}, \ \cos\gamma = \frac{A_z}{A} = \frac{3}{\sqrt{14}}$$

③ $\overrightarrow{A}$ 의 단위 벡터를 $\hat{a}$ 라 하면

$$\hat{a} = \frac{\overrightarrow{A}}{A} = \frac{1}{\sqrt{14}}\hat{i} + \frac{2}{\sqrt{14}}\hat{j} + \frac{3}{\sqrt{14}}\hat{k}$$

4.3 벡터의 연산(합, 차, 곱셈)

4.3.1 벡터의 합과 차

좌표상에서 벡터의 합과 차의 계산은 다음 그림과 같이 평행사변형법 또는 삼각형법을 사용하여 계산한다.

두 벡터를 $\overrightarrow{A} = A_x\hat{i} + A_y\hat{j} + A_z\hat{k}$, $\overrightarrow{B} = B_x\hat{i} + B_y\hat{j} + B_z\hat{k}$ 라 할 때 두 벡터의 합과 차는 다음과 같다.

덧셈 :

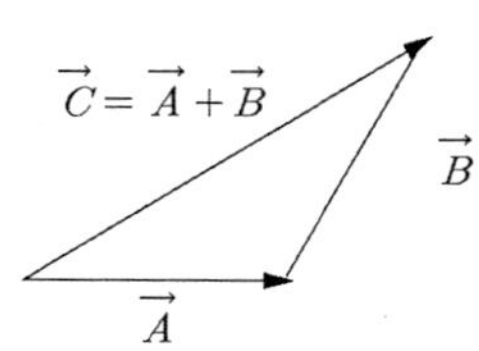

(삼각형법)

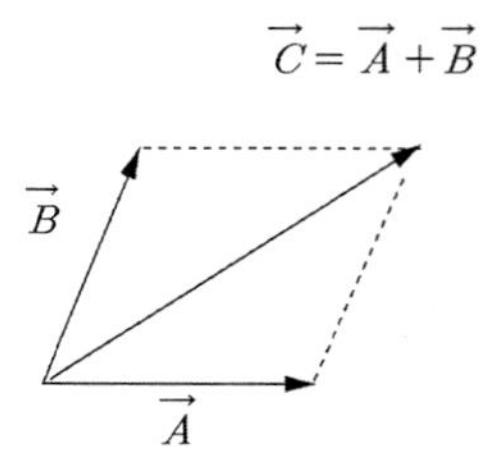

(평행사변형법)

뺄셈 :

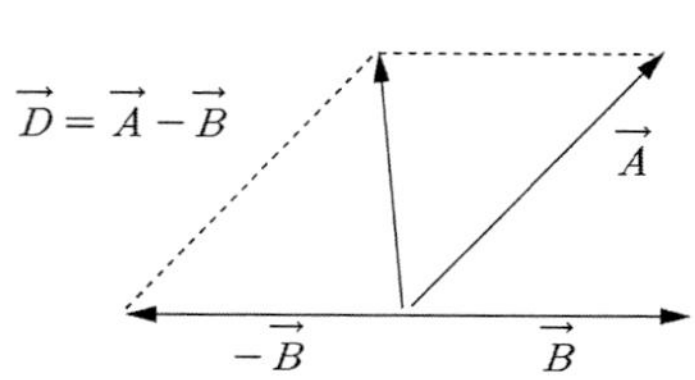

(평행사변형법)

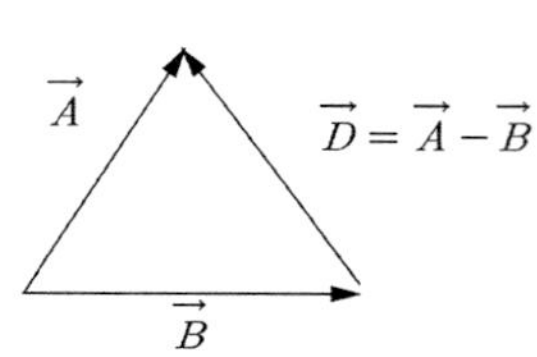

(삼각형법)

$$합 : \vec{C} = \vec{A} + \vec{B} = (A_x + B_x)\hat{i} + (A_y + B_y)\hat{j} + (A_z + B_z)\hat{k} \quad (4.6)$$
$$차 : \vec{C} = \vec{A} - \vec{B} = (A_x - B_x)\hat{i} + (A_y - B_y)\hat{j} + (A_z - B_z)\hat{k}$$

벡터의 덧셈에는 다음과 같은 연산법칙이 성립한다.

$$\vec{A} + \vec{B} = \vec{B} + \vec{A} \quad (4.7)$$
$$\vec{A} + (\vec{B} + \vec{C}) = (\vec{A} + \vec{B}) + \vec{C}$$
$$\vec{A} + \vec{0} = \vec{0} + \vec{A} = \vec{A}$$

[예제 4.3] 두 벡터가 $\vec{A} = \hat{i} + 2\hat{j} + 3\hat{k}$, $\vec{B} = 2\hat{i} + 3\hat{j} + \hat{k}$ 일 때 다음을 계산하시오.

① $\vec{A} + \vec{B}$

② $\vec{A} - \vec{B}$

[풀이] ① $\vec{A} + \vec{B} = (\hat{i} + 2\hat{j} + 3\hat{k}) + (2\hat{i} + 3\hat{j} + \hat{k}) = 3\hat{i} + 5\hat{j} + 4\hat{k}$

② $\vec{A} - \vec{B} = (\hat{i} + 2\hat{j} + 3\hat{k}) - (2\hat{i} + 3\hat{j} + \hat{k}) = -\hat{i} - \hat{j} + 2\hat{k}$

[예제 4.4] 다음 그림에서 $\overrightarrow{AB} = \frac{3}{5}\overrightarrow{AC}$ 일 때 $\vec{m}$을 $\vec{a}$와 $\vec{b}$로 나타내시오.

[풀이] $\overrightarrow{AC} = \vec{b} - \vec{a}$ 이므로

$$\vec{m} = \vec{a} + \overrightarrow{AB} = \vec{a} + \frac{3}{5}\overrightarrow{AC} = \vec{a} + \frac{3}{5}(\vec{b} - \vec{a})$$
$$\therefore \vec{m} = \frac{2}{5}\vec{a} + \frac{3}{5}\vec{b}$$

4.3.2 벡터의 곱셈

벡터의 곱셈은 스칼라 곱과 벡터 곱으로 나뉜다.

(1)스칼라 곱(*Scalar product*) 혹은 내적(*Inner product, dot product*)

두 벡터의 스칼라 곱은 $\vec{A} \cdot \vec{B}$ 로 표시하며 다음과 같이 정의한다.

① 정의 : $\vec{A} \cdot \vec{B} = AB\cos\theta$ 여기서 θ는 두 벡터 사이의 각 (4.8)

예 두 벡터가 평행일 때 $(\theta=0)$: $\vec{A}\bullet\vec{B}=AB$

수직일 때 $(\theta=\pi/2)$: $\vec{A}\bullet\vec{B}=0$

특히, $\vec{A}=\vec{B}$ 일 때 : $\vec{A}\bullet\vec{B}=A^2=\overrightarrow{|A|^2}$

② 직각좌표계에서의 표현 : $\vec{A}\bullet\vec{B}$ 일 때 : $\vec{A}\bullet\vec{B}=A_xB_x+A_yB_y+A_zB_z$

한편 위의 ①과 ②를 이용하면 두 벡터 사이의 각 θ 를 구할 수 있다.

$$\cos\theta=\frac{\vec{A}\bullet\vec{B}}{AB}=\frac{A_xB_x+A_yB_y+A_zB_z}{\sqrt{A_x^2+A_y^2+A_z^2}\sqrt{B_x^2+B_y^2+B_z^2}} \tag{4.9}$$

③ 스칼라 곱의 연산 법칙

$$\begin{aligned}&\vec{A}\bullet\vec{B}=\vec{B}\bullet\vec{A}\ (\text{교환법칙이 성립})\\&(\vec{A}+\vec{B})\bullet\vec{C}=\vec{A}\bullet\vec{C}+\vec{B}\bullet\vec{C}\\&\vec{A}\bullet\vec{A}=\vec{A}^2\end{aligned} \tag{4.10}$$

[예제 4.5] 두 벡터가 $\vec{A}=\hat{i}+2\hat{j}+3\hat{k}$, $\vec{B}=2\hat{i}+3\hat{j}+\hat{k}$ 일 때

① 두 벡터의 스칼라 곱을 구하고,

② 두 벡터 사이의 각 $\cos\theta$ 값을 구하시오

[풀이]

① $\vec{A}\bullet\vec{B}=1\times2+2\times3+3\times1=11$

② $\cos\theta=\dfrac{\vec{A}\bullet\vec{B}}{AB}=\dfrac{11}{\sqrt{1^2+2^2+3^2}\sqrt{2^2+3^2+1^2}}=\dfrac{11}{\sqrt{14}\sqrt{14}}=\dfrac{11}{14}$

[예제 4.6]

직각 좌표계에서 두 벡터가 $\vec{A}=A_x\hat{i}+A_y\hat{j}+A_z\hat{k}$, $\vec{B}=B_x\hat{i}+B_y\hat{j}+B_z\hat{k}$ 로 표현될 때 두 벡터의 스칼라 곱이 $\vec{A}\bullet\vec{B}=A_xB_x+A_yB_y+A_zB_z$로 됨을 증명하시오.

[풀이]

$$\begin{aligned}\vec{A}\bullet\vec{B}&=(A_x\hat{i}+A_y\hat{j}+A_z\hat{k})\bullet(B_x\hat{i}+B_y\hat{j}+B_z\hat{k})\\&=A_xB_x\hat{i}\bullet\hat{i}+A_xB_y\hat{i}\bullet\hat{j}+A_xB_z\hat{i}\bullet\hat{k}\\&\quad+A_yB_x\hat{j}\bullet\hat{i}+A_yB_y\hat{j}\bullet\hat{j}+A_yB_z\hat{i}\bullet\hat{k}\\&\quad+A_zB_x\hat{k}\bullet\hat{i}+A_zB_y\hat{k}\bullet\hat{j}+A_zB_z\hat{k}\bullet\hat{k}\end{aligned}$$

여기서

$$\hat{i} \cdot \hat{i} = \hat{j} \cdot \hat{j} = \hat{k} \cdot \hat{k} = 1 \text{ (서로 평행이므로 } \theta = 0)$$
$$\hat{i} \cdot \hat{j} = \hat{j} \cdot \hat{k} = \hat{k} \cdot \hat{i} = 0 \text{ (서로 수직이므로 } \theta = \pi/2)$$

이므로

$$\therefore \vec{A} \cdot \vec{B} = A_x B_x + A_y B_y + A_z B_z$$

(2) 벡터곱 (*vector product*) 또는 외적(外積, *outer product, cross product*)

벡터곱은 $\vec{A} \times \vec{B}$ 로 표시하며 정의 및 직각좌표계에서 행렬식을 이용한 표현은 다음과 같다.

① 정의 : $\vec{A} \times \vec{B} = AB\sin\theta\,\hat{n}$ (θ는 $\vec{A}, \vec{B}$ 사이의 각)

$$= \begin{vmatrix} \hat{i} & \hat{j} & \hat{k} \\ A_x & A_y & A_z \\ B_x & B_y & B_z \end{vmatrix} \text{ (직각좌표계에서의 표현)} \qquad (4.11)$$

② 크기 : $|\vec{A} \times \vec{B}| = AB\sin\theta$: 두 벡터로 이루어진 평행사변형의 면적

③ 방향 ($\hat{n}$) : 두 벡터에 모두 수직이고, 벡터 $\vec{A}$ 에서 벡터 $\vec{B}$ 로 오른나사를 회전시킬 때 나사의 진행방향

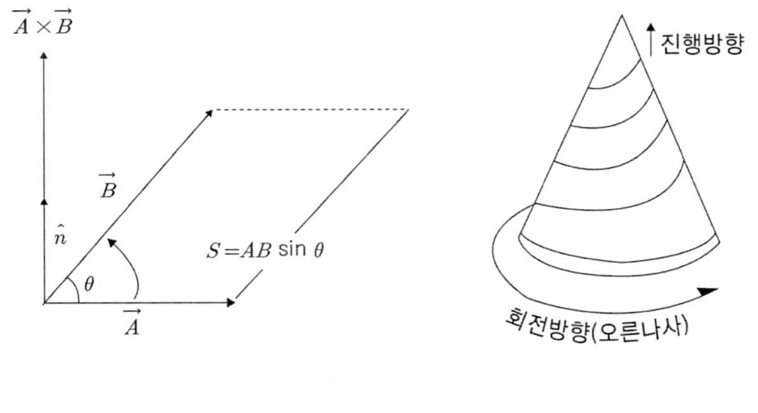

그림4.5 벡터의 크기와 방향

④ 성질 : $\vec{A} \times \vec{B} = -\vec{B} \times \vec{A}$ (교환법칙이 성립하지 않는다.)

$$(\vec{A} + \vec{B}) \times \vec{C} = \vec{A} \times \vec{C} + \vec{B} \times \vec{C} \qquad (4.12)$$
$$\vec{A} \times \vec{A} = 0$$

[예제 4.7] 두 벡터가 $\vec{A} = \hat{i}-2\hat{j}+2\hat{k}$, $\vec{B} = 2\hat{i}-\hat{j}-2\hat{k}$ 일 때 다음을 구하시오.

① 벡터 곱 : $\vec{A}\times\vec{B}$

② 두 벡터가 이루는 평행사변형의 면적

[풀이] ① $\vec{A}\times\vec{B} = \begin{vmatrix} \hat{i} & \hat{j} & \hat{k} \\ 1 & -2 & 2 \\ 2 & -1 & -2 \end{vmatrix} = 6\hat{i}+6\hat{j}+3\hat{k}$

② 두 벡터가 이루는 평행사변형의 면적은 벡터 곱 $(\vec{A}\times\vec{B})$ 의 크기이므로 위의 $|\vec{A}\times\vec{B}| = \sqrt{6^2+6^2+3^2} = \sqrt{81} = 9$

[예제 4.8] z 축과 일치한 긴 도체에 z축 방향으로 전류 $\vec{I} = 10\hat{k}\,[A]$를 흘릴 때 자속밀도 $\vec{B} = 3\hat{i}+4\hat{j}$ 를 가한 경우 이 도체의 단위길이당 작용하는 힘 $\vec{f}$ 를 구하시오.
(단, 단위길이당 작용하는 힘 $\vec{f} = \vec{I}\times\vec{B}$ 로 주어진다.)

[풀이] $\vec{f} = \vec{I}\times\vec{B} = \begin{vmatrix} \hat{i} & \hat{j} & \hat{k} \\ 0 & 0 & 10 \\ 3 & 4 & 0 \end{vmatrix} = -40\hat{i}+30\hat{j}\,[N/m]$

[예제 4.9]

$x-y$ 좌표계에서 두 벡터가 $\vec{A} = (A_x, A_y, A_z)$, $\vec{B} = (B_x, B_y, B_z)$일 때
다음과 같이 주어짐을 증명하시오

$$\vec{A}\times\vec{B} = AB\sin\theta\,\hat{n} = \begin{vmatrix} \hat{i} & \hat{j} & \hat{k} \\ A_x & A_y & A_z \\ B_x & B_y & B_z \end{vmatrix}$$

[풀이] $\vec{A}\times\vec{B} = (A_x\hat{i}+A_y\hat{j}+A_z\hat{k}) \cdot (B_x\hat{i}+B_y\hat{j}+B_z\hat{k})$

$$= A_xB_x\hat{i}\times\hat{i}+A_xB_y\hat{i}\times\hat{j}+A_xB_z\hat{i}\times\hat{k}$$

$$+A_yB_x\hat{j}\times\hat{i}+A_yB_y\hat{j}\times\hat{j}+A_yB_z\hat{j}\times\hat{k}$$

$$+A_zB_x\hat{k}\times\hat{i}+A_zB_y\hat{k}\times\hat{j}+A_zB_z\hat{k}\times\hat{k}$$

여기서 $\hat{i}\times\hat{i} = |\hat{i}||\hat{i}|\sin 0^\circ \cdot \hat{n} = 0$ 이고

마찬가지로 $\hat{j}\times\hat{j} = \hat{k}\times\hat{k} = 0$ 이다.

옆의 그림에서 $\hat{i}$, $\hat{j}$, $\hat{k}$ 는 서로 직교하고 $\sin 90^\circ = 1$ 이므로

$$\hat{i} \times \hat{j} = \hat{k},\ \hat{i} \times \hat{k} = -\hat{j}$$

$$\hat{j} \times \hat{i} = -\hat{k},\ \hat{j} \times \hat{k} = \hat{i}$$

$$\hat{k} \times \hat{i} = \hat{j},\ \hat{k} \times \hat{j} = -\hat{i}$$

이 성립한다.

$$\therefore \vec{A} \times \vec{B} = A_x B_y \hat{k} - A_x B_z \hat{j} - A_y B_z \hat{k} + A_y B_z \hat{i} + A_z B_x \hat{j} - A_z B_y \hat{i}$$

$$= (A_y B_z - A_z B_y)\hat{i} + (-A_x B_z + A_z B_x)\hat{j} + (A_x B_y - A_y B_x)\hat{k}$$

우변을 행렬식으로 표현하면

$$\vec{A} \times \vec{B} = \begin{vmatrix} A_y & A_z \\ B_y & B_z \end{vmatrix} \hat{i} - \begin{vmatrix} A_x & A_z \\ B_x & B_z \end{vmatrix} \hat{j} + \begin{vmatrix} A_x & A_y \\ B_x & B_y \end{vmatrix} \hat{k}$$

이므로

$$\vec{A} \times \vec{B} = \begin{vmatrix} \hat{i} & \hat{j} & \hat{k} \\ A_x & A_y & A_z \\ B_x & B_y & B_z \end{vmatrix}$$ 이다.

4.3.3 벡터의 3중 곱

세 개의 벡터 곱에는 스칼라 3중곱과 벡터 3중곱이 있다.

(1) 스칼라 3중곱

표현 : $\vec{A} \cdot (\vec{B} \times \vec{C})$ (4.13)

벡터 $\vec{A}$ 와 $(\vec{B} \times \vec{C})$ 의 스칼라 곱을 스칼라 3중곱이라 하며, 행렬식을 이용하여 각각의 성분으로 표현하면 다음과 같다.

$$\vec{A} \cdot (\vec{B} \times \vec{C}) = \begin{vmatrix} A_x & A_y & A_z \\ B_x & B_y & B_z \\ C_x & C_y & C_z \end{vmatrix} = |\vec{A}||\vec{B} \times \vec{C}|\cos\theta \tag{4.14}$$

$$= |\vec{A}||BC\sin\alpha|\cos\theta$$

① 의미 : 세 개의 벡터를 세 변으로 하는 평행육면체의 체적(부피) [그림 4.6]

② 성질 : $\vec{A} \cdot (\vec{B} \times \vec{C}) = \vec{B} \cdot (\vec{C} \times \vec{A}) = \vec{C} \cdot (\vec{A} \times \vec{B})$ (4.15)

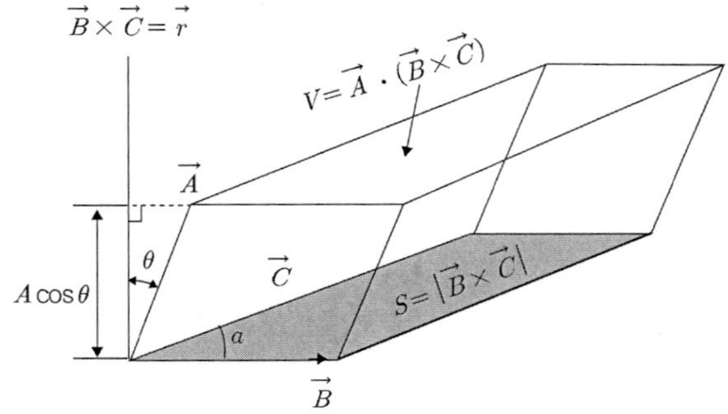

그림 4.6 스칼라 3중 곱

(2) 벡터 3중곱

벡터 $\vec{A}, \vec{B}, \vec{C}$ 의 백터 3중 곱이란 $\vec{B}, \vec{C}$ 가 이루는 평면이 있고 $\vec{A}$ 에 수직인 벡터 임.

표현 : $\vec{A}\times(\vec{B}\times\vec{C})$

$(\vec{B}\times\vec{C})$ 를 구하면

$$(\vec{B}\times\vec{C}) = \begin{vmatrix} i & j & k \\ B_x & B_y & B_z \\ C_x & C_y & C_z \end{vmatrix} = i(B_yC_z - B_zC_y) - j(B_xC_z - B_zC_x) + k(B_xC_y - B_yC_x)$$

$$\vec{A}\times(\vec{B}\times\vec{C}) = \begin{vmatrix} i & j & k \\ A_x & A_y & A_z \\ B_yC_z - B_zC_y & B_zC_x - B_xC_z & B_xC_y - B_yC_x \end{vmatrix}$$

$$\begin{aligned} &= i[A_y(B_xC_y - B_yC_x) - A_z(B_zC_x - B_xC_z)] \\ &\quad -j[A_x(B_xC_y - B_yC_x) - A_z(B_yC_z - B_zC_y)] \\ &\quad +k[A_x(B_zC_x - B_xC_z) - A_y(B_yC_z - B_zC_y)] \end{aligned}$$

$$\begin{aligned} &= i(A_yB_xC_y - A_yB_yC_x - A_zB_zC_x + A_zB_xC_z) \ +i(A_xB_xC_x - A_xB_xC_x) \\ &- j(A_xB_xC_y + A_xB_yC_x + A_zB_yC_z - A_zB_zC_y) \ +j(A_yB_yC_y - A_yB_yC_y) \\ &+ k(A_xB_zC_x - A_xB_xC_z - A_yB_yC_z + A_yB_zC_y) \ +k(A_zB_zC_z - A_zB_zC_z) \end{aligned}$$

$$= B_x(A_xC_x + A_yC_y + A_zC_z) + B_y(A_xC_x + A_yC_y + A_zC_z) \quad + B_z(A_xC_x + A_yC_y + A_zC_z)$$

$$- C_x(A_xB_x + A_yB_y + A_zB_z) - C_y(A_xB_x + A_yB_y + A_zB_z) - C_z(A_xB_x + A_yB_y + A_zB_z)$$

$$\vec{A} \times (\vec{B} \times \vec{C}) = \vec{B}(\vec{A} \cdot \vec{C}) - \vec{C}(\vec{A} \cdot \vec{B}) \tag{4.16}$$

4.4 고유치(Eigen Value)와 고유벡터(Eigen Vector)

공학을 포함 한 여러 응용분야에서 발생하는 문제의 많은 부분이 고유 값과 고유 벡터의 이론에 의존한다.

2차원 공간 R^2 (평면) 상에서 고유 값과 고유 벡터를 가지는 기하학적 의미는 다음과 같은 행렬 *A* 와 임의의 벡터 $\vec{u} \in R^2$ 가 주어졌다고 하면

$$A = \begin{pmatrix} 1 & 1 \\ -2 & 4 \end{pmatrix}$$

이 행렬 *A* 의 역할은 R^2 내의 임의의 벡터 $\vec{u}$ 를 선형 변환하여 일반적으로 크기는 다르고 방향은 같은 벡터 $\vec{v}$ 를 만들어 내는 것이다.

예를 들어

$$\overrightarrow{u_1} = \begin{bmatrix} 1 \\ 0 \end{bmatrix} \Rightarrow A \cdot \overrightarrow{u_1} = \begin{bmatrix} 1 & 1 \\ -2 & 4 \end{bmatrix}\begin{bmatrix} 1 \\ 0 \end{bmatrix} = \begin{bmatrix} 1 \\ -2 \end{bmatrix} = \overrightarrow{v_1}$$

$$\overrightarrow{u_2} = \begin{bmatrix} 1 \\ 2 \end{bmatrix} \Rightarrow A \cdot \overrightarrow{u_2} = \begin{bmatrix} 1 & 1 \\ -2 & 4 \end{bmatrix}\begin{bmatrix} 1 \\ 2 \end{bmatrix} = \begin{bmatrix} 3 \\ 6 \end{bmatrix} = 3\overrightarrow{u_2} = \overrightarrow{v_2}$$

$$\overrightarrow{u_3} = \begin{bmatrix} -1 \\ -1 \end{bmatrix} \Rightarrow A \cdot \overrightarrow{u_3} = \begin{bmatrix} 1 & 1 \\ -2 & 4 \end{bmatrix}\begin{bmatrix} -1 \\ -1 \end{bmatrix} = \begin{bmatrix} -2 \\ -2 \end{bmatrix} = 2\overrightarrow{u_3} = \overrightarrow{v_3}$$

이다. 두 개의 벡터 $A\overrightarrow{u_2} = \lambda\overrightarrow{u_2} \quad (\lambda = 3)$

$$A\overrightarrow{u_3} = \lambda\overrightarrow{u_3} \quad (\lambda = 2)$$

이때 스칼라 $\lambda = 3$ 과 $\lambda = 2$ 를 행렬 A의 고유값 이라고 하고 $\overrightarrow{u_2}$ 와 $\overrightarrow{u_3}$ 를 고유 벡터라고 한다.

이처럼 n차의 정방행렬 A가 스칼라 상수 λ와 영이 아닌 벡터 $\vec{x}$에 대하여

$$A\vec{x} = \lambda\vec{x} \tag{4.17}$$

이 성립할 때 상수 λ를 A의 고유치(eigen value) 혹은 고유값 이라 하고, $\vec{x}$ 를 λ에 대응하는 A의 고유벡터*(eigen vector)*라 한다.

4.4.1 고유치를 구하는 방법

$A\vec{x}=\lambda\vec{x}$ 를 다시 쓰면 $(A-\lambda I)\vec{x}=\vec{0}$ 이 되며 (여기서 I 는 단위 행렬, $\vec{0}$는 영벡터이다.), 이 방정식이 0이 아닌 해를 가질 필요충분조건은 $|A-\lambda I|=0$ 이다.
$|A-\lambda I|=0$ 이기 위해서는

$$\begin{vmatrix} a_{11}-\lambda & a_{12} \\ a_{21} & a_{22}-\lambda \end{vmatrix}=0$$

이다. 이 때, $|A-\lambda I|=0$을 행렬 A 의 특성 방정식 또는 고유 방정식이라 하며, 행렬 A의 고유치는 특성 방정식의 근이다.

[예제 4.10] 다음 행렬의 고유치를 구하시오.

① $\begin{pmatrix} 1 & 2 \\ 3 & 4 \end{pmatrix}$ ② $\begin{pmatrix} 1 & -6 & 0 \\ 0 & -1 & 0 \\ 0 & 1 & -2 \end{pmatrix}$

[풀이]

① 특성 방정식은 $\begin{vmatrix} 1-\lambda & 2 \\ 3 & 4-\lambda \end{vmatrix}=0$에서 $(1-\lambda)(4-\lambda)-6=0$

$\lambda^2-5\lambda-2=0$

$\lambda=\dfrac{5\pm\sqrt{25+8}}{2}=\dfrac{5\pm\sqrt{33}}{2}$

② 특성 방정식은 $\begin{vmatrix} 1-\lambda & -6 & 0 \\ 0 & -1-\lambda & 0 \\ 0 & 1 & -2-\lambda \end{vmatrix}=0$ 에서

$$(1-\lambda)(-1-\lambda)(-2-\lambda)=0 \qquad \therefore \lambda_1=\pm 1,\ \lambda_3=-2$$

4.4.2 고유벡터 구하는 방법

위에서 고유치를 구하는 방법을 사용하여, 고유치 $\lambda_1, \lambda_2, \cdots, \lambda_k$ 를 구했다고 하면, λ_1을 써서 연립방정식 $((A-\lambda_1 I)\vec{x}=\vec{0}$을 만들 수 있다.
위 연립방정식의 1차 독립인 해를 모두 구해 이들의 1차 결합이 고유치 λ_1에 대응하는 고유벡터가 된다.

다음 4.5와 4.6 에서는 벡터의 미분과 적분을 다루고 있다.
이 장을 배우기 위해서는 미분과 적분에 관한 기초 지식이 있어야 한다. 없는 경우 미적분을 공부한 후에 다루는 것이 좋다..

4.5 벡터의 미분

벡터의 응용을 배우는 데 기본적으로 필요한 미분에 대해서 알아보기로 한다.

4.5.1 벡터 미분

벡터 $\overrightarrow{A}$ 가 스칼라 t 의 함수일 때, $\overrightarrow{A}=\overrightarrow{A}(t)$ 로 표시하며 벡터 함수라 한다.
또한 벡터 함수의 성분 표시는 다음과 같다.

$$\overrightarrow{A}(t)=A_x(t)\hat{i}+A_y(t)\hat{j}+A_z(t)\hat{k} \tag{4.18}$$

(1) 벡터 미분의 정의

벡터 함수의 시간에 대한 미분 계수(도함수)는 다음과 같이 정의된다.

$$\frac{d\overrightarrow{A}}{dt}=\lim_{\triangle t\to 0}\frac{\overrightarrow{A}(t+\triangle t)-\overrightarrow{A}(t)}{\triangle t}=\frac{dA_x}{dt}\hat{i}+\frac{dA_y}{dt}\hat{j}+\frac{dA_z}{dt}\hat{k}$$

(2) 벡터미분공식

k가 상수, f가 스칼라 함수일 때 다음 공식이 성립한다.

$$\begin{aligned}
&\frac{d(\overrightarrow{A}\pm\overrightarrow{B})}{dt}=\frac{d\overrightarrow{A}}{dt}\pm\frac{d\overrightarrow{B}}{dt}\\
&\frac{d(k\overrightarrow{A})}{dt}=k\frac{d\overrightarrow{A}}{dt}\\
&\frac{d(f\overrightarrow{A})}{dt}=f\frac{d\overrightarrow{A}}{dt}+\frac{df}{dt}\overrightarrow{A}\\
&\frac{d(\overrightarrow{A}\bullet\overrightarrow{B})}{dt}=\frac{d\overrightarrow{A}}{dt}\bullet\overrightarrow{B}+\overrightarrow{A}\bullet\frac{d\overrightarrow{B}}{dt}\\
&\frac{d(\overrightarrow{A}\times\overrightarrow{B})}{dt}=\frac{d\overrightarrow{A}}{dt}\times\overrightarrow{B}+\overrightarrow{A}\times\frac{d\overrightarrow{B}}{dt}
\end{aligned} \tag{4.19}$$

(3) 벡터의 편미분

벡터 $\overrightarrow{A}$ 가 스칼라 함수 x, y, z의 함수일 때 $\overrightarrow{A}=\overrightarrow{A}(x, y, z)$로 표시하면 벡터 $\overrightarrow{A}$의 x, y, z에 대한 편미분을 각각

$$\frac{\partial \overrightarrow{A}}{\partial x}, \frac{\partial \overrightarrow{A}}{\partial y}, \frac{\partial \overrightarrow{A}}{\partial z} \tag{4.20}$$

로 나타낸다.

또한 벡터 $\overrightarrow{A}$를 성분으로 표시하면 $\overrightarrow{A} = \overrightarrow{A}(x, y, z) = A_x \hat{i} + A_y \hat{j} + A_z \hat{k}$ 이므로, 편미분을 각각 성분으로 표시하면 다음과 같다.

$$\frac{\partial \overrightarrow{A}}{\partial x} = \frac{\partial A_x}{\partial x}\hat{i} + \frac{\partial A_y}{\partial x}\hat{j} + \frac{\partial A_z}{\partial x}\hat{k} \tag{4.21}$$

$$\frac{\partial \overrightarrow{A}}{\partial y} = \frac{\partial A_x}{\partial y}\hat{i} + \frac{\partial A_y}{\partial y}\hat{j} + \frac{\partial A_z}{\partial y}\hat{k}$$

$$\frac{\partial \overrightarrow{A}}{\partial z} = \frac{\partial A_x}{\partial z}\hat{i} + \frac{\partial A_y}{\partial z}\hat{j} + \frac{\partial A_z}{\partial z}\hat{k}$$

한편 변수 x, y, z의 변화량 dx, dy, dz가 동시에 일어날 때 벡터 $\overrightarrow{A}$ 의 미소변화량 $d\overrightarrow{A}$는 다음과 같다.

$$d\overrightarrow{A} = \frac{\partial \overrightarrow{A}}{\partial x}dx + \frac{\partial \overrightarrow{A}}{\partial y}dy + \frac{\partial \overrightarrow{A}}{\partial z}dz \tag{4.22}$$

한편 미소변위 벡터 $d\vec{l}$은 $d\vec{l} = dx\hat{i} + dy\hat{j} + dz\hat{k}$이므로

$$\begin{aligned} d\overrightarrow{A} &= \left(\frac{\partial}{\partial x}dx + \frac{\partial}{\partial y}dy + \frac{\partial}{\partial z}dz\right)\overrightarrow{A} \\ &= \left(\frac{\partial}{\partial x}\hat{i} + \frac{\partial}{\partial y}\hat{j} + \frac{\partial}{\partial z}\hat{k}\right) \cdot (dx\hat{i} + dy\hat{j} + dz\hat{k})\overrightarrow{A} \\ &= (\nabla \cdot d\vec{l})\overrightarrow{A} \end{aligned}$$

로 쓸 수 있다. 이때

$$\nabla \equiv \frac{\partial}{\partial x}\hat{i} + \frac{\partial}{\partial y}\hat{j} + \frac{\partial}{\partial z}\hat{k} \tag{4.24}$$

를 **미분연산자**라 하며 nabla 또는 del로 읽고 다음 절에서 배울 스칼라의 기울기

(gradient), 벡터의 발산(divergence)과 회전(curl 또는 rotation)을 구할 때 사용된다.

[예제 4.11] 벡터함수가 $\overrightarrow{A}(x,y) = a\cos\, x\,\hat{i} + a\sin x\,\hat{j} + y\hat{k}$ 로 주어질 때 $\dfrac{\partial\overrightarrow{A}}{\partial x}$ 와 $\dfrac{\partial\overrightarrow{A}}{\partial y}$ 를 구하라

[풀이] $\dfrac{\partial\overrightarrow{A}}{\partial x} = -a\sin x\hat{i} + a\cos x\,\hat{j}$, $\quad \dfrac{\partial\overrightarrow{A}}{\partial y} = \hat{k}$

4.5.2 벡터의 미분 연산자

벡터의 미분연산자 (∇=nabla, del)는 해밀턴 연산자라고도 하며 직각좌표계에 적용하면 다음과 같이 정의된다.

$$\text{정의: nabla} \quad \nabla \equiv \frac{\partial}{\partial x}\hat{i} + \frac{\partial}{\partial y}\hat{j} + \frac{\partial}{\partial z}\hat{k} \tag{4.25}$$

벡터의 미분 연산자를 이용한 미분연산에는 다음과 같은 세 개의 연산이 존재한다.

(1) 스칼라의 경도 또는 기울기(gradient)

스칼라 함수 $\Phi(x,y,z)$를 벡터의 미분연산자로 미분한 것으로 그 결과는 $\Phi(x,y,z)$에 대해서 x, y, z방향으로 기울기의 의미를 가지며 스칼라 함수 Φ의 법선벡터(normal vector) 임을 알 수 있다. 이 grad를 통해 벡터장을 얻을 수 있다.

$$\text{정의 : } grad\ \Phi = \nabla\Phi = \frac{\partial\Phi}{\partial x}\hat{i} + \frac{\partial\Phi}{\partial y}\hat{j} + \frac{\partial\Phi}{\partial z}\hat{k} \tag{4.26}$$

[예제 4.12] 점 $P = [1, 2, -1]^T$ 에서 방정식 $x^2 + y^2 - z^2 = 4$ 로 이루어진 곡면에 접하는 법선 방정식을 구하라

[풀이] 함수f 를 $f(x,y,z) = x^2 + y^2 - z^2$ 로 두면

기울기 grad 는

$$grad\, f = \frac{\partial f}{\partial x}\hat{i} + \frac{\partial f}{\partial y}\hat{j} + \frac{\partial f}{\partial z}\hat{k} = 2x\hat{i} + 2y\hat{j} - 2z\hat{k} \quad \text{이다}$$

이식은 곡면에 직교한다. 따라서 점 [1, 2, -1]에서 곡면과 직교하는 백터는 $grad\, f(1, 2, -1) = 2\hat{i} + 4\hat{j} + 2\hat{k}$ 이다.

[예제 4.13] 스칼라 함수 $\Phi = 3x^2y - y^3z^2$에 대하여 점 (1, -2, 1)에서의 grad를 구하시오.

풀이]

$$grad\ \Phi = \frac{\partial \Phi}{\partial x}\hat{i} + \frac{\partial \Phi}{\partial y}\hat{j} + \frac{\partial \Phi}{\partial z}\hat{k}$$

$$= \frac{\partial}{\partial x}(3x^2y - y^3z^2)\hat{i} + \frac{\partial}{\partial y}(3x^2y - y^3z^2)\hat{j} + \frac{\partial}{\partial z}(3x^2y - y^3z^2)\hat{k}$$

$$= 6xy\hat{i} + (3x^2 - 3y^2z^2)\hat{j} - 2y^3z\hat{k}$$

점 (1, -2, 1)에서의 gradΦ는 grad $\Phi_{(1,\,-2,\,1)} = -12\hat{i} - 9\hat{j} + 16\hat{k}$

(2) 벡터의 발산(divergence)

미분연산자와 벡터함수 $\vec{A}(x, y, z)$와의 스칼라 곱이며 공간내의 각 점에 대한 벡터 $\vec{A}$의 원천의 세기의 척도가 되는 스칼라량이다.

$$\text{정의 : } div\, A = \nabla \bullet \vec{A} = \frac{\partial A_x}{\partial x} + \frac{\partial A_y}{\partial y} + \frac{\partial A_z}{\partial z} \qquad (4.27)$$

벡터 $\vec{A}$ 가 $\vec{A} = 3xz\,\hat{i} + 2xy\hat{j} - yz^2\,\hat{k}$ 로 주어졌다면 발산은

$div\vec{A} = 3z + 2x - 2yz$ 로 된다.

(3) 벡터의 회전(rotation, cure)

미분 연산자와 벡터함수 $\vec{A}(x, y, z)$와의 벡터 곱이며 그 벡터의 회전의 의미가 있는 벡터 량 이다.

$$curl\vec{A} = rot\vec{A} = \nabla \times \vec{A} = \begin{vmatrix} \hat{i} & \hat{j} & \hat{k} \\ \frac{\partial}{\partial x} & \frac{\partial}{\partial y} & \frac{\partial}{\partial z} \\ A_x & A_y & A_z \end{vmatrix} \qquad (4.28)$$

[예제 4.14] $\overrightarrow{A} = xz\hat{i} - y^2\hat{j} + 2x^2y\hat{k}$일 때 벡터 $\overrightarrow{A}$의 div와 rot을 구하시오.

[풀이] ① $$div\,\overrightarrow{A} = \nabla \cdot \overrightarrow{A} = (\frac{\partial}{\partial x}\hat{i} + \frac{\partial}{\partial y}\hat{j} + \frac{\partial}{\partial z}\hat{k}) \cdot (xz\hat{i} - y^2\hat{j} + 2x^2y\hat{k})$$
$$= \frac{\partial}{\partial x}(xz) + \frac{\partial}{\partial y}(-y^2) + \frac{\partial}{\partial z}(2x^2y)$$
$$= z - 2y$$

② $$rot\,\overrightarrow{A} = \nabla \times \overrightarrow{A} = \begin{vmatrix} \hat{i} & \hat{j} & \hat{k} \\ \frac{\partial}{\partial x} & \frac{\partial}{\partial y} & \frac{\partial}{\partial z} \\ xz & -y^2 & 2x^2y \end{vmatrix}$$
$$= [\frac{\partial}{\partial y}(2x^2y) - \frac{\partial}{\partial z}(-y^2)]\hat{i} + [\frac{\partial}{\partial z}(xz) - \frac{\partial}{\partial x}(2x^2y)]\hat{j}$$
$$+ [-\frac{\partial}{\partial y}xz + \frac{\partial}{\partial x}(-y^2)]\hat{k}$$
$$= 2x^2\hat{i} + (x - 4xy)\hat{j}$$

4.6 벡터의 적분

4.6.1 부정적분

벡터 함수 $\overrightarrow{A}(t)$ 가 벡터함수 $\overrightarrow{D}(t)$의 도함수 일 때 즉, $\frac{d\overrightarrow{D}(t)}{dt} = \overrightarrow{A}(t)$일 때 $\overrightarrow{D}(t)$를 $\overrightarrow{A}(t)$의 부정적분이라 하고 다음과 같이 나타낸다.

$$\overrightarrow{D}(t) = \int \overrightarrow{A}(t)dt = \int A_x(t)\,dt\hat{i} + \int A_y(t)\,dt\hat{j} + \int A_z(t)dt\hat{k} \tag{4.29}$$

4.6.2 선적분(line integral)

[그림 4-7]과 같이 임의의 공간에서의 벡터장을 $\overrightarrow{A}$라 하고 호의 길이를 l , 점 A와 점 B를 호선상의 두점이라 하면 벡터장 $\overrightarrow{A}$와 미소길이 $dl_1, dl_2, \cdots\cdots, dl_n$과의 스칼라 곱의 합은

$$\sum_{i=1}^{n} = A_i dl_i = \int_B^A \overrightarrow{A} \cdot \overrightarrow{dl} \tag{4.30}$$

으로 곡선의 전길이에 대한 합이며, 이를 곡선 AB에 대한 벡터 $\overrightarrow{A}$의 선적분이라 한다.

한편 x, y, z 좌표 성분으로 선적분을 표시하면

$$\int_{p1}^{p2} \vec{A} \cdot \vec{dl} = \int_{p1}^{p2} A_x \cdot dx + \int_{p1}^{p2} A_y \cdot dy + \int_{p1}^{p2} A_z \cdot dz \tag{4.31}$$

이다.

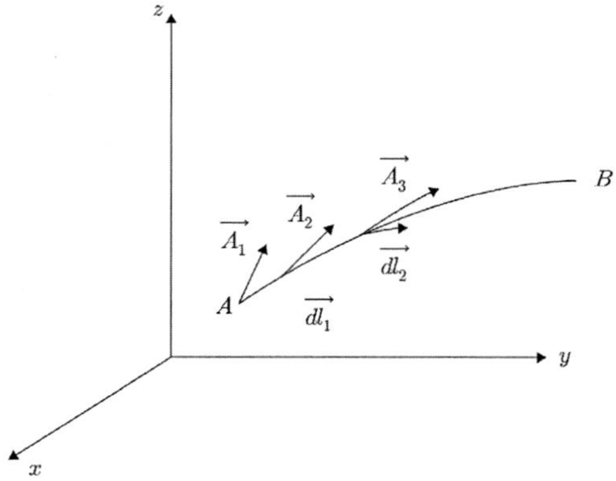

그림 4.7 선 적분

[예제 4.15]

① 벡터장 $\vec{A} = y\hat{i} + x\hat{j}$ 를 $y = x^2$인 곡선을 따라 원점에서(1, 1)까지 선적분을 하시오.

② 경로 C 가 $y = x^3$ $(-1 \le x \le 2)$에 의해 주어졌을 경우 $\vec{F}(r) = xy\,\hat{i} + x^2\,\hat{j}$ 를 선적분하시요

[풀이]

① 선적분 $= \int_{(0,0)}^{(1,1)} \vec{A} \cdot \vec{dt}$

$$= \int_{(0,0)}^{(1,1)} (y\hat{i} + x\hat{j}) \cdot (dx\,\hat{i} + dy\hat{j}) = \int_{(0,0)}^{(1,1)} (ydx + xdy)$$

$$= \int_0^1 ydx + \int_0^1 xdy = \int_0^1 x^2 dx + \int_0^1 x \cdot 2x\,dx \quad \begin{pmatrix} y = x^2\text{에서} \\ dy = 2xdx\text{이므로} \end{pmatrix}$$

$$= \frac{1}{3}x^3|_0^1 + \frac{2}{3}x^3|_0^1 = \frac{1}{3} + \frac{2}{3} = 1$$

② $\int_C \vec{F}(r) \cdot \vec{dr} = \int_C (F_x dx + F_y dy) = \int_{-1}^{2} (xyi + x^2 j)(dxi + dyj)$

$$= \int_{-1}^{2} x(x^3)dx + x^2(3x^2 dx) = \int_{-1}^{2} 4x^4 dx$$

$\left(\begin{array}{l} y = x^3\text{에서} \\ dy = 3x^2 dx\text{ 이므로} \end{array} \right)$

$$= \left[\frac{4}{5}x^5 \right]_{-1}^{2} = \frac{132}{5}$$

4.6.3 면적분 (surface integral)

벡터장 $\vec{A}$내에서 곡면 S상의 미소면적 dS에 세운 법선 방향의 단위 벡터를 n이라 하자. 벡터장 $\vec{A}$와 법선 단위 벡터 n의 스칼라 곱을 전체의 면적에 대하여 적분한 $\iint_S \vec{A} \cdot \hat{n}dS$을 면적 S상에 있는 A의 면적분이라 한다

또한 미소면적 dS의 법선 방향을 고려하여 벡터로 표시하면 $\vec{dS} = \hat{n}dS$ 이므로

$$\iint_S \vec{A} \cdot \hat{n}dS = \iint_S A_n dS = \iint_S \vec{A} \cdot \vec{dS} \tag{4.32}$$

이다. 이것은 면전체를 통과하는 $\vec{A}$의 벡터 선속을 의미한다.
한편 벡터에 대한 면적분을 각각의 성분으로 표시하면 다음과 같다.

$$\iint \vec{A} \cdot \vec{dS} = \int_S (A_x \cdot dS_x + A_y \cdot dS_y + A_z \cdot dS_z) \tag{4.33}$$

4.7 중요한 벡터 공식 및 응용

4.7.1 중요한 벡터 공식

$\vec{A}$, $\vec{B}$, $\vec{C}$, $\vec{D}$를 벡터함수 Φ, V를 스칼라 함수라 하면 다음의 공식이 성립한다.

(1) $\vec{A}\cdot(\vec{B}\times\vec{C})=\vec{B}\cdot(\vec{C}\times\vec{A})=\vec{C}\cdot(\vec{A}\times\vec{B})=\begin{vmatrix} A_x & A_y & A_z \\ B_x & B_y & B_z \\ C_x & C_y & C_z \end{vmatrix}$ (4.34)

(2) $\vec{A}\times(\vec{B}\times\vec{C})=\vec{B}(\vec{C}\times\vec{A})-\vec{C}(\vec{A}\times\vec{B})$ (4.35)

(3) $[\vec{A}\times\vec{B}]\cdot[\vec{C}\times\vec{D}]=(\vec{A}\cdot\vec{C})(\vec{B}\cdot\vec{D})-(\vec{A}\cdot\vec{D})(\vec{B}\cdot\vec{C})$ (4.36)

(4) $\nabla(\Phi V)=\Phi\nabla V+V\nabla\Phi$ (4.37)

(5) $\nabla\cdot(\Phi\vec{A})=\Phi\nabla\cdot\vec{A}+\vec{A}\cdot\nabla\Phi$ (4.38)

(6) $\nabla\times(\Phi\vec{A})=\Phi\nabla\times\vec{A}+\nabla\Phi\times\vec{A}$ (4.39)

(7) $\nabla\cdot(\nabla\times\vec{A})=0$ (4.40)

(8) $\nabla\times\nabla\Phi=0$ (4.41)

(9) $\nabla\times(\nabla\times\vec{A})=\nabla\cdot(\nabla\vec{A})-\nabla^2\vec{A}$ (4.42)

(10) $\nabla\cdot(\vec{A}\times\vec{B})=\vec{B}\cdot(\nabla\times\vec{A})-\vec{A}\cdot(\nabla\times\vec{B})$ (4.43)

4.7.2 벡터의 응용

다음의 예제를 통하여 벡터의 응용문제를 알아보도록 하자.

[예제 4.16] 전계가 $\vec{E}=204\hat{i}+110\hat{j}+90\hat{k}\,[V/m]$ 로 주어질 때 전계의 세기는 얼마인가?

[풀이] $|\vec{E}|=\sqrt{204^2+110^2+90^2}=249.45\,[V/m]$

[예제 4.17]

자속 밀도 $B[Wb/m^2]$인 균등자계내에 놓인 직선도체에 흐르는 전류가 $I[A]$ 일 때 도체의 단위길이당 힘 $\vec{f}$ 는 $\vec{f}=\vec{I}\times\vec{B}$ 로 주어진다. z방향으로 길게 놓인 도체에 $10[A]$의 전류가 흐를 때 자계 $\vec{B}=3\hat{i}+4\hat{j}$ $[Wb/m^2]$가 가해진 경우 이 도체가 받는 단위 길이 당 힘 $\vec{f}$는 얼마인가?

[풀이]

$$\vec{f}=\vec{I}\times\vec{B}=\begin{vmatrix}\hat{i} & \hat{j} & \hat{k}\\ 0 & 0 & 10\\ 3 & 4 & 0\end{vmatrix}$$

$$=-40\hat{i}+30\hat{j}\ [N/m]$$

$$|\vec{f}|=\sqrt{(-40)^2+30^2}=50\ [N/m]$$

[예제 4.18] [그림4.18]과 같이 점 o에 질량 500kg의 물체가 매달려 있다. 실의 무게를 무시할 때 $\overrightarrow{OA}$와 $\overrightarrow{OB}$의 장력 T_1 과 T_2 를 구하시오.

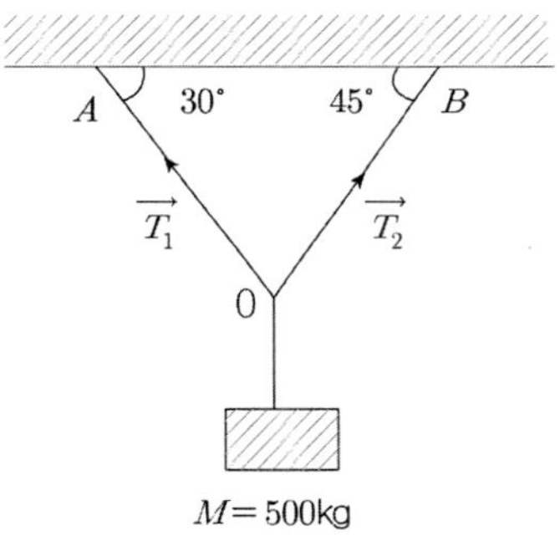

그림 4.18

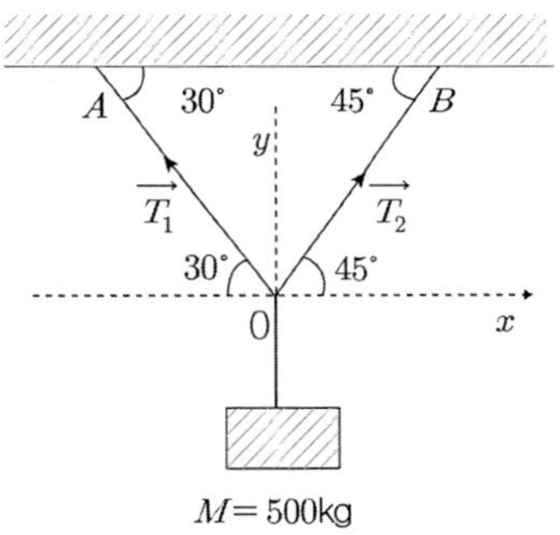

그림 4.19

[풀이] [그림4.18]은 [그림4.19]와 같이 표시할 수 있다.

$$\overrightarrow{OA}=T_1(-\cos30°\vec{i}+\sin30°\vec{j})$$

$$\overrightarrow{OB}=T_2(\cos45°\vec{i}+\sin45°\vec{j})$$

$$\vec{W}=-500gj$$ (여기서 g 는 중력가속도)

점 O에 작용하는 힘의 합이 0이므로

$$\sum F=\overrightarrow{OA}+\overrightarrow{OB}+\vec{W}$$

$$=\left(-\frac{\sqrt{3}}{2}T_1+\frac{\sqrt{2}}{2}T_2\right)\hat{i}+\left(\frac{1}{2}T_1+\frac{\sqrt{2}}{2}T_2-500g\right)\hat{j}=0$$

즉,

$$\begin{cases} -\dfrac{\sqrt{3}}{2}T_1 + \dfrac{\sqrt{2}}{2}T_2 = 0 \\ \dfrac{1}{2}T_1 + \dfrac{\sqrt{2}}{2}T_2 = 500g \end{cases}$$

이다.

위의 연립방정식을 3장에서 배운 행렬식(Cramer의 법칙)을 이용하여 풀어보면

$$T_1 = \frac{\begin{vmatrix} 0 & \dfrac{\sqrt{2}}{2} \\ 500g & \dfrac{\sqrt{2}}{2} \end{vmatrix}}{D}, \quad T_2 = \frac{\begin{vmatrix} -\dfrac{\sqrt{3}}{2} & 0 \\ \dfrac{1}{2} & 500g \end{vmatrix}}{D}$$ 이다.

여기서 $$D = \begin{vmatrix} -\dfrac{\sqrt{3}}{2} & \dfrac{\sqrt{2}}{2} \\ \dfrac{1}{2} & \dfrac{\sqrt{2}}{2} \end{vmatrix} = -\frac{\sqrt{6}+\sqrt{2}}{4}$$ 이므로

$$T_1 = \frac{-250\sqrt{2}\,g}{\dfrac{-\sqrt{6}+\sqrt{2}}{4}} = 366.03\,g, \qquad T_2 = \frac{-250\sqrt{3}\,g}{\dfrac{-\sqrt{6}+\sqrt{2}}{4}} = 448.30\,g$$

답) $T_1 = 366.03\,g[N], \quad T_2 = 448.30\,g[N]$

[예제 4.19] [그림4.20]과 같이 각속도 ω로 회전하는 강체가 있다. 회전축 O로부터 거리 $\vec{r}$인 점 P에서의 속도 $\vec{\nu} = \vec{\omega} \times \vec{r}$ 로 정의될 때 $\vec{\nu}$ 의 회전을 구하시오.
(단, $\vec{\omega}$는 일정하다.)

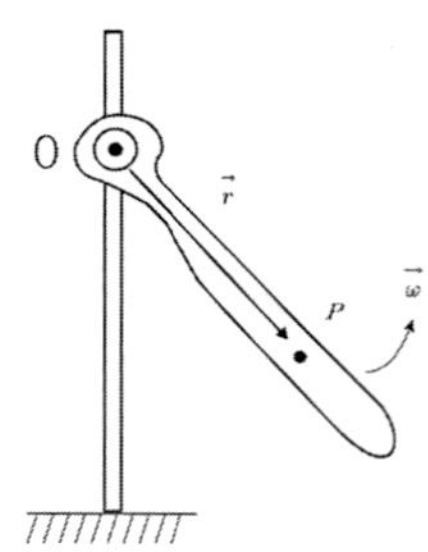

그림 4.20

[풀이]

$\vec{\nu}$ 와 $\vec{\omega}$ 를 좌표성분으로 표시하면 $\vec{\nu} = \nu_x\hat{i} + \nu_y\hat{j} + \nu_z\hat{k}, \quad \vec{\omega} = \omega_x\hat{i} + \omega_y\hat{j} + \omega_z\hat{k}$ 이므로

$$\vec{\nu} = \vec{\omega} \times \vec{r} = \begin{vmatrix} \hat{i} & \hat{j} & \hat{k} \\ \omega_x & \omega_y & \omega_z \\ x & y & z \end{vmatrix}$$ 에서

$$\begin{cases} \nu_x = \omega_y z - \omega_z y \\ \nu_y = \omega_z x - \omega_x z \\ \nu_z = \omega_x y - \omega_y x \end{cases}$$

$$\therefore \nabla \times \vec{\nu} = \begin{vmatrix} \hat{i} & \hat{j} & \hat{k} \\ \dfrac{\partial}{\partial x} & \dfrac{\partial}{\partial y} & \dfrac{\partial}{\partial z} \\ \nu_x & \nu_y & \nu_z \end{vmatrix} = \begin{vmatrix} \hat{i} & \hat{j} & \hat{k} \\ \dfrac{\partial}{\partial x} & \dfrac{\partial}{\partial y} & \dfrac{\partial}{\partial z} \\ \omega_y z - \omega_z y & \omega_z x - \omega_x z & \omega_x y - \omega_y x \end{vmatrix}$$

$$= 2\omega_x \hat{i} + 2\omega_y \hat{j} + 2\omega_z \hat{k} = \overrightarrow{2\omega}$$

제4장 연습문제

1. $\vec{A}=2\hat{i}+\hat{j}-\hat{k},\ \vec{B}=\hat{i}+2\hat{j}+\hat{k}$일 때 $\vec{A}$와 $\vec{B}$ 사이의 각은?

2. 원점에서 점(2, -2, 1)로 향하는 방향의 단위 벡터를 구하시오.

3. 두 벡터 $\vec{A}=2\hat{i}-3\hat{j}-2\hat{k},\ \vec{B}=\hat{i}+2\hat{j}+B_x\hat{k}$가 서로 직교할 때 B_x의 값은 얼마인가?

4. 두 벡터 $\vec{A}=\hat{i}+2\hat{j}+\hat{k},\ \vec{B}=2\hat{i}+3\hat{j}+4\hat{k}$ 를 포함하는 수직인 단위 벡터를 구하시오.

5. 스칼라 함수 $V=xyz$ 에 대해서 점(1, 1, 1)에서의 $grad\ V$ 는?

6. 벡터 $\vec{A}=x^2\hat{i}+3x^2y^2\hat{j}+x^2yz\hat{k}$ 일 때 $div\vec{A}$ 는?

7. $f(x,y,z)=x^2+y^2+z^2$일 때 점(1, 1, 2)에서의 $\nabla^2 f$는?

8. $\vec{A}=(axy-z^3)\hat{i}+(a-2)x^2\hat{j}+(1-a)xz^2\hat{k}$의 회전($curl$)이 항상 0 이 되는 정수 a는?

9. 벡터 $\vec{A}=x^2\sin y\,\hat{i}+z^2\cos y\,\hat{j}-xy^2\hat{k}$일 때 $div\vec{A}$ 는?

10. 전위 함수가 $V=2x+5yz+3\ [V]$일 때 ,점(2,1,0) 에서 전계의 세기를 구하시요.

제5장 복소수

본 장에서는 복소수의 기본 개념 및 교류 회로의 응용을 살펴보자.

5.1 복소수의 기본 개념

복소수의 개념을 알기 위해 먼저 수의 범위를 알아보기로 하자.
수의 범위는 1, 2, 3······등과 같이 물건을 세는 데 사용되는 "자연수" 와 0과 음의 자연수를 포함하는 "정수", 분수를 포함하는 "유리수", $\sqrt{3}, \sqrt{2}, \pi$와 같은 무리수, 이 모든 것을 포함하는 실수로 구분된다.
실수의 가장 큰 특징은 제곱하면 항상 0 이상이 된다는 것이다. 즉 x가 실수일 때 항상

$$x^2 \geq 0,\ x \in R \tag{5.1}$$

이다.
그러나 어떤 방정식 중에서는 실수만으로 만족하지 않는 것이 있다. 예를 들어 $x^2 = -1$를 만족하는 x값은 실수가 아니다.
이러한 결점을 해결하기 위해 도입된 수가 "허수" 이며, 실수와 허수를 포함하는 수를 "복소수(complex)"라 한다. 이상의 수의 범위를 [그림 5-1]에 나타내었다.

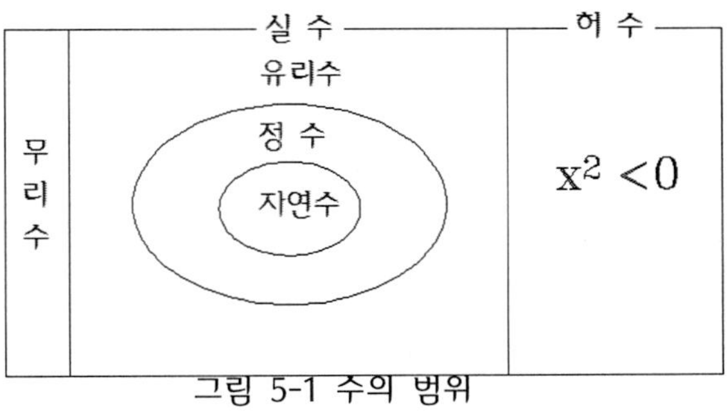

그림 5-1 수의 범위

일반적으로 복소수는 $x+jy$의 형태로 쓰는 데 단일 문자 Z로 표시하기도 한다. 즉

$$Z = x + jy \tag{5.2}$$

이며, 여기서 기호 j는 허수단위라 하며 $j=\sqrt{-1}$ 이다. 즉, $x^2=-1$을 만족하는 x값을 j 라 한다. 실수 x는 Z의 실수부(Real part), 실수 y는 Z의 허수부(Imaginary part)라 하며 다음과 같이 표시한다.

$$\begin{aligned} Re(Z) &= x \\ Im(Z) &= y \end{aligned} \tag{5.3}$$

복소수를 평면상에 표시하려면 [그림5-2]와 같이 복소수의 실수 값을 x축, 허수 값을 y축으로 잡고 양 축 상에 같은 단위의 길이를 택한 직각좌표계에 복소수를 기하학적으로 나타낼 수 있다. 이때 복소수가 표시된 평면을 **복소평면**(complex plane)이라 하고, x축을 실축(real axis), y축을 허축(imaginary axis)이라고 한다.

또 두 복소수가 $Z_1 = x_1 + jy_1,\ Z_2 = x_2 + jy_2$일 때 그 실수부와 허수부가 각각 같을 때 이 두 복소수는 서로 같다고 한다. 즉 $x_1 = x_2,\ y_1 = y_2$일 때 $Z_1 = Z_2$이다.

따라서 $Z_1 = x + jy = 0$을 만족하는 x, y 값은 $x = y = 0$이다.

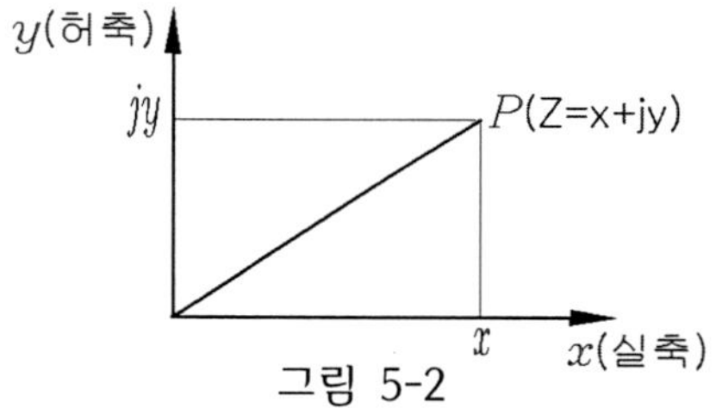

그림 5-2

5.2 공액복소수(켤레복소수, Complex conjugate)

복소수 $z = x + jy$에 대해서 허수부의 부호가 바뀐 복소수 $x - jy$를 z의 "공액(켤레)복소수" 라 하며 $\bar{z}$로 표시한다. 즉, $\bar{z} = \overline{x + jy} = x - jy$이다.

또한 공액복소수에는 다음과 같은 등식이 성립한다.

$$(1)\, z+\bar{z}=2\,Re\,(z)$$

$$(2)\, z \bullet \bar{z}=Re(z)^2+Im(z)^2$$

$$(3)\, \overline{z_1 \pm z_2}=\overline{z_1} \pm \overline{z_2}$$

$$(4)\, \overline{z_1 \bullet z_2}=\overline{z_1} \bullet \overline{z_2} \qquad (5.4)$$

$$(5)\, \overline{\left(\frac{z_1}{z_2}\right)}=\frac{\overline{z_1}}{\overline{z_2}}\ (z_2 \neq 0)$$

$$(6)\, \bar{\bar{z}}=z$$

[예제 5.1] 다음 복소수의 공액복소수를 구하시오.

① $2a+jb$(단, a, b는 실수)

② $j\sqrt{3}-\sqrt{5}$

[풀이] ① $\overline{2a+jb}=2a-jb$

② $\overline{j\sqrt{3}-\sqrt{5}}=-j\sqrt{3}-\sqrt{5}$

[예제 5.2] 두 복소수가 서로 같은 때 a, b값을 구하시오.

$$z_1=a+3\sqrt{2}\,j \quad z_2=-2-bj$$

[풀이]

$z_1=z_2$이므로 $a=-2,\ 3\sqrt{2}\ =\ -b$이다.

$\therefore\ a=\ -2\ \ b=\ -3\sqrt{2}$

5.3 복소수의 연산

(1) 덧셈

두 복소수가 $Z_1=x_1+jy_1, Z_2=x_2+jy_2$일 때, 두 복소수의 합은 실수부는 실수부끼리, 허수부는 허수부끼리 합하면 된다.

$$z=z_1+z_2=(x_1+jy_1)+(x_2+jy_2)=(x_1+x_2)+j(y_1+y_2) \qquad (5.5)$$

(2) 뺄셈

복소수의 차는 합의 역산으로 생각하면 된다. 즉

$$z_1-z_2=(x_1+jy_1)-(x_2+jy_2)=(x_1-x_2)+j(y_1-y_2) \qquad (5.6)$$

(3) 곱셈

복소수의 곱셈은 대수적으로 계산하면 된다. 단 $j^2=-1,\ j^3=-j,\ j^4=1$에 유의하여 계산한다.

$$z_1 \times z_2 = (x_1+jy_1)\times(x_2+jy_2) = (x_1x_2-y_1y_2)+j(x_1y_2+x_2y_1) \qquad (5.7)$$

(4) 나눗셈

복소수의 나눗셈은 다음과 같이 분모, 분자에 분모의 공액복소수를 곱한 후 간단히 하는 방법으로 계산한다.

$$\frac{z_1}{z_2} = \frac{(x_1+jy_1)}{(x_2+jy_2)} = \frac{(x_1+jy_1)(x_2-jy_2)}{(x_2+jy_2)(x_2-jy_2)}$$

$$= \frac{x_1x_2+y_1y_2+j(x_2y_1-x_1y_2)}{{x_2}^2+{y_2}^2}$$

$$= \frac{x_1x_2+y_1y_2}{{x_2}^2+{y_2}^2}+j\frac{x_2y_1-x_1y_2}{{x_2}^2+{y_2}^2} \qquad (5.8)$$

한편 복소수의 연산에는 다음의 관계가 성립한다.

① $z_1+z_2=z_2+z_1,\ z_1 \cdot z_2 = z_2 \cdot z_1$ [교환법칙]

② $(z_1+z_2)+z_3=z_1+(z_2+z_3),\ (z_1z_2)z_3=z_1(z_2z_3)$ [결합법칙] (5.9)

③ $z_1(z_2+z_3)=z_1z_2+z_1z_3$ [배분법칙]

[예제 5.3] $z_1=2+j,\ z_2=-1+2j$ 일 때 다음을 구하시오.

① z_1+z_2 ② z_1-z_2 ③ $z_1 \cdot z_2$ ④ $\frac{z_1}{z_2}$

[풀이]

① $z_1+z_2=(2+j)+(-1+2j)=1+3j$

② $z_1-z_2=(2+j)+(-1+2j)=3-j$

③ $z_1 \cdot z_2=(2+j)(-1+2j)=-2+4j-j-2=-4+3j$

④ $\frac{z_1}{z_2}=\frac{2+j}{-1+2j}=\frac{(2+j)(-1-2j)}{(-1+2j)(-1-2j)}=\frac{-2-4j-j+2}{1+4}=-\frac{5j}{5}=-j$

5.4 복소수의 극형식

5.4.1 복소수의 극형식

x 축에 실수부분의 크기를 잡고 y축에 허수부분의 크기를 잡으면 $z=x+jy$ 는 [그림5-3]과 같이 좌표(x,y)로 평면상에 표시할 수 있다. 이와 같은 방법으로 xy 평면상을 복소수로 표시할 때 이 평면을 복소평면(또는 Gauss 평면)이라 하는 것은 1절에서 이미 배웠다. 이때 [그림 5-3]에서 OP의 길이를 r, OP와 x축과 이룬 각을 θ라 하면 다음 식이 성립한다.

$$r=\sqrt{x^2+y^2}=|z|$$
$$x=r\cos\theta,\ y=r\sin\theta$$
$$z=r(\cos\theta+j\sin\theta) \qquad (5.10)$$

위 식과 같이 복소수를 길이 r과 각 θ로 표현한 것을 극형식(polarform) 또는 극표시라 하며 이것은 r과 θ로서 결정되므로 $z=r\angle\theta$로 표시하기도 한다. 이때 r를 복소수 z의 절대값(absoluat value) 또는 크기(modulus)라 하고 $|z|$로 표시한다 그리고 θ를 z의 편각(argument) 또는 위상각(phase angle)이라 하며 다음 식과 같이 나타낸다.

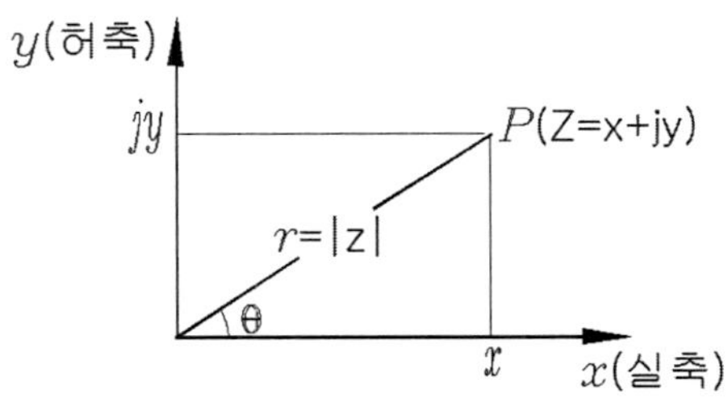

그림 5-3 복소 평면

$$\theta=\arg z=\tan^{-1}\frac{y}{x}\ (\because \tan\theta=\frac{y}{x}) \qquad (5.11)$$

여기서,

$\theta=0^\circ$ 일 때는(+)실축, $\theta=90^\circ$ 일 때는 (+)허축,

$\theta=180^\circ$ 일 때는 (−)실축, $\theta=270^\circ$ 일 때는 (−)허축

이 된다.

즉, $y=1$ 일 때

$\theta=0^\circ$ 이면 $z=1$, $\theta=90^\circ$ 이면 $z=j$,

$\theta=180^\circ$ 이면 $z=-1$, $\theta=270^\circ$ 이면 $z=-j$ 가 된다.

[예제 5.4] ① $z=1+j\sqrt{3}$을 극형식으로 나타내어라.

② $z=2(\cos 45^\circ - j\sin 45^\circ)$의 편각은?

[풀이]

① $r=\sqrt{1^2+(\sqrt{3})^2}$, $\theta=\tan^{-1}\dfrac{\sqrt{3}}{1}=\dfrac{\pi}{3}$

$\therefore\ z=r(\cos\theta+j\sin\theta)=2(\cos\frac{\pi}{3}+j\sin\frac{\pi}{3})$

② $z=2(\cos 45^\circ - j\sin 45^\circ)=2(\cos(-45^\circ)+j\sin(-45^\circ))$

$\therefore$ 편각 $\theta=-45^\circ$

5.4.2 복소수의 지수형식

한편 $r=1$ 이라 하고 식(5.10)의 z를 θ에 관하여 미분하면 다음 식과 같이 나타낼 수 있다.

$$\frac{dz}{d\theta}=-\sin\theta+j\cos\theta=j(\cos\theta+j\sin\theta)=jz \tag{5.12}$$

z와 $d\theta$를 치환하면 즉 $\dfrac{dz}{z}=j\,d\theta$ 이고 양변을 적분하면 $\int\frac{1}{z}dz=j\int d\theta$이므로

$\ln|z|=j\theta+c$ (c 는 적분상수)

$$z=e^{j\theta}\cdot e^{c}=Ae^{j\theta} \qquad 단\ \because\ A=e^{c} \tag{5.13}$$

위 식은 θ의 어떠한 값에도 성립해야 하므로 $\theta=0$ 이면 상수$A=1$ 이 된다.

다음과 같은 $Euler$(오릴러)공식을 얻는다.

$$z=e^{j\theta}=\cos\theta+j\sin\theta \tag{5.14}$$

그러므로 다음과 같이 쓸 수 있으며,

$$z=r(\cos\theta+j\sin\theta)=r\cdot e^{j\theta} \tag{5.15}$$

이것을 **복소수의 지수형식** ($expontial\ form$) 이라 한다.

이때 Z 의 공액복소수는 다음과 같이 된다.

$$\bar{z}=r(\cos\theta-j\sin\theta)=r[\cos(-\theta)+j\sin(-\theta)]=re^{-j\theta} \tag{5.16}$$

[예제 5.5] ① $z=-j\frac{\pi}{3}$일 때 e^z값을 구하여라.

② $z=2+j3\pi$일 때 e^z값을 구하여라.

[풀이]

① $e^z=e^{-j\frac{\pi}{3}}=\cos\frac{\pi}{3}-j\sin\frac{\pi}{3}=\frac{1}{2}-j\frac{\sqrt{3}}{2}$

② $e^z=e^{2+j3\pi}=e^2(\cos3\pi+j\sin3\pi)=-e^2$

5.4.3 *De Moivre* 의 정리

복소수의 지수형식을 이용하면 복소수의 곱셈과 나눗셈을 간편하게 할 수 있다. 두 복소수 z_1, z_2가 다음과 같을 때 곱셈을 구해 보자.

$$z_1=r_1(\cos\theta_1+j\sin\theta_1)=r_1e^{j\theta_1},\quad z_2=r_2(\cos\theta_2+j\sin\theta_2)=r_2e^{j\theta_2} \tag{5.17}$$

곱셈 : $z_1 \cdot z_2=r_1 \cdot r_2e^{j(\theta_1+\theta_2)}=r_1 \cdot r_2(\cos(\theta_1+\theta_2)+j\sin(\theta_1+\theta_2))$

나눗셈 : $\frac{z_1}{z_2}=\frac{r_1}{r_2}e^{j(\theta_1-\theta_2)}, \arg(\frac{z_1}{z_2})=\arg z_1-\arg z_2$이다.

위의 계산결과로부터 다음과 같은 공식을 얻을 수 있다.

$$z^n=r^ne^{jn\theta}=r^n(\cos n\theta+j\sin n\theta)\quad \text{(n은 양의 정수)} \tag{5.18}$$

이것으로 부터 다음과 같은 **De Moivre(드 모아브르)의 정리**를 얻을 수 있다.

$$(\cos\theta+j\sin\theta)^n=\cos n\theta+j\sin n\theta \tag{5.19}$$

[예제 5.6] ① $(1+j\sqrt{3})^{10}$의 값을 계산하여라.

② $\sqrt{12+5j}$ 를 극형식으로 표시하여라.

[풀이]

① $z=1+j\sqrt{3}$이라 하면 r=2, arg $z=60^\circ$ 이므로 $z=2\angle 60^\circ$

$(1+\sqrt{3})^{10}=[2(\cos60^\circ+j\sin60^\circ)]^{10}$

$=2^{10}(\cos600^\circ+j\sin600^\circ)$

$=2^{10}(\cos240^\circ+j\sin240^\circ)$

$=-512-j\,512\sqrt{3}$

② $12+j5=13\angle\theta$에서 $\tan\theta=\frac{5}{12}$이므로

$\sqrt{12+5j}=(13\angle\theta)^{\frac{1}{2}}=\sqrt{13}(\cos\frac{\theta}{2}+j\sin\frac{\theta}{2})$ (단, 여기서 $\theta=\tan^{-1}\frac{5}{12}$)

5.5 이항 방정식

다음 식과 같이 z^n의 꼴과 상수항으로 되어있는 방정식을 이항방정식이라 한다.

$$z^n=a \text{(a는 상수 n은 정수)} \tag{5.20}$$

위 식에서 z의 제곱근을 구하는 방법을 알아보도록 하자.

$$z=r(\cos\theta+j\sin\theta) \tag{5.21}$$

라 하면

$$z^n=r^n(\cos n\theta+j\sin n\theta) \tag{5.22}$$

이고, 상수 a를 극형식으로 표시하면 $a=a(\cos 2k\pi+j\sin 2k\pi)$ (단, k는 정수)이므로

식 (5.20)은 다음과 같이 쓸 수 있다.

위 식에서 $r^n=a,\ n\theta=2k\pi$ 이므로

$$r=\sqrt[n]{a},\theta=\frac{2k\pi}{n} \tag{5.23}$$

그러므로 식 (5.20)의 해는 다음과 같다.

$$z=\sqrt[n]{a}(\cos\frac{2k\pi}{n}+j\sin\frac{2k\pi}{3})\text{(단 k=0, 1, 2 · · · · · · , n-1)} \tag{5.24}$$

[예제 5.7] ① 1의 삼승근을 구하라.

② $z^5=2$의 5제곱근 Z 을 구하라.

[풀이]

① $z^3=1$이라 하면 $z=\sqrt[3]{1}(\cos\frac{2k\pi}{3}+j\sin\frac{2k\pi}{3})$ (단 k=0, 1, 2)

이므로

$$z_0=(\cos\frac{0\pi}{3}+j\sin\frac{0\pi}{3})=1$$

$$z_1=(\cos\frac{2\pi}{3}+j\sin\frac{2\pi}{3})=-\frac{1}{2}+j\frac{\sqrt{3}}{2}$$

$$z_2 = (\cos\frac{4\pi}{3} + j\sin\frac{4\pi}{3}) = -\frac{1}{2} - j\frac{\sqrt{3}}{2}$$

② $2 = 2(\cos 2k\pi + j\sin 2k\pi)$이므로

$$z_0 = 2^{\frac{1}{5}}(\cos\frac{0}{3} + j\sin\frac{0}{3}) = 2^{\frac{1}{5}}$$

$$z_1 = 2^{\frac{1}{5}}(\cos\frac{2\pi}{5} + j\sin\frac{2\pi}{5})$$

$$z_2 = 2^{\frac{1}{5}}(\cos\frac{4\pi}{5} + j\sin\frac{4\pi}{5})$$

$$z_3 = 2^{\frac{1}{5}}(\cos\frac{6\pi}{5} + j\sin\frac{6\pi}{5})$$

$$z_4 = 2^{\frac{1}{5}}(\cos\frac{8\pi}{5} + j\sin\frac{8\pi}{5})$$

5.6 복소수의 응용

5.6.1 복소수와 사인파의 관계

복소수는 사인파라는 교류를 취급하는데 있어서 다음 4가지에 관해 상호관계가 있다.

(1) 복소수의 직교표시 및 그 식
(2) 복소수의 극좌표 표시 및 그 식
(3) 삼각함수의 교류표시 식
(4) 사인파 곡선의 특성 그 자체

위에서 (1) 및 (2)는 위에서 이미 다루었기 때문에 이 절에서는 (3)과 (4)를 다룬 후 이들 (1)~(4)를 하나로 하여 그림으로 표시하기로 하자.

먼저 삼각함수의 교류표시 식과 사인파 곡선의 특성 그림 그 자체에 대해 알아보기로 하자.

교류전압 e 혹은 v가

$$v = \sqrt{2}\,V\sin(\omega t + \theta) = V_m \sin(\omega t + \theta)\ [V] \quad (5.25)$$

로 표시될 때 E 혹은 V는 전압의 실효값, θ는 위상, E_m혹은 V_m은 최대값이 된다.

예를 들어 $V_m = 100$, $\theta = 0$ 이라 하면 다음 그림과 같이 표시된다.

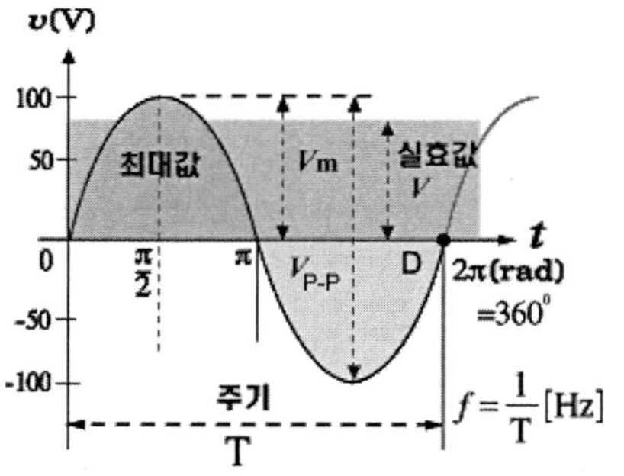

그림 5-4 교류전압의 그래프 표시

다음으로 $V=5$, $\theta=\pi/2$라 하고 이때의 삼각함수 식을 복소수의 극좌표 표시에 대응시켜서 변환하면 다음과 같다.

$$v=\sqrt{2}\cdot 5\cdot \sin(\omega t+\frac{\pi}{2}) \leftrightarrow \dot{V}=5\angle\frac{\pi}{2} \tag{5.26}$$

여기서는 v 는 교류자체값(순시값)이고, $\dot{V}$ 는 교류의 실효값이다. 따라서 실효값은 절대값(크기)에 편각(방향)을 부여한 것이라는 것을 알 수 있다.

위에서 언급한 네 가지의 상호 관계를 그림으로 표시하면 다음 [그림 5-5]와 같이 된다.

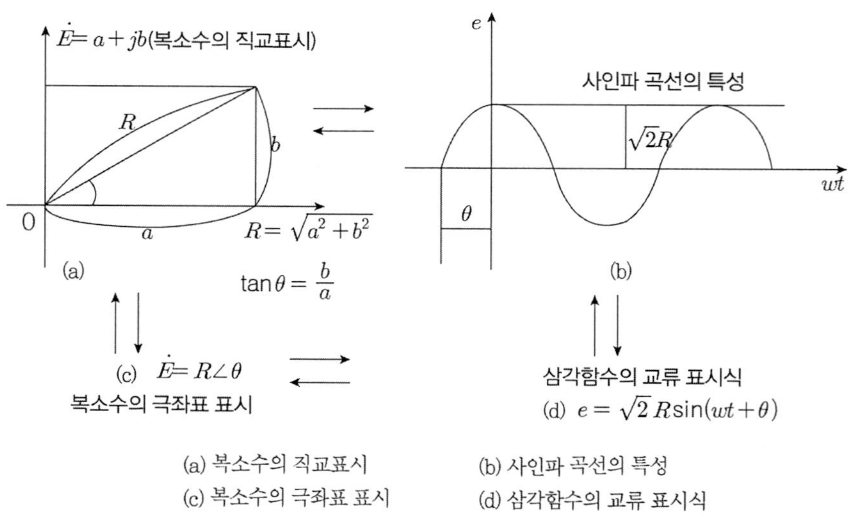

그림 5-5 복소수의 상호관계

여기서 e는 교류의 순시값(교류의 자체값), $\dot{E}$ 는 전압을 벡터로 표시한 것, R은 실효값에 상당하는 크기, θ는 전원 또는 통상 성분에 대한 위상차를 표시하고 있다. 따라서 a는 같은 상을 갖는 성분의 크기(실수축)를 b는 코일이나 콘덴서의 작용에 의하여 위상이 $90°$ 앞서거나 뒤진 것을 표시한다.

5.6.2 복소수를 교류회로에 적용하는 법

(1) 실수는 0°, $+j$는 90°, $-j$는 -90°의 위상각을 표시하게 된다.
[그림 5-6, 5-7]을 참조하면서 다음 설명을 보자.

(2) 저항 R은 위상각 0° 또는 j연산자를 사용하지 않는다.
따라서 3Ω의 R은 그대로 3Ω로 표시된다.

(3) 90°의 위상각을 가지는 $+j$는 유도성 리액턴스 X_L을 표시하는데 사용된다.
[그림 5-6(a)]에서 4Ω의 X_L은 $j4$로 표시하고 이 규칙은 X_L이 R와 직렬연결이든 병렬연결이든 항상 적용된다. 이것은 인덕턴스 양단에 걸리는 전압이 인덕턴스를 통과하는 전류보다 90° 앞서기 때문이다. $+j$는 V_c를 표시하는데 사용된다.

(4) -90°의 위상각을 가지는 $-j$는 유도성 리액턴스 X_c를 표시하는데 사용된다.
[그림 5-6(b)]에서 4Ω의 X_c는 $-4j$로 표시하고, 이 규칙은 X_c가 R와 직렬연결이든 병렬연결이든 간에 항상 적용된다. 이것은 콘덴서 양단에 걸리는 전압이 콘덴서의 충전전류나 방전 전류보다 -90° 뒤지기 때문이며 $-j$는 V_c를 표시하는데 사용된다.

(5) 복소수의 지로전료를 표시할 때에도 [그림 5-7]의 (a)(b)와 같이 표시되며
유도성 지로전류 I_L은 $-j$로 표시되고 용량성 지로전류 I_c는 $+j$로 표시된다.

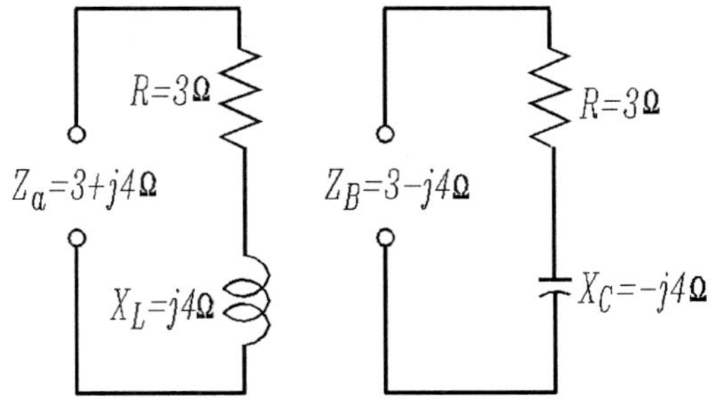

(a) X_L 은 $+j$ 로 표시　　(b) X_C 은 $-j$ 로 표시

그림 5-6 임피던스의 복소 표현

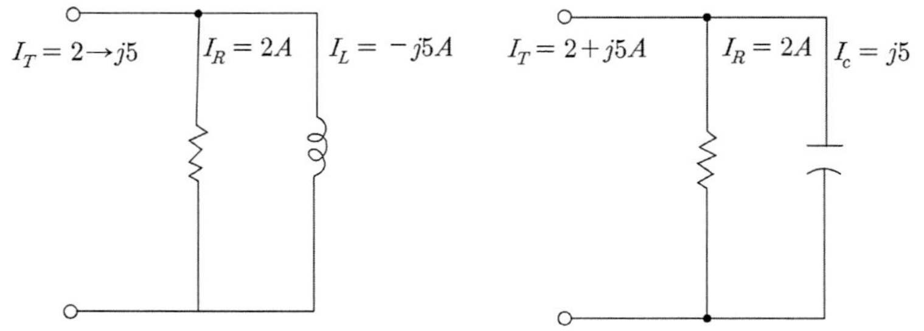

(a) I_L은 $-j$로 표시　　(b) I_c는 $+j$로 표시

그림 5-7 복소수의 지로 전류 표시

5.6.3 벡터 임피던스

사인파 교류와 전압, 전류가 복소수로 표시되는 것처럼 임피던스 Z도 복소수로 표시할 수 있다. 이와 같이 크기와 방향을 가진 임피던스를 벡터 임피던스라 하고 이는 다음 식으로 표시된다.

$$\dot{Z} = \frac{\dot{V}}{I}[\Omega] \tag{5.27}$$

코일과 콘덴서의 벡터 임피던스 예를 들어보자.

(1) 코일의 벡터 임피던스

[그림 5-8]과 같이 코일의 리액턴스 X_L을 가지고 있는 회로에 전류(I) 흘리면 코일에 생기는 전압의 위상은 전류보다 $\pi/2$만큼 앞서고 이때 전압의 크기는 $X_L I$가 된다.

즉, $V = X_L \cdot I\angle\frac{\pi}{2}$이다.

따라서 코일만 있을 때의 벡터 임피던스는 다음과 같다.

$$\dot{Z} = \frac{\dot{V}}{I} = \frac{X_c \cdot I\angle\frac{\pi}{2}}{I}$$

$$= X_L \cdot \angle\frac{\pi}{2} = jX_L = jwL \tag{5.28}$$

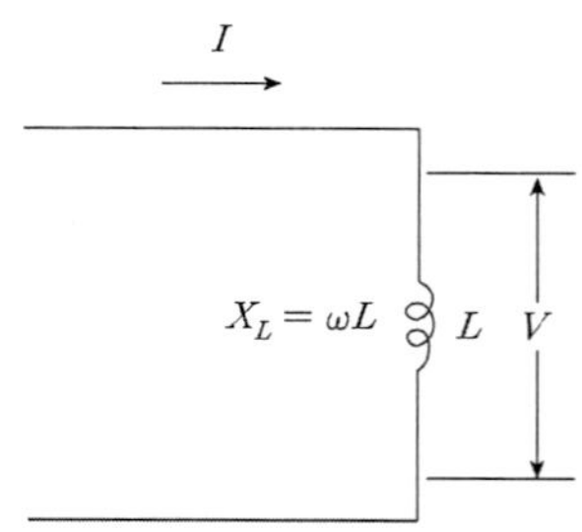

그림5.8

(2) 콘덴서의 벡터 임피던스

[그림 5-9]과 같이 콘덴서의 리액턴스 X_c를 가지는 회로에 전류 (I)가 흐를 때 콘덴서에 생기는 전위의 위상은 전류 보다 $\pi/2$만큼 적고(뒤쳐지고), 이때 전압의 크기는 $X_c I$가 된다.

$$\dot{V} = X_c \cdot I\angle -\frac{\pi}{2}$$

따라서 콘덴서뿐인 임피던스는 다음과 같다.

$$\dot{Z} = \frac{\dot{V}}{I} = X_c \cdot I \angle -\frac{\pi}{2} = -j X_c$$
$$= -j\frac{1}{wC}$$
$$= \frac{1}{jwC} \quad (5.30)$$

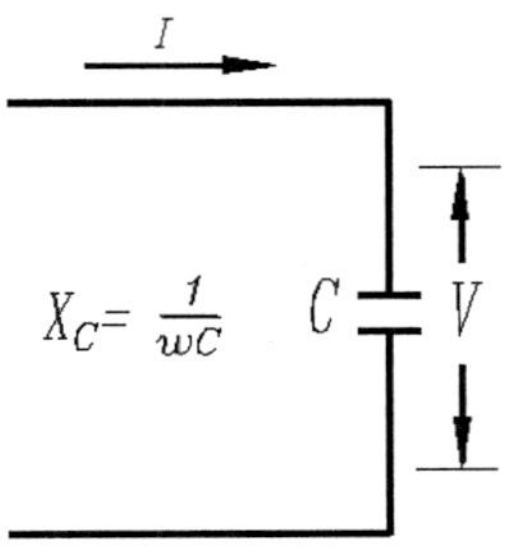

그림5.9

[예제 5.8] 다음 $R-C$ 회로의 임피던스의 벡터도를 그리시오.

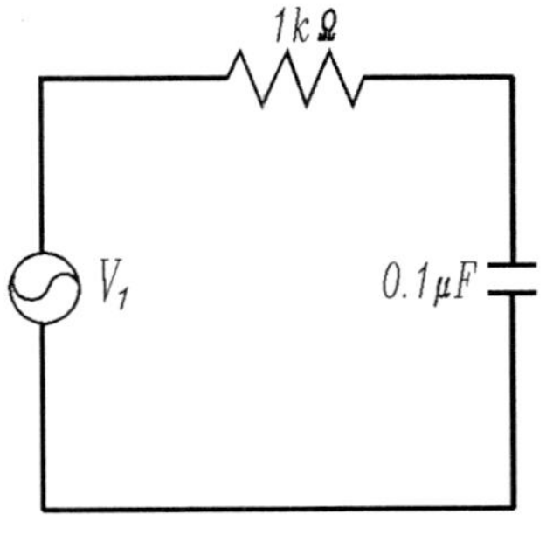

[풀이]

저항 R은 전류 i가 흐름과 동시에 전압 v가 형성되므로 저항의 v와 i의 위상 차는 없다. 즉, R은 크기만 갖는 스칼라량이다. 그러나 콘덴서 C는 전류가 흐른 후에 전압이 형성되므로 그 위상이 다르다 그러므로 R-C로 구성된 회로는 벡터 량이 된다. 전기전자회로에서는 이 벡터를 j로 표시하는데 그 크기와 위상은 다음과 같다.

$$\vec{Z} = R + \frac{1}{jwC} = \sqrt{R^2 + (\frac{1}{wC})^2} \angle \tan^{-1}\frac{1/wC}{R}$$

$$= \sqrt{(10^3)^2 + (\frac{1}{2\pi \times 10^3 \times 10^{-7}})} \angle \tan^{-1}\frac{1}{10^3 \times 2\pi \times 10^3 \times 10^{-7}}$$

$$= 1.87k\Omega \angle \tan^{-1} 1.59 = 1.87\ k\Omega \angle -57.8^{\circ}$$

위 결과를 이용하여 $R-C$ 회로의 임피던스 ($R-C$ 회로의 교류저항에 해당) 벡터도를 그려볼 수 있다..
$R-C$ 회로의 임피던스의 백터도는 위상이 저항에 비해 시계방향으로 57.8° 늦고 R(실측값) $1K[\Omega]$그리고 C (허수축값)는 $-\dfrac{1}{jwC} = 1.59\ K[\Omega]$ 이며
절대크기는$1.87[k\Omega]$이 되는 벡터량이 된다.

5장 연습문제

1. $Z=2(\cos 45^\circ - jsin45^\circ)$의 편각을 구하시오.

2. $Z=2(\cos 45^\circ - j\sin 45^\circ)$의 편각을 구하시오.

3. $Z_1 = r_1\angle\theta_1,\ Z_2 = r_2\angle\theta_2,\ Z_3 = r_3\angle\theta_3$일 때 $\frac{Z_1Z_2^2}{Z^3}$의 크기와 편각을 구하여라.

4. $(1-j)^{-7}$의 값을 구하여라.

5. $Z^4=1$을 만족하는 z를 구하시오.

6. 다음 식을 간단히 하시오.

① $\frac{1+2j}{3-4j}$ ② $(2+3j)^2$ ③ $(3-2j)(4+5j)$

7. $(1+\sqrt{3}j)^{-\frac{1}{2}}$을 구하시오.

8. [그림5.9]와 같은 회로의 코일은 80[Ω] ∠80 의 임피던스를 갖는다. 이것이 75[Ω]의 저항과 직렬로 연결될 때 총 임피던스를 구하라.

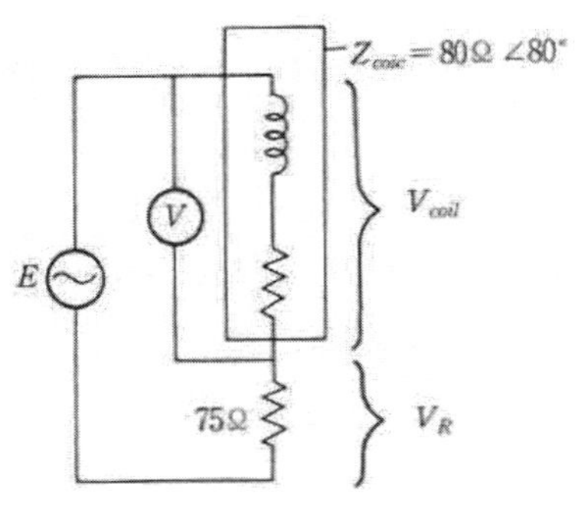

그림 5.9

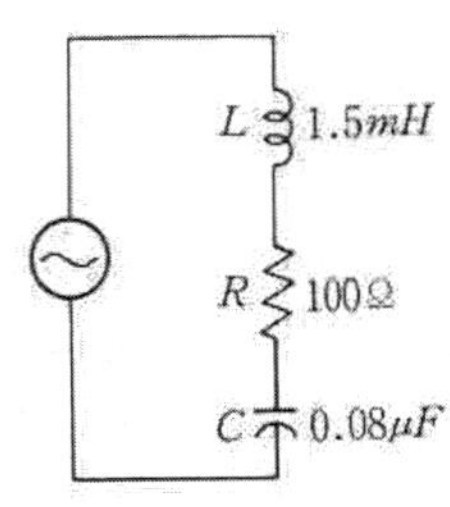

그림 5.10

9. 위 [그림5.10] 과 같이 1.5[mH] 인덕턴스, 100[Ω] 저항, 0.08[μF] 커패시턴스를 포함하는 직렬회로의 20[kHz]에서의 총 임피던스를 구하라.

10. [그림5.11]과 같이 500[Ω]의 저항과 직렬로 연결된 커패시턴스의 크기가 얼마 일 때 48[mV], 465[kHz]전원에서의 유도 전류를 20[μ]로 제한하겠는가?

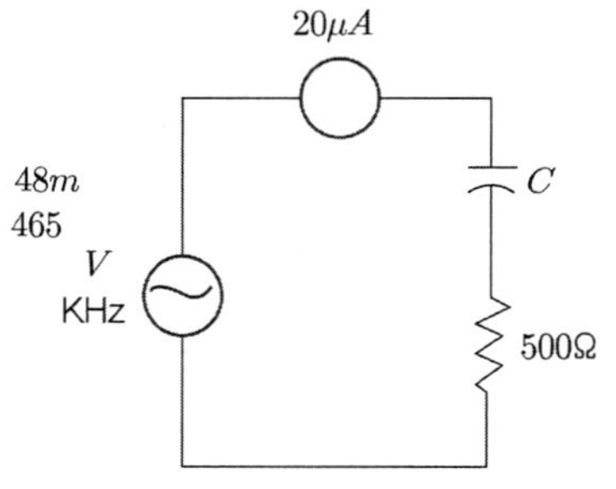

그림 5.11

제6장 미분방정식

본 장에서는 미분이 포함된 방정식을 이해하는 미분 방정식을 살펴보고 응용문제를 풀어 보자.

6.1 미분방정식의 종류

(1) 상미분방정식(ordinary differential equation)

y가 x만의 함수이고 y의 x에 대한 미분계수 즉, $\frac{dy}{dx}, \frac{d^2y}{dx^2}, \cdots\cdots$만을 포함한 미분방정식을 **상미분방정식**이라 한다.

예) ① $x+y\frac{dx}{dy}=0$

② $\frac{d^{2y}}{dx^2}+4\frac{dy}{dx}+4y=0$

③ $\frac{d^2i}{dt^2}+2\frac{di}{dt}+5i=3\sin\omega t$

(2) 편미분방정식

z가 x나 y등 둘 이상의 독립변수의 함수이고 x나 y등의 편미분계수 $(\frac{\partial z}{\partial x}, \frac{\partial z}{\partial y}, \frac{\partial^2 z}{\partial x^2}, \cdots\cdots)$등을 포함한 미분방정식을 **편미분방정식**이라 한다.

예) ① $yz\frac{\partial z}{\partial x}=zx\frac{\partial z}{\partial y}=xy$

② $-\frac{\partial v}{\partial x}=Ri+L\frac{\partial i}{\partial t}$

(3) 완전 미분방정식

$M(x,y)dx+N(x,y)dy$ 가 어떤 함수 $z=f(x,y)$의 전미분과 같을 때 즉
$M(x,y)dx+N(x,y)dy=\frac{\partial f}{\partial x}dx+\frac{\partial f}{\partial y}dy$ 일때 미분방정식 $M(x,y)dx+N(x,y)dy=0$ 을 완전 미분방정식 이라 한다. (미분방정식 응용에서 설명)

(4) 미분방정식의 계수와 차수

미분방정식에 포함된 최고계 도함수의 계수를 미분방정식의 계수(order)라 하고,
최고계 도함수가 갖는 차수를 미분방정식의 차수(degree)라 한다.

즉, $\frac{d^2y}{dx^2}+4\frac{dy}{dy}+4y=0$은 2계 1차 미분방정식이고

$\frac{d^3f}{dx^3}+\left(\frac{df}{dx}\right)^4-f=\sin x$ 는 3계 1차 미분방정식이다.

(5) 미분방정식의 해

미분방정식의 해를 구한다는 것은 미분방정식이 주어질 경우, 이것을 만족하는 x와 y의 관계식으로서 도함수를 포함하지 않는 식을 만들어내는 것을 의미하며 다음의 예를 통하여 알아보기로 하자.

지금 미분방정식

$$\frac{du}{dx}=g(x) \tag{6.1}$$

을 만족하는 관계식을 구해보기로 하자.
위 식을 적분하면

$$u(x)=\int g(x)\,dx+c \tag{6.2}$$

여기서 c 는 임의의 상수이다. 이것을 확인해보면

$$\frac{du}{dx}=\frac{d}{dx}\left[-\int g(x)\,dx+c\right]=\frac{d}{dx}\int g(x)dx=g(x) \tag{6.3}$$

이므로 식(6.2)는 미분방정식 (6.1)의 해 임을 알 수 있다. 이때 만약 함수 $g(x)$가 적분을 수행하기 좋은 형식이라면 식 (6.2)는 좀 더 간결한 형태로 표현할 수 있을 것 이다. 이와 같이 미분방정식의 해를 구해보면 적분과정에서 발생하는 상수 c가 생기는데 이 C를

포함한 미분 방정식의 해를 일반해(general solution)라고 하며 상수 c의 구체적인 값을 구해서 식 (6.2)에 대입한 해를 이 미분방정식의 특수해(particular solution)라고 한다. 미분방정식의 특수 해를 구하기 위해서는 일반해의 c를 구해야 하는데 이 c를 구하기 위해 초기조건 하에서 c를 구하게 된다.

[예제 6.1] 미분방정식 $2xy'-y=0$의 일반해는 $y^2=cx$이다. 이 미분방정식의 초기 조건이 $x=1,\ y=4$일 때 이 미분방정식의 특수해를 구하라.

[풀이] $y^2=cx$에서 $x=1, y=4$를 대입하면

$16=C$ 이므로

$\therefore y^2=16x$(특수해)

[예제 6.2] 그림과 같은 전압 E, 저항 R, 인덕터 L로 된 아래 회로에서 키르히호프의 법칙을 이용하여 미분방정식을 만드시오.

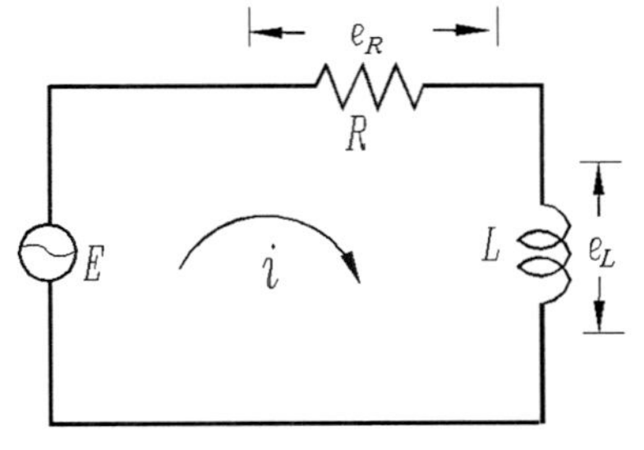

[풀이]

전압 $E=e_R+e_L$이므로

(여기서 e_R, e_L은 R과 L에서의 전압강하)

답) $E=iR+L\dfrac{di}{dt}$

6.2. 미분방정식의 해

6.2.1. 1계 미분방정식의 해

1계 미분방정식은 $\dfrac{dy}{dx}=\cos 2x,\ \dfrac{dy}{dx}+xy-x^2=0$등과 같이 도함수의 차수가 1차인 미분방정식을 나타내며 $F(x,y,y')=0$인 형태로 쓸 수 있다.

(1) 변수가 1개일 때

① $\frac{dy}{dx}=f(x)$형의 방정식 : 주어진 식을 변형하면 $dy=f(x)dx$가 되고 양변을 적분하여

$$y=\int dy=\int f(x)dx \tag{6.10}$$

로부터 일반해를 구한다.

② $\frac{dy}{dx}=f(y)$형의 방정식 : 주어진 식을 변형하면 $\frac{dy}{f(y)}=dx$가 되고 양변을 적분하여

$$\int \frac{dy}{f(y)}=x+c \tag{6.11}$$

로부터 일반해를 구한다.

[예제 6.3] $\frac{dy}{dx}=ax^2+bx+c$의 풀이를 구하라. (단, a, b, c는 상수)

[풀이]

$$y=\int (ax^2+bx+c)dx=\frac{1}{3}ax^3+\frac{1}{2}bx^2+cx+D \ (D\text{는 상수})$$

[예제 6.4] $\frac{dy}{dx}=y+a$을 풀어라.

[풀이]

$\frac{dy}{y+a}=dx$에서

$$\int \frac{1}{y+a}dy=\int dx$$

$$\ln|y+a|=x+C$$

$$y+a=e^{x+c_1}$$

$$y=e^{x+c_1}-a=c\cdot e^x-a(\text{ 여기서 } c=e^{c_1}\text{ 인 임의의 상수})$$

(2) 변수 분리형

1계미분방정식 $\frac{dy}{dx}=F(x,y)$의 꼴이다. 이것을 변형하면 $P(x,y)+Q(x,y)\frac{dy}{dx}=0$

즉 $P(x,y)dx+Q(x,y)dy=0$ 의 꼴이 된다. 이중에

$$\frac{dy}{dx}=\frac{f(x)}{g(y)} \text{ 즉, } \qquad g(y)dy=f(x)dx \tag{6.12}$$

를 변수분리형(變數分離形, variable separable)이라 한다.
따라서 주어진 미분방정식을 변형하여(변수를 분리하여) (6.12)의 꼴이 되었을 때, 일반해는 (6.12)의 양변을 적분하여 구한다.

$$\int g(y)\,dy = \int f(x)\,dx \tag{6.13}$$

로 되어 일반해를 구할 수 있게 된다.

[예제 6.5] 다음 미분 방정식을 풀어라.

① $x\,(y-1)\,dx + y\,(x+1)\,dy = 0$ ② $(1+x)\dfrac{dy}{dx} = 1+y$

③ $(x+y+1)dx = (x+y-2)\,dy = 0$

[풀이] ② 주어진 미분방정식을 변형하면 $\dfrac{1}{1+y}dy = \dfrac{1}{1+x}dx$ 로 되고 양변을 적분하면

$$\int \frac{1}{1+y}\,dy = \int \frac{1}{1+x}\,dx$$

$$\ln|1+y| = \ln|1+x| + C$$

$$1+y = e^c\,(1+x)$$

$$\therefore\ y = e^c\,(1+x) - 1$$

(3) 선형 미분방정식

선형 미분방정식(linear differential equation)이란 종속변수(즉, y)와 그 도함수 ($\dfrac{dy}{dx}$, $\dfrac{d^2y}{dx^2}$, …… 등)가 모두 1차인 미분방정식을 선형미분방정식 이라 말하며, 1계 선형 미분방정식의 대표적인 모양은 다음과 같다.

$$A\frac{dy}{dx} + By = C \tag{6.15}$$

여기서 A, B, C 는 x의 함수 또는 상수이다.

A, B, C 에 y 또는 y의 도함수가 포함되는 경우를 비선형 미분방정식 (non-linear differential equation)이라 한다. 예를 들어

$$x^2\frac{dy}{dx} + (\cos x)\,y = x^3 \sin x$$

$$L\frac{d^2q}{dt^2} + R\frac{dq}{dt} + \frac{1}{C}\,q = E_m \sin \omega t$$

등은 선형이며

$$x\frac{dy}{dx}-ay+by^2=cx^n$$

은 by^2이 있으므로 비선형이다.

식 (6.15)를 변형하면

$$\frac{dy}{dx}+P(x)y=Q(x) \quad (\text{여기서 } P=\frac{B}{A},\ Q=\frac{C}{A}) \tag{6.16}$$

$Q(x)=0$ 인 경우 식(6.16)은 동차 선형 미분 방정식이라 한다.

즉 동차형 $\frac{dy}{dx}+P(x)y=0$ (6.17)

(6.17)을 변수분리하면 $\frac{1}{y}dy+P(x)dx=0$ 이 되고 이를 적분하면

$$\ln y+\int P(x)dx=c_1 \quad \text{따라서} \quad y=ce^{-\int P(x)dx} \quad (c=e^{c_1}) \tag{6.18}$$

(6.18)은 (6.17)의 일반해 이다.

이제 미분방정식 (6.16)의 일반해를 구하자.

(방법) (6.18)의 c 를 상수가 아니고 x 의 함수 $c(x)$ 라 한다. 즉

$$y=c(x)e^{-\int P(x)dx} \tag{6.19}$$

이것을 x 에 대하여 미분하면

$$\frac{dy}{dx}=c'(x)e^{-\int P(x)dx}-c(x)P(x)e^{-\int P(x)dx}=-P(x)y+c'(x)e^{-\int P(x)dx} \tag{6.20}$$

(6.20)를 (6.16)에 대입하면

$$c'(x)e^{-\int P(x)dx}=Q(x) \quad , \quad c'(x)=Q(x)e^{\int P(x)dx}$$

$$\therefore\ c(x)=\int Q(x)e^{\int P(x)dx}dx+c \tag{6.21}$$

이 $c(x)$ 를 (6.19)에 대입하면 (6.16)의 일반해는

$$y = e^{-\int P(x)dx}\left(\int Q(x)\, e^{\int P(x)dx}\, dx + c\right) \tag{6.22}$$

이와 같이 (6.18)의 상수 c 를 x의 함수로 하여 미분방정식(6.16)의 일반해를 구하는 방법을 상수변화법(常數變化法, variation of constant)이라 한다.

[예제 6.6] $\dfrac{dy}{dx} - \dfrac{2}{x}y = x^3$ 을 풀어라.

[풀이] 주어진 미분방정식은 $P(x) = -\dfrac{2}{x}$, $Q(x) = x^3$인 선형미분방정식이므로 일반해는

$$y = e^{-\int\left(-\frac{2}{x}dx\right)}\left(\int x^3 e^{-\int\left(-\frac{2}{x}dx\right)} dx + c\right)$$

$$= e^{2\ln x}\left(\int x^3 e^{-2\ln x} dx + c\right) = e^{\ln x^2}\left(\int x^3 e^{-\ln x^2} dx + c\right) = x^2\left(\int x^3 x^{-2} dx + c\right)$$

$$= x^2\left(\frac{x^2}{2} + c\right) = \frac{x^4}{2} + cx^2$$

[예제 6.7] $\dfrac{dy}{dx} + \dfrac{1}{x}y = xy^3$ 을 풀어라.

[풀이] 양변을 y^3으로 나누면 $y^{-3}\dfrac{dy}{dx} + \dfrac{1}{x}y^{-2} = x$ … ①

$v = y^{-2}$이라 하고 미분하면 $\dfrac{dv}{dx} = -2y^{-3}\dfrac{dy}{dx}$ … ②

①, ②에서 $\dfrac{dv}{dx} - \dfrac{2}{x}v = -2x$

$\therefore\ v = y^{-2} = e^{\int\left(\frac{2}{x}dx\right)}\left(\int(-2x)e^{-\int\left(\frac{2}{x}dx\right)} dx + c\right)$ … ③

③ 을 풀어 정리하면 일반해는 $2x^2y^2(\ln x + c) = 1$

(4) 완전미분방정식

미분방정식

$$M(x, y)dx + N(x, y)dy = 0 \tag{6.23}$$

가 어떤 함수 $z = f(x, y)$ 의 전미분과 같을 때, 즉

$$M(x, y)dx + N(x, y)dy = \frac{\partial f}{\partial x}dx + \frac{\partial f}{\partial y}dy$$

일 때 이 미분방정식(6.21)을 완전미분방정식(完全微分方程式, exact differential equation)이라 한다.

> [정리 1.1]
> 미분방정식 $M(x, y) + N(x, y)dy = 0$가 완전미분방정식이기 위한 필요충분조건은
>
> $$\frac{\partial M}{\partial y} = \frac{\partial N}{\partial x} \tag{6.24}$$

(증명)

$M(x,y)\,dx + N(x,y)dy = 0$을 완전미분방정식이라 가정하면

$M(x,y)\,dx + N(x,y)dy = dz$ 를 만족하는 $z(x, y)$가 존재한다.

$$M(x,y)\,dx + N(x,y)\,dy = dz = \frac{\partial z}{\partial x}dx + \frac{\partial zu}{\partial y}dy$$

이므로 $M = \frac{\partial z}{\partial x}$, $N = \frac{\partial z}{\partial y}$ 여기서 $\frac{\partial M}{\partial y} = \frac{\partial N}{\partial x}$ 가 필요충분 조건이므로

$\frac{\partial M}{\partial y} = \frac{\partial N}{\partial x}$가 성립한다고 가정하자. 그리고

$$\int M\,dx = F(x, y)$$

라 놓으면 $\frac{\partial F}{\partial x} = M$, $\frac{\partial^2 F}{\partial y \partial x} = \frac{\partial M}{\partial y} = \frac{\partial N}{\partial x}$

즉, $\frac{\partial^2 F}{\partial y \partial x} - \frac{\partial N}{\partial x} = 0$, $\frac{\partial}{\partial x}(\frac{\partial F}{\partial y} - N) = 0$

이므로 $\frac{\partial F}{\partial y} - N$는 y만의 함수이다. 이 함수를 $f(y)$라 하면

$$\frac{\partial F}{\partial y} - N = f(y), \quad N = \frac{\partial F}{\partial y} - f(y)$$

$$\therefore \quad M\,dx + N\,dy = \frac{\partial F}{\partial x}dx + \left(\frac{\partial F}{\partial y} - f(y)\right)dy$$

$$= \frac{\partial F}{\partial x}dx + \frac{\partial F}{\partial y}dy - f(y)dy = dF - f(y)dy = d\left(F - \int f(y)dy\right)$$

따라서 $M\,dx + N\,dy = 0$ 은 완전미분방적식이다,

즉 식(6,24)는 식(6,23)의 충분조건이다

> [정리 1.2]
> 완전미분방정식 $M(x\,,\,y)\,dx + N(x\,,\,y)\,dy$의 일반해는
> $$\int M\,dx + \int\left[N - \frac{\partial}{\partial y}\int M\,dx\right]dy = c \quad (c\text{는 상수}) \qquad (6.25)$$
> 이다

(증명)

$M\,dx + Ndy = 0$을 풀어 해를 구하기 위하여

$$\frac{\partial z}{\partial y} = M$$

라 놓으면 $\quad z = \int M dx + f(y)$

$$N = \frac{\partial z}{\partial y} = \frac{\partial}{\partial y}\left[\int M\,dx + f(y)\right] = \frac{\partial}{\partial y}\int M dx + f'(y)$$

$$f'(y) = N - \frac{\partial}{\partial y}\int M dx \qquad \therefore\ f(y) + \int\left[N - \frac{\partial}{\partial y}\int M dx\right]dy + c_1$$

즉, $\quad z = \int M dx + \int\left[N - \frac{\partial}{\partial y}\int M dx\right]dy + c_1$

구하는 일반해는 $z(x\,,\,y) = c_2$이므로 $(c = c_2 - c_1)$

$$\int M dx + \int\left[N - \frac{\partial}{\partial y}\int M dx\right]dy = c \quad (c\text{는 상수}) \qquad (6.26)$$

[예제 6.8] $(x^2 + 2y)dx + (2x - 4y + 1)dy = 0$이 완전미분방정식임을 밝히고 이 방정식을 풀어라.

[풀이] $M = x^2 + 2y,\quad N = 2x - 4y + 1$ 라 하면 $M = N$ 이므로 주어진 미분방정식은 완전미분방정식이다.

따라서 구하는 일반해는 정리 일반해는 [정리1.2] 에 의하여

$$z(x\,,\,y)=\int M\,dx+\int\left[N-\frac{\partial}{\partial y}\int M\,dx\right]dy$$

$$=\int(x^2+2y)dx+\int\left[(2x-4y+1)-\frac{\partial}{\partial y}\int(x^2+2y)dx\right]dy$$

$$=\frac{1}{3}x^3+2xy+\int\left[(2x-4y+1)-\frac{\partial}{\partial y}(\frac{1}{3}x^3+2xy)\right]dy$$

$$=\frac{1}{3}x^3+2xy+\int[(2x-4y+1)-(0+2x)]\,dy$$

$$=\frac{1}{3}x^3+2xy+\int(-4y+1)\,dy$$

$$=\frac{1}{3}x^3+2xy-2y^2+y=c_1$$

$$\therefore\quad x^3+6xy-6y^2+3y=c$$

(5) 적분인수

미분방정식

$$P(x\,,\,y)dx+Q(x\,,\,y)dy=0 \tag{6.27}$$

가 완전미분방정식이 아닐 때, 즉

$$\frac{\partial P}{\partial y}\neq\frac{\partial Q}{\partial x}$$

일 때 방정식 식(6.27)의 양변에 $\lambda(x\,,\,y)$를 곱하여 얻은 방정식

$$\lambda P\,dx+\lambda\,Q\,dy=0 \tag{6.28}$$

가 완전미분방정식이 되는 경우가 있다. 이때 $\lambda(x\,,\,y)$를 미분방정식(6.27)의 적분인수(積分因數), 또는 적분인자(積分因子, integrating factor)라 한다. 따라서 $\lambda(x\,,\,y)$가 미분방정식(6.25)의 적분인수이기 위한 필요충분조건은

$$\frac{\partial}{\partial y}(\lambda P)=\frac{\partial}{\partial x}(\lambda Q)$$

즉, $$P\frac{\partial\lambda}{\partial y} - Q\frac{\partial\lambda}{\partial x} = \lambda\left(\frac{\partial Q}{\partial x} - \frac{\partial P}{\partial y}\right) \tag{6.29}$$

이다. 이제$\lambda(x, y)$를 구하기 위하여 편미분방정식(6.29)을 풀어야 하지만 여기서는 생략하고 자주 접하는 몇 가지 적분인수를 구하는 방법을 다루기로 한다.

(1) $\dfrac{\dfrac{\partial Q}{\partial x} - \dfrac{\partial P}{\partial y}}{Q} = f(x)$ 일 때, 즉 x 만의 함수일 때

λ를 x 만의 함수라고 가정하면 (6.29)의 편미분방정식에서

$$\frac{\partial\lambda}{\partial y} = 0\ ,\ \frac{\partial\lambda}{\partial x} = \frac{\partial\lambda}{\partial x}$$

이므로

$$-Q\frac{d\lambda}{dx} = \lambda\left(\frac{\partial Q}{\partial x} - \frac{\partial P}{\partial y}\right),\quad \frac{d\lambda}{dx} + \frac{1}{Q}\left(\frac{\partial Q}{\partial x} - \frac{\partial P}{\partial y}\right)\lambda = 0$$

$$\therefore \frac{d\lambda}{dx} + f(x)\lambda = 0$$

따라서 적분인수는 $\lambda = e^{-\int f(x)dx}$

(2) $\dfrac{\dfrac{\partial Q}{\partial x} - \dfrac{\partial P}{\partial y}}{P} = g(y)$ 일 때, 즉 y만의 함수일 때

식(6.29) 에서 $\dfrac{\partial\lambda}{\partial x} = 0\ ,\ \dfrac{\partial\lambda}{\partial y} = \dfrac{\partial\lambda}{\partial y}$ 이므로

$$P\frac{d\lambda}{dy} = \lambda\left(\frac{\partial Q}{\partial x} - \frac{\partial P}{\partial y}\right),\quad \frac{d\lambda}{dy} - \frac{1}{P}\left(\frac{\partial Q}{\partial x} - \frac{\partial P}{\partial y}\right)\lambda = 0$$

$$\therefore\ \frac{d\lambda}{dy} - g(y)\lambda = 0$$

따라서 적분인수는 $$\lambda = e^{\int g(y)dy} \tag{6.30}$$

[예제 6.9] $(2x^2 - xy)dx - x^2dy = 0$을 풀어라.

[풀이] $P = 2xy^2 - ye^x$, $Q = e^x$ 이라놓으면

$$\frac{1}{P}\left(\frac{\partial Q}{\partial x} - \frac{\partial P}{\partial y}\right) = \frac{e^x - (4xy - e^x)}{2xy^2 - ye^x} = \frac{-2}{y}$$

따라서 적분인수는 $\lambda = e^{\int\left(-\frac{2}{y}\right)dy} = e^{-2\ln y} = y^{-2} = \dfrac{1}{y^2}$

주어진 미분방정식의 양변에 이 적분인수 $1/y^2$을 곱하면

$$2xdx - \frac{ye^x}{y^2}dx + \frac{e^x}{y^2}dy = 0\ ,\ 2xdx - \frac{ye^x dx - e^x dy}{y^2} = 0$$

$2x\,dx - d\left(\dfrac{e^x}{y}\right) = 0$ 양변을 적분하면 구하는 일반해는

$x^2 - \dfrac{e^x}{y} = c$, 즉 $x^2y - e^x = cy$ (c는상수)

몇 가지 적분인수를 소개하면 다음과 같다.

식	적분인수	완전미분
$xdy - ydx$	$\dfrac{1}{x^2}$	$\dfrac{xdy - ydx}{x^2} = d\left(\dfrac{y}{x}\right)$
$xdy - ydx$	$\dfrac{1}{y^2}$	$\dfrac{xdy - ydx}{y^2} = d\left(-\dfrac{x}{y}\right)$
$xdy - ydx$	$\dfrac{1}{xy}$	$\dfrac{1}{y}dy - \dfrac{1}{x}dx = d\left(\ln\dfrac{y}{x}\right)$
$xdy + ydx$	$\dfrac{1}{(xy)^n}$	$\dfrac{xdy + ydx}{(xy)^n} = d\left\{\dfrac{-1}{(n-1)(xy)^{n-1}}\right\}$, $(n \neq 1)$ $\dfrac{xdy + ydx}{xy} = d\{\ln(xy)\}$, $(n = 1)$

6.2.2. 1계 미분방정식의 응용

(1) 전기회로와 미분방정식

전기회로에 정전용량 $C[F]$ 혹은 인덕턴스 $L[H]$이 있는 경우 흐르는 전류는 0에서 출발하여 서서히 증가하는 현상을 나타내는데, 이러한 상태를 **과도 상태(transient state)**라 하고 이러한 현상을 **과도 현상(transient phenomena)**라 한다.

더 이상 증,감이 없는 상태를 **정상 상태(stationary state)** 또는 **영구 상태 (permanent state)** 라 한다.

이러한 과도현상이 나타나는 회로에서 미분방정식을 푸는 과정은 다음과 같다.

① 키르히호프의 법칙에 따른 회로의 방정식을 세우고

② 미분방정식의 풀이에 따라 일반해를 구하고

③ 초기 조건(initial condition)에 의하여 부정정수를 결정하고 주어진 미분방정식의 특수 해를 구한다.

여기서 주의할 것은 회로 상태가 변화한 직후의 초기 조건과 정상 상태에서의 전류, 전압 분포를 잘 구해야 한다는 것이다.

(2) $L-R$ 직류 회로

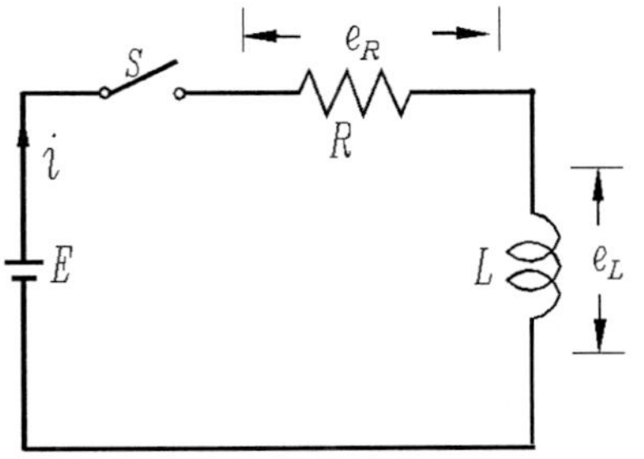

그림과 같이 R 과 L이 직렬로 연결된 회로에 직류전압 E 를 가했을 경우를 생각해보자.

시간 $t=0$일 때 S 를 넣으면

$$E=e_R+e_L$$

여기서 $e_R=iR,\quad e_L=L\dfrac{di}{dt}$ 이므로

$$E=iR+L\frac{di}{dt} \tag{6.31}$$

위 식을 변형하면

$$i-\frac{E}{R}=-\frac{L}{R}\frac{di}{dt} \tag{6.32}$$

이고 이 식은 변수가 1개일 경우이므로

$$\frac{1}{i-\dfrac{E}{R}}\,di = -\frac{R}{L}dt \tag{6.33}$$

이다.

위 식의 양변을 적분하면

$$\ln\left(i-\frac{E}{R}\right)=-\frac{R}{L}t+A_1 \text{(단, } A_1 \text{은 적분상수)}$$

$$\therefore \quad i-\frac{E}{R}=e^{-\frac{R}{L}t+A_1}=A\cdot e^{-\frac{R}{L}t} \quad \text{(여기서 } A=e^{A_1} \text{ 인 상수)} \tag{6.34}$$

즉, $i=\frac{E}{R}+A\cdot e^{-\frac{R}{L}t}$ 이다.(일반해)

초기 조건 $t=0$에서 $i=0$이므로

$$i=\frac{E}{R}+A=0 \quad \therefore A=-\frac{E}{R}$$

$$\therefore \quad i=\frac{E}{R}(1-e^{-\frac{R}{L}t}) \tag{6.35}$$

이다.

$\frac{L}{R}=\tau$ 를 이 회로의 **시정수(time constant)**라 하고 과도현상의 지속을 나타내는 데 사용한다.

$$\therefore \quad i=\frac{E}{R}(1-e^{-\frac{t}{\tau}}) \tag{6.36}$$

전압 분포를 조사하면

$$e_L=L\frac{di}{dt}=Ee^{-\frac{R}{L}t}=Ee^{-\frac{t}{\tau}}$$

$$e_R=R\cdot i=E(1-e^{-\frac{R}{L}t})$$

이다.

$$=E(1-e^{-\frac{t}{\tau}})$$

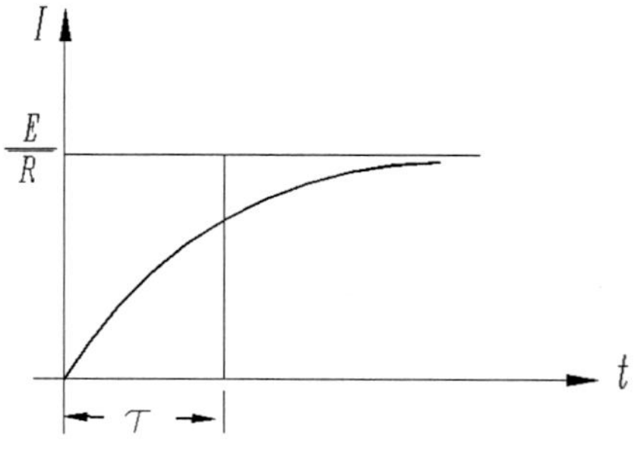

위 식에서 알 수 있듯이 $t=0$일 때에는 전 전압이 L 에 걸려 있으나, 시간이 흐를수록 전압이 차차 R 에 옮겨지고, 정상 상태에서는 전 전압이 R 에 걸리는 것을 알 수 있다.

(3) $C-R$ 직류 전원

① 충전인 경우 : [그림 6-2]에서 $t=0$일 때 $q=0$의 상태에서 S 를 넣으면

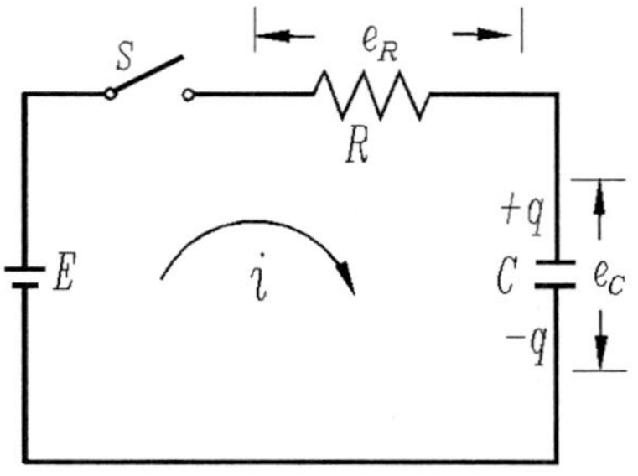

그림 6-2

$$E = e_R + e_C = i R + \frac{q}{C} \tag{6.37}$$

여기서 $i = \frac{dq}{dt}$ 이므로

$$E = R\frac{dq}{dt} + \frac{q}{C}$$

이다.

위식은 $\frac{dq}{dt} + \frac{1}{RC}q = \frac{E}{R}$ (6.38)

로 표현되므로 선형 미분방정식의 풀이 방법을 이용하자.

식(6.37) 에서 $P = \frac{1}{RC}$, $Q = \frac{E}{R}$ 이고 $\int P\,dt = \frac{1}{RC}t$ 이므로
식(6.22)의 선형미분방정식의 해에 의해

$$q = e^{-\frac{1}{RC}t}\left[\int e^{-\frac{1}{RC}t}\frac{E}{R}\,dt + A\right]$$

$$q = e^{-\frac{1}{RC}t}\frac{E}{R}RC\,e^{\frac{1}{RC}t} + Ae^{-\frac{1}{RC}t}$$

$$= CE + A\,e^{-\frac{1}{RC}t}\ (A\text{는 상수}) \tag{6.39}$$

초기 조건 $t=0$일 때 $q=0$ 이므로, $A = -CE$

$$q = CE\left(1 - e^{-\frac{t}{RC}}\right)$$

$$i = \frac{dq}{dt} = \frac{E}{R}e^{-\frac{t}{RC}} \tag{6.40}$$

전압 분포를 계산하면 다음과 같다.

$$e_C = \frac{q}{C} = E(1 - e^{-\frac{t}{RC}})$$

$$e_R = iR = Ee^{-\frac{t}{RC}} \tag{6.41}$$

위 식에서 보면 $t=0$일 때는 전 전압이 R 에 걸려있으나 시간이 흐를수록 전압이 차차 C 로 옮겨져 정상 상태에서는 전 전압이 C 에 걸리는 것을 알 수 있다.

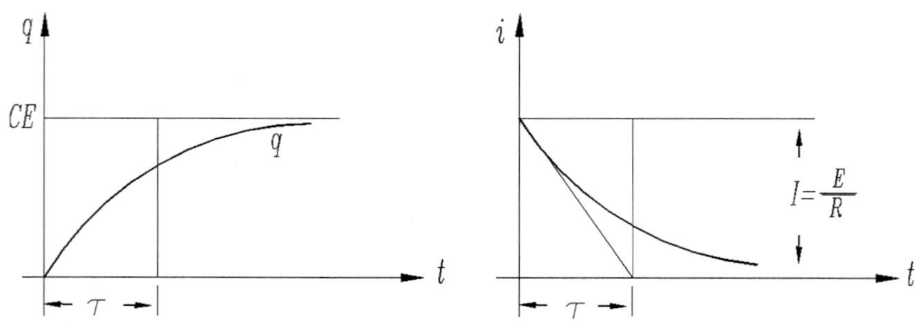

그림6.3 $R-C$ 회로의 q, i의 시간적 변화

② 방전인 경우 : 다음 [그림6-4]와 같은 회로에서 E로써 충전 C 를 충전하면 $q = CE$ 가 될 때까지 충전 전류가 흘러서 C 의 전압과 E 의 크기가 같게 되어 전류는 흐르지 않는다. 이 상태에서 S 를 열면 에너지의 축적이 없으므로 C 가 일시적인 전원이 되어 C 의 전하는 R 를 통해서 방전하게 된다. 이 방전 전류를 i라 하면

$e_C = \frac{q}{C} = iR$ 이고 $i = -\frac{dq}{dt}$ 이므로 $\frac{q}{C} = -R\frac{dq}{dt}$ 이다.

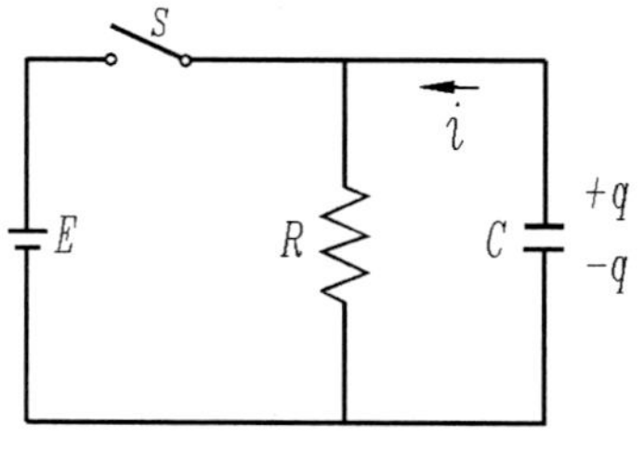

그림6.4 $R-C$ 방전 회로

양변을 적분하면, $q = Ae^{-\frac{t}{RC}}$이고 $t=0$일 때 $q = CE$이므로

$$A = CE$$

$$\therefore \begin{cases} q = CE\, e^{-\frac{t}{RC}} \\ i = -\dfrac{dq}{dt} = \dfrac{E}{R}\, e^{-\frac{t}{RC}} \end{cases}$$

(4) $R-L$ 교류 회로

[그림 6-5]과 같이 R과 L이 직렬로 연결된 회로에 교류 전압 $e=E_m\sin(\omega t+\theta)$를 가했을 경우 전류 i의 시간에 따른 변화를 나타내시오.

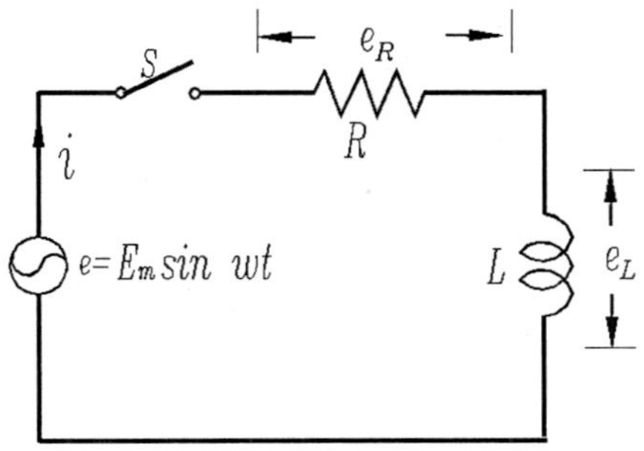

그림 6-5

직류 회로와 똑같이 미분방정식은

$$iR + L\frac{di}{dt} = E_m \sin\omega t \tag{6.42}$$

이고, 위 식을 변형하면

$$\frac{di}{dt} + \frac{R}{L}i = \frac{E_m}{L}\sin\omega t \tag{6.43}$$

이 식은 식(6.16)과 같은 1계 선형 미분방정식이고

그 해는 식(6.22)와 같으므로

$$P = \frac{R}{L},\quad Q = \frac{E_m}{L}sin\,\omega t \tag{6.44}$$

$$\int P dt = \frac{R}{L}t \tag{6.45}$$

$$i = e^{-\frac{R}{L}t}\left[\int e^{\frac{R}{L}t}\ \frac{E_m}{L}sin\,\omega t\,dt + c\right] \tag{6.46}$$

위식을 부분적분해서 정리하면

$$i(t) = ce^{-\frac{R}{L}t} + \frac{E_m}{R^2 + w^2L^2}(R\sin wt - wL\cos wt) \tag{6.47}$$

위식을 삼각함수 합성에 의해 변형시키면

$$i(t) = ce^{-\frac{R}{L}t} + \frac{E_m}{\sqrt{R^2 + w^2L^2}} \sin(wt - \delta) \tag{6.48}$$

$$(\text{단 } \delta = \arctan\frac{wL}{R})$$

한편 상수 c를 초기조건 $t=0,\quad i=0$ 에서

$$i(0) = c + \frac{E_m}{\sqrt{R^2 + w^2L^2}}(-\sin\delta) = 0$$

$$c = \frac{E_m}{\sqrt{R^2 + w^2L^2}} \sin\delta \tag{6.49}$$

식(6.49)를 (6.47)에 대입하면

$$\therefore\ i(t) = \frac{E_m}{\sqrt{R^2 + \omega^2L^2}}\left\{ e^{-\frac{R}{L}t} \sin\delta + \sin(wt - \delta) \right\}$$

6.3. 2계 미분방정식과 응용

$$A(x)\frac{d^2y}{dx^2} + B(x)\frac{dy}{dx} + C(x)y = G(x) \tag{6.50}$$

형태의 방정식을 2계선형 미분방정식이라 한다. 특히 $G(x) = 0$

즉,

$$A(x)\frac{d^2y}{dx^2} + B(x)\frac{dy}{dx} + C(x)y = 0 \tag{6.51}$$

을 제차 선형 미분 방정식(homogeneous linear equation)이라 하고,

$G(x) \neq 0$인 경우를 비 제차 선형 미분 방정식 (inhomogeneous linear equation)라 한다.

$y_1 = y_1(x)$, $y_2 = y_2(x)$가 미분방정식 (6.51)의 해이면, 임의의 상수c_1 , c_2 에 대하여

$$y = y(x) = c_1 y_1(x) = c_2 y_2(x) \tag{6.52}$$

도 (6.51)의 해이다.

이것은 y_1 , y_2가 (6.51)의 해이므로 y_1 , y'_1 , y''_1 및 y_2 , y'_2 , y''_2을 (6.51)에 대입한 결과가 각각 0인 점에 의하여 (6.52)의 y , y' , y''을 (6.51)에 대입한 결과가 0이 됨을 밝히면 된다.

6.3.1 2계 제차 선형미분 방정식

2계 미분방정식 중에서 가정 많이 사용되는 것은

$$\frac{d^2y}{dx^2} + a\frac{dy}{dx} + by = 0 \tag{6.53}$$

와 같은 형이다.

위 식을 만족하는 해를 $y = Ae^{\lambda x}$라 하고 대입하면

$$At^2e^{tx} + aAte^{tx} + bAe^{tx} = 0 \tag{6.54}$$

$$Ae^{tx}(t^2 + at + b) = 0 \tag{6.55}$$

$$\therefore\ t^2 + at + b = 0 \tag{6.56}$$

을 만족하는 t 를 구하면 주어진 식의 해를 얻게 된다.

위 식(6.56) 즉 $(t^2 + at + b = 0)$을 주어진 2계 미분방정식(6.53)의 "보조방정식" 이라 한다.

보조방정식을 만족하는 t를 t_1, t_2라 하면 $y_1 = Ae^{t_1 x}$, $y_2 = Be^{t_2 x}$모두 주어진 방정식의 풀이가 된다.

$$\therefore \text{ 일반해는 } y = y_1 + y_2$$

$$y = Ae^{t_1 x} + Be^{t_2 x} \tag{6.57}$$

이다.

초기 조건에서 상수 A, B를 구하면 방정식의 해를 구할 수 있게 된다.

[예제 6.10] $\frac{d^2y}{dx^2}+5\frac{dy}{dx}+6y=0$을 풀어라.

[풀이] 보조방정식은 $t^2+5t+6=0$, $(t+2)(t+3)=0$

$$\therefore\ t_1=-2,\ t_2=-3$$

$$\therefore\ y=Ae^{-2x}+Be^{-3x}$$

제차 선형 미분 방정식 (6.51)에서 $A(x)$, $B(x)$, $C(x)$가 모두 상수 함수인 경우, 즉

$$a\frac{d^2y}{dx^2}+b\frac{dy}{dx}+cy=0$$

다시쓰면,

$$ay''+by'+cy=0 \tag{6.58}$$

인 경우의 미분방정식의 일반해를 구하자.

여기서 $y=e^{tx}$ (t는 상수), $y'=te^{tx}$, $y''=t^2e^{tx}$ (6.58) 에 대입하면

$$at^2e^{tx}+bte^{tx}+ce^{tx}=0,\ (at^2+bt+c)e^{tx}=0$$

$e^{tx}\neq 0$이므로

$$at^2+bt+c=0 \tag{6.59}$$

. 따라서 $y=e^{tx}$은 (6.58)의 해임을 알 수 있고 t는 방정식 (6.59)의 근임도 알 수 있다. 이때 방정식(6.59)를 미분방정식(6.58)의 보조방정식(auxiliary equation) 또는 특성방정식(characteristic equation)이라 한다. 미분방정식의 (6.58)의 해는 (6.58)의 y''에 t^2, y'에 t, y에 1 을 대입한 이차방정식(6.59)의근인 t의 값이 결정되면 구할 수 있다. 따라서 보조방정식의 근을 먼저 구하도록 한다.

이 때 이차방정식 (6.59)가 서로 다른 두 실근, 중근, 허근을 갖는 세 경우로 나누어 생각한다.

(1) 서로 다른 두 실근을 갖는 경우

보조방정식(6.59)가 서로 다른 두 실근 t_1, t_2를 가지면 미분방정식(6.58)의 일반해는

$$y=c_1e^{t_1x}+c_2e^{t_2x}$$

이다 (c_1 , c_2는상수)[예제6.10 참고]

[예제 6.11] 다음 미분방정식을 풀어라.

① $\dfrac{d^2y}{dx^2}+2\dfrac{dy}{dx}-8y=0$ ② $y''-4y'+y=0$

[풀이] ① 보조방정식은 $t^2+2t-8=0$, $(t-2)(t+4)=0$

$t=2$, $t=-4$ 이므로 구하는 일반해는

$$y=c_1e^{2x}+c_2e^{-4x}$$

② 보조방정식은 $t^2-4t+1=0$

$$\therefore\ t=\frac{4\pm\sqrt{(-4)^2-4\cdot1\cdot1}}{2\cdot1}=2\pm\sqrt{3}$$

따라서 구하는 일반해는

$$y=c_1e^{(2+\sqrt{3})x}+c_2e^{(2-\sqrt{3})x}$$

(2) 중근을 갖는 경우

보조방정식 (6.59)가 중근 t 를 갖는다고 하면 $b^2-4ac=0$ 이므로

$$t=-\frac{b}{2a}\ ,\ 즉\quad 2at+b=0$$

$y_1=e^{tx}$은 (6.58)의 해이다. 이에 관하여 $y_2=xe^{tx}$ 은 $y'=e^{tx}+txe^{tx}$,

$y''_2=te^{tx}+te^{te}=t^2xe^{tx}$

이므로

$$\begin{aligned}ay''_2+by'_2+cy_2&=a(2te^{tx}+t^2xe^{tx})+b(e^{tx}+txe^{tx})+cxe^{tx}\\&=(2at+b)e^{tx}+(at^2+bt+c)xe^{tx}=0\end{aligned}$$

이다. 따라서 $y_2=xe^{tx}$도 방정식 (6.58)의 해이다. 이상을 정리하면 다음과 같다.

보조방정식 (6.59)가 중근 t를 가지면 미분방정식 (6.58)의 일반해는

$$y = c_1 e^{tx} + c_2 x e^{tx}$$

이다. (c_1, c_2는 상수)

[예제 6.12] 다음 미분방정식을 풀어라.

① $9y'' + 6y' + y = 0$　　　② $\dfrac{d^2y}{dx^2} - 2\sqrt{2}\dfrac{dy}{dx} + 2y = 0$

[풀이] ① 보조방정식은 $9t^2 + 6t + 1 = 0$, $(3t+1)^2 = 0$

중근 $t = -\dfrac{1}{3}$을 가지므로 구하는 일반해는

$$y = c_1 e^{-\frac{1}{3}x} + c_2 x e^{-\frac{1}{3}x}$$

② 보조방정식은 $t^2 - 2\sqrt{2}t + 2 = 0$, $(t - \sqrt{2})^2 = 0$

중근 $t = \sqrt{2}$를 가지므로 구하는 일반해는

$$y = c_1 e^{\sqrt{2}x} + c_2 x e^{\sqrt{2}x}$$

(3) 허근을 갖는 경우

보조방정식(6.59)가 허근 $t_1 = \alpha + i\beta$, $t_2 = \alpha - i\beta$ (α , β는실수)를 가지면 미분방정식 (6.58)의 일반해는

$$\begin{aligned}
y &= d_1 e^{t_1 x} + d_2 e^{t_2 x} \qquad (c_1 , c_2\text{는 상수}) \\
&= d_1 e^{(\alpha + i\beta)x} + d_2 e^{(\alpha - i\beta)x} \\
&= d_1 e^{\alpha x} e^{i\beta x} + d_2 e^{\alpha x} e^{-i\beta} \\
&= d_1 e^{\alpha x}(\cos\beta x + i\sin\beta x) + d_2 e^{\alpha x}\{(\cos(-\beta x) + i\sin(\beta x))\} \\
&= d_1 e^{\alpha x}(\cos\beta x + i\sin\beta x) + d_2 e^{\alpha x}(\cos\beta x - i\sin\beta x) \\
&= e^{\alpha x}\{(d_1 + d_2)\cos\beta x + i(d_1 - d_2)\sin\beta x\} \\
&= e^{\alpha x}(c_1 \cos\beta x - c_2 \sin\beta x) \ , \ (d_1 + d_2 = c_1 \, , i(d_1 - d_2) = c_2)
\end{aligned}$$

[예제 6.13] $\dfrac{d^2y}{dx^2} + a\dfrac{dy}{dx} + 5y = 0$을 풀어라.

[풀이] 보조방정식은

$\lambda^2 + 4\lambda + 5 = 0$　　$\therefore \lambda_1 = -2 + j, \quad \lambda_2 = -2 - j$

$\therefore y = Ae^{(-2+j)x} + Be^{(-2-j)x} \quad = e^{-2x}[Ae^{jx} + Be^{-jx}]$

$$= e^{-2x}[A(\cos x + j\sin x) + B(\cos x - j\sin x)]$$

$$= e^{-2x}[(A+B)\cos x + j(A-B)\sin x]$$

$A+B=A'$, $j(A-B)=B'$ 라 놓으면 $y=e^{-2x}[A'\cos x + B'\sin x]$ 이다.

※ 참고

일반적으로 보조방정식의 두 근이 복소수인 경우에

즉, $\lambda_1 = \alpha + j\beta$, $\lambda_2 = \alpha - j\beta$ 인 경우의 일반해는

$y = e^{\alpha x}(A'\cos\beta x + B'\sin\beta x)$이다.

한편 보조방정식이 1개의 실근을 갖는 경우의 일반해는

$y = e^{\lambda x}(A' + B'x)$이다.

[예제 6.14] 다음 미분방정식을 풀어라.

① $\dfrac{d^2y}{dx^2} - 8\dfrac{dy}{dx} + 20y = 0$ ② $y'' + 3y = 0$

[풀이]

① 보조방정식 $t^2 - 8t + 20 = 0$의 근은 허근이므로 $t = 4 \pm 2i$이다.

따라서 구하는 일반해는

$$y = e^{4x}(c_1\cos 2x + c_2\sin 2x)$$

② 보조방정식 $t^2 + 3 = 0$의 근은 허근이므로 $t = \pm\sqrt{3}i$ 따라서

$\alpha = 0$, $\beta = \sqrt{3}$ 이므로 구하는 일반해는

$y = c_1\cos\sqrt{3}x + c_2\sin\sqrt{3}x$

6.3.2 2계 비 제차 선형미분 방정식

이제 계수가 상수인 비 제차 선형미분방정식

$$a\frac{d^2y}{dx^2} + b\frac{dy}{dx} + cy = G(x) \text{ , 또는 } ay'' + by' + cy = G(x) \qquad (6.60)$$

의 풀이 방법을 알아보자 ($G(x)=0$ 이고, a, b, c 는상수)

(6.60)에서 $G(x) = 0$으로 한 재차 선형미분방정식

$$ay'' + by' + cy = 0 \qquad (6.61)$$

을 방정식 (6.60)의 여방정식(餘方程式, complementary)이라 한다.
여기서 방정식(6.60)의 특수해를 $y_p = y_p(x)$, 일반 해를 $y_c = y_c(x)$라 놓을 때, 방정식 (6.60)의 일반해는

$$y(x) = y_p(x) + y_c(x) \tag{6.62}$$

이다. 이 y_c를 비제차선형미분방정식 (6.60)의 여함수(餘函數, complementary function), 또는 보함수(補函數)라 한다.
(6.62)에서 $y_c = y - y_p$가 (6.61)의 해인가를 관찰하여 보자.

$$\begin{aligned}(ay''_c + by'_c + cy_c) &= a(y-y_p)'' + b(y-y_p)' + c(y-y_p)\\ &= a(y'' - y''_p) + b(y' - y'_p) + c(y-y_p)\\ &= ay'' + by' + cy - (ay''_p + by'_p + cy_p)\\ &= G(x) - G(x)\\ &= 0 \qquad (\because (6.62)\text{의 } y, \text{ 또는 } y_p\text{는 } (6.60)\text{의 해})\end{aligned}$$

따라서 (6.62)는 방정식(6.60)의 일반해이다. 제차선형미분방정식(6.60)의 여함수는 제차선형미분방정식의 풀이방법을 참고하면 된다. 그러나 방정식(6.60)의 특수해는 그렇지 않아서 이 특수해를 얻을 수 있는 방법에 대하여 알아본다. 그 방법은 (6.60)의 $G(x)$에 따라 여러 가지가 있다. 여기서는 미정계수법(未定係數法, method of undeterminate coefficients)으로 설명한다.

(1) $G(x)$가 x의 n차 다항식일 때

미분방정식 $a_n y^{(n)} + a_{n-1} y^{(n-1)} + \dots + a_2 y'' + a_1 y' + a_0 y = G(x)$의 특수해 y_p는

$$y_p = A_0 + A_1 x + A_2 x^2 + \dots + A_n x^n$$

으로 놓고 주어진 미분방정식에 대입하여 계수 $A_0, A_1, A_2, \cdots, A_n$을 정한다. 여기서 다루는 미분방정식은 (6.60)과 같이 2계 선형 미분방정식인 점을 유의한다.

[예제6.15]

다음의 2계 상비분 방정식 $y'' + 2y' - 3y = 6$
초기조건으로 $y(0) = 0 \rightarrow x = 0$ 일때 $y = 0$
$y'(0) = 2 \rightarrow x = 0$ 일때 $y' = 2$ 일 때 상비분방정식을 풀어라.

[풀이]

좌변의 일반해를 y_c 라 하면 여방정식 $t^2+2t-3=0$ 에서 $(t+3)(t-1)=0$

$y_c = c_1e^x + c_2e^{-3x}$

특별 해를 y_p 라 하면

$y_p = k$, $y_p' = 0$, $y_p'' = 0$

$\therefore\ y_p'' + 2y_p' - 3y_p = 6$ 에서

$0+0-3k=6$

$\therefore\ k = -2$

$y_p = -2$

2계상비분방정식의 해는

$$\therefore\ y = y_c + y_p = c_1e^x + c_2e^{-3x} - 2 \tag{6.63}$$

이식을 미분해서 y' 을 구하면

$$\therefore\ y' = c_1e^x - 3c_2e^{-3x} - 0 \tag{6.64}$$

식(6.63)에 $y(0)=0$ 을 대입하면

$0 = c_1 + c_2 - 2$, $c_1 + c_2 = 2$

식(6.64)에 $y'(0)=2$ 를 대입하면

$c_1 - 3c_2 = 2$

$c_1 = 2,\ c_2 = 0$

c_1, c_2 를 (6.63)에 대입하면 미분방정식의 해는

$\therefore\ y = 2e^x - 2$

[예제 6.16] $y''-y'-2y=2x^2$을 풀어라.

[풀이] 보조방정식$t^2-t-2=0$에서 $(t+1)(t-2)=0$

$$t=-1\ ,\ t=2$$

그리고 특수해를 $y_p = Ax^2+Bx+C$으로 놓는다. 그러면

$$y'_p = 2Ax+B$$

$$y''_p = 2A$$

이들을 주어진 방정식에 대입하면

$$2A-(2Ax+B)-2(Ax^2+Bx+C)=2x^2$$

$$\therefore\ -2Ax^2-2(A+B)x+(2A-B_2-2C)=2x^2$$

양변의 계수를 비교하면

$$-2A=2$$
$$-2(A+B)=0$$
$$2A-B-2C=0$$

이 연립방정식을 풀면 $A=-1$, $B=1$, $C=-3/2$

$$\therefore y_p=-x^2+x-\frac{3}{2}$$

그러므로 구하는 일반해는

$$y=y_c+y_p=c_1e^{-x}+c_2e^{2x}-x^2+x-\frac{3}{2}$$

(2) $G(x)$가 ce^{kx}일 때

미분방정식 (6.60)의 특수해를 $y_p=Ae^{kx}$이라 놓고 y_p, y'_p, y''_p를 주어진 미분방정식에 대입하여 미정인 계수A를 정한다. 주어진 미분방정식의 여함수 y_c에 e^{kx}의 항이 있으면 특수해를 $y_p=Axe^{kx}$이라놓는다.

[예제 6.17] $y''+16y=e^{2x}$를 풀어라.

[풀이] 보조방정식 $t^2+16=0$의근이 $t=\pm 4i$이므로

$$y_c=c_1\cos 4x+c_2\sin 4x$$

특수해를 $y_p=Ae^{2x}$라 놓으면 $y'_p=2Ae^{2x}$, $y''_p=4Ae^{2x}$

이것을 주어진 방정식에 대입하면

$$4Ae^{2x}+16Ae^{2x}=e^{2x} \qquad \therefore A=-\frac{1}{20}$$

즉, $y_p=-\frac{1}{20}e^{2x}$ 이므로 구하는 일반해는

$$y=y_c+y_p=c_1\cos 4x+c_2\sin 4x-\frac{1}{20}e^{2x}$$

[예제 6.18] $y''+2y'-3y=e^x$을 풀어라.

[풀이] 보조방정식$t^2+2t-3+0$, $(t-1)(t+3)=0$의 근이 $t=1$, $t=-3$ 이므로 여함수는

$$y_c=c_1e^x+c_2e^{-3x}$$

특수해는 여함수에 e^x항이 있으므로 $y_p=Axe^x$

이라놓으면 $$y'_p=Ae^x+Axe^x=A(1+x)e^x$$

$$y''_p=Ae^x+Ae^x+Axe^x=A(2+x)e^x$$

을 주어진 미분방정식에 대입하면

$$A(2+x)e^x+2A(1+x)e^x-3(Axe^x)=e^x$$

이것을 정리하면 $A=\dfrac{1}{4}$이므로 특수해는 $y_p=\dfrac{1}{4}xe^x$

그러므로 구하는 일반해는 $$y=y_c+y_p=c_1e^x+c_2e^{-3x}+\frac{1}{4}xe^x$$

(3) $G(x)$가 $c\cos(k+l)$, $c\sin(k+l)$일때

미분방정식 (6.60)의 특수해를

$$y_p=A\cos(kx+l)+B\sin(kx+l)$$

이라 놓고 y_p, y'_p, y''_p을 주어진 미분방정식에 대입하여 미정계수 A, B를 정한다,

[예제 6.19] $y''+4y'+4y=3\sin2x$을 풀어라.

[풀이] 보조방정식$t^2+4t+4=(t+2)^2=0$의 근을 중근으로 $t=-2$이므로 여함수는

$$y_c=c_1e^{-2x}+c_2xe^{-2x}$$

특수해를 $y_p=A\cos2x+B\sin2x$ 으로 놓으면

$$y'_p=-2A\sin2x+2B\cos2x$$

$$y''_p=-4A\cos2x-4B\sin2x=-4y_p$$

이므로 y_p, y'_p, y''_p을 주어진 미분방정식에 대입하여 정리하면

$$-8A\cos2x-8B\sin2x=3\sin2x \qquad \therefore A=0,\ B=-3/8$$

$$\therefore y_p=-\frac{3}{8}\sin2x$$

그러므로 구하는 일반해는 $$y=y_c+y_p=c_1e^{-2x}+c_2xe^{-2ex}-\frac{3}{8}\sin2x$$

(4) $G(x)$가 x의 다항식, 지수함수, 삼각함수를 혼합한 것 일 때

미분방정식(6.60)의 특수 해는 앞의(1), (2), (3)의 특수 해를 혼합한 형태로 택한다.

[예제 6.20] $y'' - 3y' - 4y = 26e^x \sin 2x$를 풀어라.

[풀이] 보조방정식 $t^2 - 3t - 4 = (t+1)(t-4) = 0$의 근이

$$t = -1 \ , \ t = 4$$

이므로 주어진 미분방정식의 여함수는

$$y_c = c_1 e^x + c_2 e^{4x}$$

$G(x)$가 e^x과 $\sin 2x$의 혼합형이므로 특수해는

$$y_p = e^x (A\cos 2x + B\sin 2x)$$

라 놓을 수 있다. 이제 y'_p, y''_p 을 구하면

$$\begin{aligned} y'_p &= (e^x)(A\cos 2x + B\sin 2x) + e^x (A\cos 2x + B\sin 2x)' \\ &= e^x (A\cos 2x + B\sin 2x) + e^x (-2A\sin 2x + 2B\cos 2x) \\ &= e^x \{(A+2B)\cos 2x + (-2A+B)\sin 2x\} \end{aligned}$$

$$\begin{aligned} y''_p &= (e^x)' \{(A+2B)\cos 2x + (-2A+B)\sin 2x\} \\ &\quad + e^x \{(A+2B)\cos 2x + (-2A+B)\sin 2x\}' \\ &= e^x \{(A+2B)\cos 2x + (-2A+B)\sin 2x\} \\ &\quad + e^x \{(-2A-4B)\sin 2x + (-4A+2B)\cos 2x\} \\ &= e^x \{(-3A+4B)\cos 2x + (-4A-3B)\sin 2x\} \end{aligned}$$

이제 y_p, y'_p, y''_p을 주어진 미분방정식 원식에 대입하면

$$\begin{aligned} & e^x \{(-3A+B)\cos 2x + (-4A-3B)\sin 2x\} \\ & \quad - 3e^x \{(A+2B)\cos 2x + (-2A+B)\sin 2x\} \\ & \quad - 4\{e^x (A\cos 2x + B\sin 2x)\} \\ & \quad = 26e^x \sin 2x \end{aligned}$$

이것을 정리하면

$$e^x \{(-10A-2B)\cos 2x + (2A-10B)\sin 2x\} = 26e^x \sin 2x$$

$$\begin{cases} -10A - 2B = 0 \\ 2A - 10B = 26 \end{cases} \quad \text{즉} \quad \begin{cases} 5A + B = 0 \\ A - 5B = 13 \end{cases}$$

이 연립방정식을 풀면 $A=\frac{1}{2}$, $B=-\frac{5}{2}$ 따라서 일반해는

$$y=y_c+y_p=c_1e^x+c_2e^{4x}+e^x\left(\frac{1}{2}\cos 2x-\frac{5}{2}\sin 2x\right)$$

6.3.3 2계 미분방정식의 응용

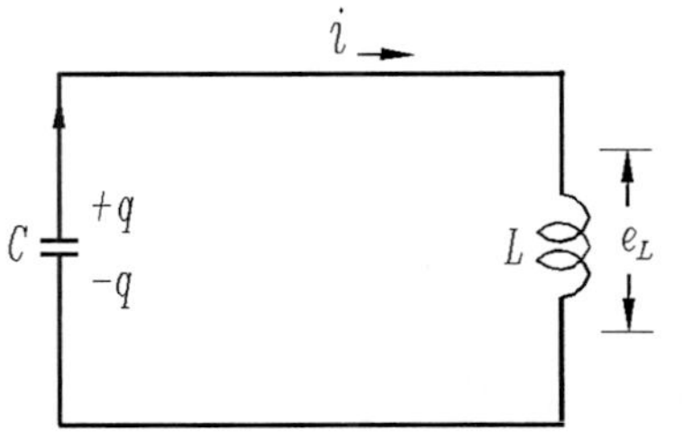

그림 6.8

(1) C 와 L의 직렬 회로 :

그림[6.8]과 같이 C 에 전압 E로 충전한 후, L을 통하여 방전하는 경우의 전류와 전하의 시간에 따른 변화를 구해보자.

$v_C=v_L$이고 $v_C=\frac{q}{C}$, $v_L=L\frac{di}{dt}$ 이므로,

$$\frac{q}{C}=L\frac{di}{dt}$$

방전하므로 $i=-\frac{dq}{dt}$ 이므로 $\frac{q}{C}=-L\frac{d^2q}{dt^2}$ 즉,

$$\frac{d^2q}{dt^2}+\frac{1}{LC}q=0 \tag{6.65}$$

보조방정식은

$$\lambda^2+\frac{1}{LC}=0$$

$$\therefore \lambda=\pm j\frac{1}{\sqrt{LC}} \tag{6.66}$$

앞의 예제 풀이에서 두 근이 복소수인 경우에 해당되며 이때 $\alpha=0$, $\beta=\frac{1}{\sqrt{LC}}$ 이므로 일반 풀이는

$$q=A\cos\frac{1}{\sqrt{LC}}t+B\sin\frac{1}{\sqrt{LC}}t \tag{6.67}$$

이다.

$$\therefore\ i=-\frac{dq}{dt}=\frac{A}{\sqrt{LC}}\sin\frac{1}{\sqrt{LC}}t-\frac{B}{\sqrt{LC}}\cos\frac{1}{\sqrt{LC}}t \tag{6.68}$$

초기 조건에서 $t=0$ 일때 $q=Q_o$ 이고 $i=0$ 이므로

$$A=Q_0,\ B=0$$

$$\therefore \begin{cases} i=\dfrac{Q_0}{\sqrt{LC}}sin\dfrac{1}{\sqrt{LC}}t \\ q=Q_0\cos\dfrac{1}{\sqrt{LC}}t \end{cases} \tag{6.69}$$

전류 전하는 주기 $T=2\pi\sqrt{LC}$ 주파수 $f=\dfrac{1}{T}=\dfrac{1}{2\pi\sqrt{LC}}$ 인 자유진동을 한다.

(2) C와 $R,\ L$ 의 직류회로

전압 E 로 C 를 충전한 후 R 과 L 을 통하여 방전 시키면 방전전류는

$i=-\dfrac{dq}{dt}$ 이고 전압 $v_c=iR+L\dfrac{di}{dt}=\dfrac{q}{C}$ 이므로

$$\frac{q}{C}=iR+L\frac{di}{dt}=-R\frac{dq}{dt}+L\frac{d^2q}{dt^2}$$

$$L\frac{d^2q}{dt^2}+R\frac{dq}{dt}+\frac{q}{C} \tag{6.70}$$

보조방정식의 근은

$$L\lambda^2+R\lambda+\frac{1}{C}=0$$

$$\therefore\ \lambda=\frac{-R\pm\sqrt{R^2-4\dfrac{L}{C}}}{2L}=-\alpha\pm\beta \tag{6.71}$$

여기서 $\alpha=\dfrac{R}{2L},\ \beta=\dfrac{\sqrt{R^2-\dfrac{4L}{c}}}{2L}$

그런데 위의 λ 값은 R, L, C 의 대소 관계에 따라 풀이 방법이 달라진다.

㉠ $R^2>4\dfrac{L}{C}$ 일 때 λ 는 서로 다른 두 실근을 가지므로

$$q = Ae^{\lambda_1 t} + Be^{\lambda_2 t} \tag{6.72}$$

가 된다.

㉡ $R^2 = 4\frac{L}{C}$ 일 때 λ는 1개의 실근 $\lambda = -\frac{R}{2L}$ 이므로

$$q = (A + Bt)\, e^{\lambda t} \tag{6.73}$$

이다.

㉢ $R^2 < 4\frac{L}{C}$ 일 때 λ 는 서로 다른 두 허근을 가지므로

$$q = e^{-\alpha t}(A\cos\omega t + B\sin\omega t) \tag{6.74}$$

여기서 $j\omega = \beta = \sqrt{\frac{R^2}{4L^2} - \frac{1}{LC}}$ 이다

6.4 편미분 방정식

변수가 2개 이상인 경우, 편도함수 사이의 관계를 나타내는 방정식을 편미분 방정식이라 한다.

예를 들어 z가 x, y 의 함수 일 때 x, y, z및 z의 x, y에 대해 편도함수사이의 관계식

$$\frac{\partial z}{\partial x} + \frac{\partial z}{\partial y} = P \tag{6.75}$$

을 편미분방정식 이라 한다.

본 절에서는 복잡한 편미분방정식을 제외하고 간단한 1계 편미분방정식만을 살펴보기로 한다.

6.4.1 파동 방정식

파동 방정식(波動方程式)은 음파, 전자기파, 수면파등의 파동을 기술하는 중요한 편미분방정식 이다. 이 방정식은 음향학, 전자기학 , 유체역학등 물리학의 여러 분야에 등장한다. 또한 양자역학과 일반상대성이론에는 이 방정식에서 발전한 방정식이 중요한 역할을 한다. 역사적으로 보면, 현악기의 떨리는 현의 파동의 문제를 달랑베르, 오일러, 베르누이, 라그랑주 등이 연구했다.

파동방정식의 일반적인 형태는 다음과 같다.

$$\frac{\partial^2 u}{\partial t^2} = c^2 \nabla^2 u \tag{6.76}$$

여기서 c 는 고정된 상수이며, 파동의 진행속도가 된다. 공기중을 진행하는 음파의 경우에는 대략 300 m/s이고, 이 속도를 음속(音速)이라 부른다. 현의 진동의 경우 이 값은 넓은 범위에서 변할 수 있다.

$u = u(x,t)$,는 진폭, 즉 시각 t, 위치 x 에서의 파의 세기를 나타낸다. 음파의 경우 u는 그곳에서의 공기의 압력이며, 진동하는 현의 경우엔 기준 위치에서부터의 변위를 나타낸다. ∇^2 는 위치에 대한 변수 x 에 대한 라플라스 연산자이다. u는 스칼라일 수도, 벡터일 수도 있다.

기본적인 파동 방정식은 선형 미분 방정식이다. 따라서 서로 다른 두 파동의 결합은 단순히 두 파의 더한 것과 같다. 또한 파동을 분석하기 위해 파를 성분별로 나누어도 된다. 푸리에 변환을 이용해 파동은 사인함수들로 쪼개어질 수 있고, 이 방법은 파동방정식을 분석하는 데 유용하다.

x축 방향으로 늘어선 1차원 (현)의 경우, 위 식은 다음과 같다.

$$\frac{\partial^2 u}{\partial t^2} = c^2 \frac{\partial^2 u}{\partial x^2} \tag{6.77}$$

2차원에선 다음과 같다.

$$\frac{\partial^2 u}{\partial t^2} = c^2 \left(\frac{\partial^2 u}{\partial x^2} + \frac{\partial^2 u}{\partial y^2} \right) \tag{6.78}$$

식(6.78)의 상수를 주파수에 따른 변수로 생각해 더 복잡하고 실제적인 파동방정식을 만들 수 있다. 이때의 방정식은 비선형이 된다.

제6장 연습문제

1. $y' + y = x^2$을 풀어라.

2. $2x\dfrac{dy}{dx} = y$ 를 풀어라.

3. 다음 미분방정식을 풀어라.

(1) $(y-1)+(x-1)\dfrac{dy}{dx}=0$

(2) $y=(x^2-1)y'$

(3) $(2x+2y-1)dx+(x+y-2)dy=0$

(4) $\dfrac{dy}{dx}-2y=x^2e^x$

(5) $\dfrac{dy}{dx}+\dfrac{y}{x}=\dfrac{y^2\ln x}{x}$

4. 다음 미분방정식을 풀어라.

(1) $\dfrac{d^2y}{dx^2}+3\dfrac{dy}{dx}-4y=0$

(2) $y''+2y'-y=0$

5. 다음 2계 미분방정식을 풀어라.

(1) $y''-y'-6y=6x^2-x$

(2) $y''-4y'+13y=5e^{3x}$

(3) $y''+3y'-10y=e^{2x}$

(4) $y''-3y'+2y=4\sin x$

(5) $y''-6y'+9y=3\cos 3x$

(6) $y''-y=e^x+\cos x$

(7) $y''+2y'+2y=12e^{2x}\cos 2x$

6. $y=kx^3+1$에서 k를 소거하여 미분방정식을 만드시오.

7. 다음 그림과 같이 전압 E, 저항 R, inductor L을 직렬로 연결한 회로에서 키르히호프의 법칙을 사용하여 미분방정식을 세우시오.

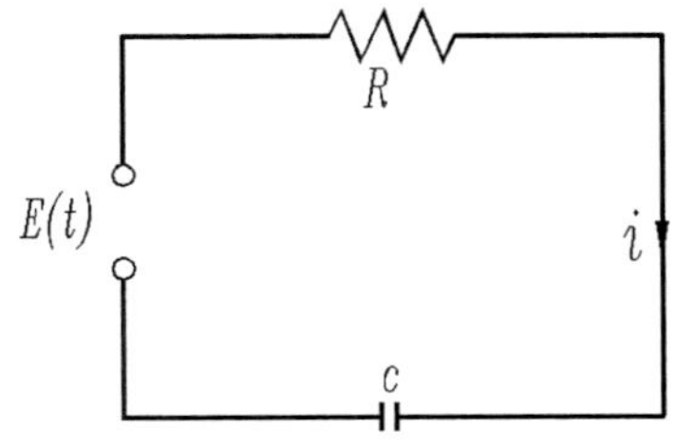

8. 다음 미분방정식의 초기값의 해를 구하라.

$$\frac{dy}{dx} = \frac{y\cos x}{1+3y^3}, \quad y(0)=1, \quad y>0$$

9. 실험에 의하면 구리구의 온도 T 의 변화율은 T 와 주위매체와의 온다차에 비례하는 것으로 알려져 있다. 어떤 구리구가 시간 $t=0$ 초에 150℃로 가열 되었다. 이 구리구를 30℃ 의 물에 넣으니 3분 후에 구리구의 온다가 100℃가 되었다. 이 구리구의 온다가 80℃가 될 때 까지 걸리는 시간을 구하라.

10. 아래 그림과 같이 저항과 콘덴서로 된 회로에서 전류 $I(t)$에 대한 미분방정식을 세우고 기전력 E가 일정한 경우와 $E(t)=E_0 \sin\omega t$ 로 주기적으로 변화할 때 전류를 각각 구하여라.

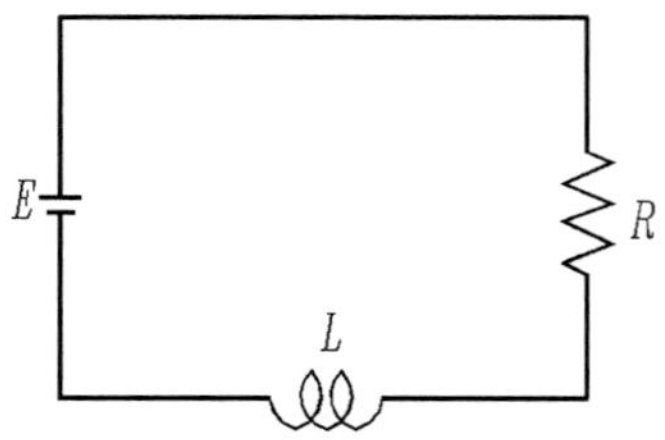

제7장 Laplace 변환

본 장에서는 선형 미분 방정식을 풀기 위한 연산자 기법의 하나인 Laplace 변환에 대하여 살펴보기로 하자.

7.1 Laplace 변환

Laplace 변환은 선형 상미분방정식의 해를 구하는 데 쓰이는 수학적 방편이다. 선형 상미분방정식의 해를 구할 때 고전적인 해석법을 사용하여 구할 수도 있지만 입력함수가 불연속이거나 또는 불연속함수의 도함수일 경우에는 고전적으로 해를 구하기가 어려우므로 Laplace 변환에 의하여 해를 구한다. 이러한 Laplace 변환에 의한 미분방정식의 해는 다음과 같이 3단계로 구해진다.

(1) 주어진 미분방정식을 Laplace 변환하여 대수방정식으로 바꾼다.
(2) 대수방정식의 해를 구한다.
(3) 구한 해가 주어진 미분방정식의 해가 되도록 대수방정식의 해를 역으로 Laplace 변환한다.

다음 그림은 이러한 Laplace 변환의 흐름도를 나타낸 것이다.

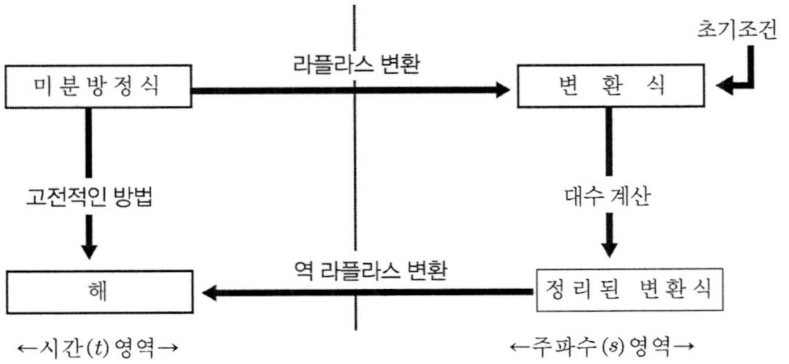

시간 $t \geq 0$ 인 모든 t에 대하여 정의된 함수 $f(t)$의 Laplace 변환은 다음과 같이 정의된다.

[정의7.1] Laplace 변환

함수 $f(t)$에 e^{-st}를 곱하여 0에서 ∞까지 적분한 경우 그 적분이 존재하게 되면 그것은 s 의 함수인

$$F(s) = \int_0^{\infty} e^{-st} f(t)\, dt \qquad (7.1)$$

가 된다. 이 함수$F(s)$ 를 원함수 $f(t)$의 Laplace 변환 (Lplace transform)이라고 하고 다음과 같이 표시한다.

$$F(s) = \mathcal{L}\,(f(t)) = \int_0^{\infty} e^{-st}\, dt$$

여기서 s = $\sigma + jw$로 나타내는 복소함수이고 , σ는 포락정수(envelope constant) 이며 w는 각 주파수이다

[정의7.2] Laplace 역 변환

주어진 함수 $f(t)$로부터 Laplace 변환으로 $F(s)$를 구하고 이를 다시 $F(s)$로 부터 원함수 $f(t)$를 구하는 것을 Laplace 역변환(inverse tranform)이라 하고 $\mathcal{L}^{-1}(F)$로 표시한다. 즉

$$f(t) = \mathcal{L}^{-1}[F] \qquad (7.2)$$

이다

일반적으로 원함수는 소문자로, 변환은 대문자로 나타낸다.
이러한 Laplace 변환을 이용한 이점으로는

① 지수함수나 초월함수를 간단히 대수함수로 변환시킬 수 있을 뿐 아니라 비주기 함수나 불연속 함수를 간단한 식으로 표시할 수 있고
② 이 방법에 의하여 얻어진 해는 특이해를 포함한 일반해가 되며
③ Laplace 변환은 계단함수와 임펄스 함수를 효과적으로 이용할 수 있으며
④ 초기조건이 자동적으로 변환에 포험되는 점 등이 있다.

[예제 7.1] 다음 함수의 Laplace 변환 F(s)를 구하여라.

① $f(t) = 1 \qquad (t \geq 1)$

② $f(t) = e^{at} \qquad (t \geq 0\,,\ a$는상수)

[풀이] ① $F(s) = \int_0^{\infty} e^{-st} f(t)\, dt = \int_0^{\infty} e^{-st}\, dt$

$$= -\frac{1}{s} e^{-st}\Big]_0^{\infty} = \frac{1}{s}$$

② $F(s) = \int_0^\infty e^{-st} dt \quad = \int_0^\infty e^{-st} \bullet e^{at} dt$

$$= \int_0^\infty e^{+(a-s)t}\, dt \quad = \frac{1}{a-s} e^{(a-s)t}\Big]_0^\infty$$

㉠ $a-s > 0$ 이면 $F(s) \to \infty$

㉡ $a-s < 0$ 이면 $F(s) = \frac{1}{s-a}$

7.2 Laplace 변환의 이용

Laplace 변환의 성질을 이용하여 간단한 $f(t)$함수의 Laplace 변환을 계산해 보자.

7.2.1 $f(t) = A$(상수)의 Laplace 변환

$$\mathcal{L}[A] = \int_0^\infty Ae^{-st}dt = A\int_0^\infty e^{-st}dt = A\left[\frac{1}{-s}e^{-st}\right]_0^\infty = \frac{A}{s} \tag{7.9}$$

7.2.2. $f(t) = At$의 Laplace 변환

$$\mathcal{L}[At] = A\int_0^\infty te^{-st}dt \tag{7.10}$$

부분적분법 $\int udv = uv - \int vdu$를 이용하여 $u = t$, $dv = e^{-st}dt$로 놓으면

$du = dt$, $v = \frac{1}{-s}e^{-st}$이므로

$$\mathcal{L}[At] = A\left[\left(t\frac{1}{-s}e^{-st}\right)_0^\infty + \int_0^\infty \frac{1}{s}e^{-st}dt\right]$$

$f(t) = e^{-st}$ 는 $t \to \infty$ 일 때 0 이므로

$$= A\left[0 + \left[\frac{1}{-s^2}e^{-st}\right]_0^\infty\right]$$

$$= \frac{A}{s^2} \tag{7.11}$$

7.2.3 $f(t)=e^{-at}$의 변환

$$\mathcal{L}[e^{-at}]=\int_0^{\infty} e^{-at}e^{-st}dt=\int_0^{\infty} e^{-(a+s)t}dt=\left[\frac{e^{-(a+s)t}}{-(a+s)}\right]_0^{\infty}$$

$$=\frac{1}{s+a}\ (a+s>0\text{인 경우}) \tag{7.12}$$

7.2.4 $f(t)=Ate^{at}$의 Laplace 변환

$$\mathcal{L}[A\,t\,e^{at}]=A\int_0^{\infty} t\,e^{at}e^{-st}dt=A\int_0^{\infty} t\,e^{-(s-a)t}dt \tag{7.13}$$

$u=t,\ dv=e^{-(s-a)t}dt$ 로 놓으면 $du=dt,\ v=\dfrac{e^{-(s-a)t}}{-(s-a)}$ 로 되므로

$$\mathcal{L}[Ate^{at}]=A\left[\frac{te^{-(s-a)t}}{-(s-a)}\right]_0^{\infty}+\frac{A}{s-a}\int_0^{\infty} e^{-(s-a)t}dt$$

$$=0+\frac{A}{s-a}\left[\frac{te^{-(s-a)t}}{-(s-a)}\right]_0^{\infty}$$

$$=\frac{A}{(s-a)^2} \tag{7.14}$$

7.2.5 $f(t)=\sin wt$의 Laplace 변환

복소수의 지수형식에서

$$e^{jwt}=\cos wt\ +j\sin wt$$

$$e^{-jwt}=\cos wt\ -j\sin wt \tag{7.15}$$

이므로 두식을 빼면

$$\sin wt=\frac{1}{2j}(e^{jwt}-e^{-jwt})$$

이므로 가법정리 및 추이정리를 이용하면

$$\mathcal{L}[\sin wt]=\frac{1}{2j}(\mathcal{L}[e^{jwt}]-\mathcal{L}[e^{-jwt}]$$

$$=\frac{1}{2j}\left(\frac{1}{s-jw}-\frac{1}{s+jw}\right)$$

$$= \frac{1}{2j} \cdot \frac{2jw}{s^2+w^2}$$

$$= \frac{w}{s^2+w^2} \qquad (7.16)$$

7.2.6 $f(t)=\cos wt$의 Laplace 변환

$$\cos wt = \frac{1}{2}(e^{jwt}+e^{-jwt}) \qquad (7.17)$$

이므로 앞과 같이 계산하며 두식(7.15)을 더하면

$$\mathcal{L}[\cos wt] = \frac{1}{2}(\mathcal{L}[e^{jwt}]+\mathcal{L}[e^{-jwt}]$$

$$= \frac{1}{2}\left[\frac{1}{s-jw}+\frac{1}{s+jw}\right]$$

$$= \frac{s}{s^2+w^2} \qquad (7.18)$$

7.2.7 $f(t)=\sinh at$의 Laplace 변환

$$\sinh at = \frac{1}{2}(e^{at}-e^{-at}) \qquad (7.19)$$

이므로 마찬가지로 계산하면

$$\mathcal{L}[\sinh at] = \frac{1}{2}(\mathcal{L}[e^{at}]-\mathcal{L}[e^{-at}]$$

$$= \frac{1}{2} \cdot \frac{2a}{s^2-a^2}$$

$$= \frac{a}{s^2-a^2} \qquad (7.20)$$

7.2.8 $f(t)=\cosh at$의 Laplace 변환

$$\cosh at = \frac{1}{2}(e^{at}+e^{-at}) \qquad (7.21)$$

이므로 마찬가지로 계산하면

$$\mathcal{L}[\cosh at] = \frac{1}{2}\left(\frac{1}{s-a}+\frac{1}{s+a}\right) = \frac{s}{s^2-a^2} \qquad (7.22)$$

7.2.9 $f(t)$의 도함수 $\frac{df(t)}{dt}$의 Laplace 변환

먼저 $f'(t)$의 Laplace 변환을 한다.

$$\mathcal{L}[f'(t)] = \int_0^{\infty} f'(t)e^{-st}dt \qquad (7.23)$$

위 식을 부분 적분을 이용하면

$$u = e^{-st} \rightarrow du = -s e^{-st} dt,$$

$$v' = f'(t) \rightarrow v = f(t)$$

이므로

$$\mathcal{L}[f'(t)] = \left[f(t)e^{-st}\right]_0^{\infty} + s\int_0^{\infty} f(t)e^{-st}dt$$

$f(t)\, e^{-st}$ 는 $t \rightarrow \infty$ 일 때 0 이므로

$$\mathcal{L}[f'(t)] = -f(0) + s\int_0^{\infty} f(t)\, e^{-st}dt = s\, F(s) - f(0) \tag{7.24}$$

같은 방법으로 계산하면

$$\mathcal{L}[f''(t)] = s\mathcal{L}[f'(t)] - f'(0) \tag{7.25}$$

$$= s[sF(s) - F(0) - f'(0)$$

$$= s^2 F(s) - s f(0) - f'(0)$$

이다 따라서

$$\mathcal{L}[f^n(t)] = s^n F(s) - s^{n-1} f(0_+) - s^{n-2} f(0_+) - \cdots - f^{(n-1)}(0) \tag{7.26}$$

을 얻는다.

만일 초기 값이 전부 0인 경우에는

$$\mathcal{L}[f'(t)] = sF(s)$$

$$\mathcal{L}[f^n(t)] = s^2 F(s)$$

$$\vdots$$

$$\mathcal{L}[f^{(n)}(t)] = s^n F(s) \tag{7.27}$$

이다.

7.2.10. $f(t)$의 정적분 $\int_0^t f(t)dt$의 Laplace 변환

$$\mathcal{L}\left[\int_0^t f(t)\, dt\right] = \int_0^{\infty} \int_0^t f(t)\, dt\; e^{-st} dt \tag{7.28}$$

에서 $u = \int_0^t f(t)dt,\ \ dv = e^{-st}dt$ 라 하면

$$du = f(t)\,dt, \quad v = \frac{e^{-st}}{-s} \text{ 이므로}$$

$$\mathcal{L}\left[\int_0^t f(t)dt\right] = \left[-\frac{e^{-st}}{s} f(t)\ dt\right]_0^\infty + \frac{1}{s}\int_0^\infty f(t)e^{-st}\,dt$$

$$\therefore \mathcal{L}\left[\int_0^\infty f(t)dt\right] = \frac{1}{s}F(s) \tag{7.29}$$

7.2.11 복소 미분 정리

$\mathcal{L}[f(t)] = F(s)f$ 라 놓으면

$$\mathcal{L}[t \cdot f(t)] = \frac{dF(s)}{ds} \tag{7.30}$$

의 관계가 있다.

이것을 복소미분 정리라 한다.

■ **증명**

$$F(s) = \int_0^\infty e^{-st}f(t)dt \text{에서}$$

$$-\frac{dF(s)}{ds} = -\int_0^\infty -te^{-st}f(t)dt$$

$$= \int_0^\infty t \cdot e^{-st}f(t)dt$$

7.2.12 복소 적분 정리

$\mathcal{L}[f(t)] = F(s)$라 두면

$$\mathcal{L}\left[\frac{f(t)}{t}\right] = \int_0^\infty F(s)ds \tag{7.31}$$

의 관계가 있다.
이것을 복소적분 정리라 한다.

■ **증명**

$$F(s)=\int_0^\infty f(t)e^{-dt}\text{에서}$$

$$\int_0^\infty F(s)ds=\int_0^\infty[\int_0^\infty f(t)e^{-st}dt]ds$$
$$=\int_0^\infty f(t)[-\frac{1}{t}e^{-st}]_s^\infty dt$$
$$=\int_0^\infty \frac{f(t)}{t}e^{-st}dt$$

[예제 7.2] $f(t)=e^{-at}+e^{-bt}$의 Laplace 변환을 구하라.(단 a,b는상수)

[풀이] $\mathcal{L}[e^{-at}]=\frac{1}{s+a}, \mathcal{L}[e^{-bt}]=\frac{1}{s+b}$이므로
$\mathcal{L}[f(t)]=\mathcal{L}[e^{-at}+e^{-bt}]=\frac{1}{s+a}+\frac{1}{s+b}$

[예제 7.3] Ae^{at} 의 Laplace 변환을 구하라.

[풀이] $\mathcal{L}[A]=\frac{A}{s}$이므로 $\mathcal{L}[Ae^{at}]=\int_0^\infty Ae^{at}e^{-st}dt$
$=A\int_0^\infty e^{-(s-a)t}dt=\frac{A}{s-a}$

[예제 7.4] $\sin(wt+\theta)$의 Laplace 변환을 구하라.

[풀이]

$\mathcal{L}[\sin(wt+\theta)]=\mathcal{L}[\sin wt\cdot\cos\theta+\cos wt\cdot\sin\theta)]$

한편 $\mathcal{L}[\sin wt]=\frac{w}{s^2+w^2}$, $\mathcal{L}[\cos wt]=\frac{s}{s^2+w^2}$ 이므로

$=w\cdot\frac{\cos\theta}{s^2+w^2}+s\cdot\frac{\sin\theta}{s^2+w^2}=\frac{w\cos\theta+s\cdot\sin\theta}{s^2+w^2}$

[예제 7.5] $\mathcal{L}[y(t)]=Y(s)$로 하고 다음의 미분방정식을 Laplace 변환하라.
단, 초기 값은 0으로 한다.

① $a\frac{dy}{dt}+ny=e^{ct}$

② $\frac{d^2y}{dt^2}-2\frac{dy}{dt}-3y=2$

[풀이]

① $\mathcal{L}[a\frac{dy}{dt}]=a[sY(s)-y(0_+)]$

$\mathcal{L}[by]=bY(s)$

$\mathcal{L}[e^{ct}]=\frac{1}{s-c}$ 이고 초기값이 0이므로

$asY(s)+bY(s)=\frac{1}{s-c}$

$(as+b)Y(s)=\frac{1}{s-c}$

$$\therefore\ Y(s)=\frac{1}{(as+b)(s-c)}$$

② $\mathcal{L}[\frac{d^2y}{dt^2}]=s^2Y(s)-sy(0_+)-y'(0_+)$

$\mathcal{L}[2\frac{dy}{dt}]2sY(s)-y(0_+)$

$\mathcal{L}[sy]=3Y(s)$

$\mathcal{L}[2]=\frac{2}{3}$ 이고 초기값이 0이므로

$s^2Y(s)-2sY(s)-3Y(s)=\frac{2}{s}$

$(s^2-2s-3)Y(s)=\frac{2}{s}$

$$Y(s)=\frac{2}{s(s^2-s2-3)}=\frac{2}{s(s-3)(s+1)}$$

[예제 7.6] $t\cos wt$ 의 Laplace 변환을 구하라.

[풀이]

$\mathcal{L}[\cos wt]=\frac{s}{s^2+w^2}$ 이므로

복소 미분정리에 의해 $\mathcal{L}[t\cdot f(t)]=\frac{dF(s)}{ds}$ 를 이용하면

$$\mathcal{L}[t\cdot\cos wt]=-\frac{d}{ds}\cdot\frac{s}{s^2+w^2}$$

$$=\frac{s^2+w^2}{(s^2+w^2)^2}$$

[예제 7.7] $t\sin wt$ 의 Laplace 변환을 구하라.

[풀이] 마찬가지로 $\mathcal{L}[\sin wt] = \frac{w}{s^2+w^2}$ 이므로

$$\mathcal{L}[t \cdot \sin wt] = -\frac{d}{ds} \cdot \frac{w}{s^2+w^2}$$

$$= \frac{2ws}{(s^2+w^2)^2}$$

로 된다.

[예제 7.8] $F(s) = \frac{s-2}{s^2+3s+2}$ 의 $\mathcal{L}^{-1}$ 변환을 구하라.

[풀이]

$\frac{s-2}{s^2+3s+2} = \frac{s-2}{(s+1)(s+2)} = \frac{c_1}{s+1} + \frac{c_2}{s+2}$ 로 하고 c_1, c_2를 구하면

에서 $c_1 = -3$, $c_2 = 4$를 얻는다.

$$\therefore F(s) = \frac{s-2}{s^2+3s+2} = \frac{-3}{s+1} + \frac{4}{s+2}$$

이므로

$$f(t) = \mathcal{L}^{-1}\left[\frac{-3}{s+1} + \frac{4}{s+2}\right] = -3e^{-t} + 4e^{-2t}$$

7.3 Laplace 역변환

함수 $f(t)$의 라플라스 변환 $F(s)$에 대한 **라플라스 역변환** 이란 시간적으로 연속인 $\mathcal{L}[f(t)] = F(s)$ 를 만족하는 유일한 함수 $f(t)$ 를 구하는 것을 말하고

$$f(t) = \mathcal{L}^{-1}[F(s)]$$ 로 표현한다.

7.3.1 $Q(s)$ 에 중근을 포함하지 않는 경우

$$F(s) = \frac{P(s)}{(s-a_1)(s-a_2)\cdot\cdot\cdot\cdot(s-a_n)} \tag{7.32}$$

을

$$F(s)=\frac{c_1}{(s-a_1)}+\frac{c_2}{(s-a_2)}+\frac{c_3}{(s-a_3)}+\cdots\cdots+\frac{c_n}{(s-a_n)}$$

으로 분해하면

$$f(t)=c_1e^{a_1t}+c_2e^{a_2t}+c_3e^{a_3t}+\ \bullet\bullet\bullet\bullet\ +c_ne^{a_nt}$$ 로 된다.

7.3.2 $Q(s)$에 중근을 포함하는 경우

$$F(s)=\frac{P(s)}{(s-a)^n(s-b)(s-c)}$$ 를

$$F(s)=\frac{c_{11}}{(s-a)^n}+\frac{c_{12}}{(s-a)^{n-1}}+\frac{c_{13}}{(s-a)^{n-2}}+\cdots\cdots$$
$$+\frac{c_{1n}}{(s-a)}+\frac{c_2}{(s-b)}+\frac{c_3}{(s-c)} \qquad (7.33)$$

로 분해한다. 여기서

$$c_2=\left[\frac{P(s)}{(s-a)^n(s-c)}\right]_{s=b}=\frac{P(b)}{(b-a)^n(b-c)} \qquad (7.34)$$
$$c_3=\left[\frac{P(s)}{(s-a)^n(s-b)}\right]_{s=c}=\frac{P(c)}{(c-a)^n(c-b)}$$

이므로 식 (7.33)의 양변에 $(s-a)^n$를 곱하면

$$\frac{P(s)}{(s-b)(s-c)}=c_{11}+(s-a)c_{12}+(s-a)^2c_{13}+\cdots\cdots \qquad (7.35)$$
$$+(s-a)^{n-1}c_{1n}+\left\{\frac{c_2}{(s-b)}+\frac{c_3}{(s-c)}\right\}(s-a)^n$$

이고, 식 (7.35)의 양변에 $s=a$를 대입하면

$$c_{11}=\left[\frac{P(s)}{(s-b)(s-c)}\right]_{s=a}=\frac{P(a)}{(a-b)(a-c)}$$

이다.

다음으로 $(s-a)^{n-1}$의 분자 c_{12}를 구하려면 식(7.35)의 양변을 s로 미분하여

$$\frac{d}{ds}\left[\frac{P(s)}{(s-b)(s-c)}\right]_{s=a}=c_{12}+2(s-a)c_{13}+\cdots\cdots$$
$$+(n-1)(s-a)^{n-2}c_{1n}+\frac{d}{ds}\left[\frac{c_2}{(s-b)}+\frac{c_3}{(s-c)}(s-a)^n\right] \tag{7.36}$$

이고, 여기서 $s=a$를 대입하면

$$c_{12}=\left[\frac{d}{ds}\left\{\frac{P(s)}{(s-b)(s-c)}\right\}\right]_{s=a} \tag{7.37}$$

를 얻는다.

같은 방법으로

$$\begin{aligned} c_{13}&=\frac{1}{2\cdot 1}\left[\left\{\frac{d^2}{ds^2}\cdot\frac{P(s)}{(s-b)(s-c)}\right\}\right]_{s=a} \\ c_{14}&=\frac{1}{3\cdot 2\cdot 1}\left[\left\{\frac{d^3}{ds^3}\cdot\frac{P(s)}{(s-b)(s-c)}\right\}\right]_{s=a} \\ c_{1n}&=\frac{1}{(n-1)!}\left[\left\{\frac{d^{(n-1)}}{ds^{(n-1)}}\cdot\frac{P(s)}{(s-b)(s-c)}\right\}\right]_{s=a} \end{aligned} \tag{7.38}$$

를 얻는다. 이와 같이 하여 전부의 상수가 정해지면

$$f(t)=\mathcal{L}^{-1}[F(s)]$$
$$=\mathcal{L}^{-1}\left[\left\{\frac{c_{11}}{(s-a)^n}+\frac{c_{12}}{(s-a)^{n-1}}+\cdots\cdots+\frac{c_{1n}}{(s-a)}\right\}+\frac{c_2}{s-b}+\frac{c_3}{s-c}\right]$$
$$=\frac{c_{11}}{(n-1)!}t^{(n-1)}e^{at}+\frac{c_{12}}{(n-2)!}t^{(n-2)}e^{at}+\cdots\cdots+c_{1n}e^{at}+c_2e^{bt}+c_3e^{ct} \tag{7.39}$$

를 얻는다.

[예제7.9] $F(s)=\dfrac{1}{s^2(s+a)}$의 $\mathcal{L}^{-1}$을 구하라.

[풀이]

$$\frac{1}{s^2(s+a)}=\frac{c_{11}}{s^2}+\frac{c_{12}}{s}+\frac{c_2}{s+a}\quad\cdots\cdots①$$

라 하고 c_2는 위 식의 양변에 $(s+a)$를 곱하고 $s=-a$라 하면

$$c_2=\left[\frac{1}{s^2}\right]_{s=-a}=\frac{1}{a^2}$$

c_{11}는 ①식의 양변에 s^2를 곱하고 정리하면

$$\frac{1}{s+a}=c_{11}+sc_{12}+\frac{s^2c_2}{s+a}\quad\cdots\cdots②$$

여기서 $s=0$이라 하면

$$c_{11}=\frac{1}{a}$$

②식의 양변을 미분하여

$$\frac{-1}{(s+a)^2}=c_{12}+\frac{d}{ds}\left(\frac{s^2c_2}{(s+a)}\right)$$

에서 $s=0$ 으로 하면 $c_{12}=\frac{-1}{a^2}$을 얻는다.

$$\therefore f(t)=\mathcal{L}^{-1}\left[\frac{1}{a}\cdot\frac{1}{s^2}-\frac{1}{a^2}\cdot\frac{1}{s}+\frac{1}{a^2}\cdot\frac{1}{(s+a)}\right]$$
$$=\frac{1}{a}t-\frac{1}{a^2}+\frac{1}{a^2}e^{-at}=\frac{1}{a^2}(at-1+e^{-at})$$

7.3.3 미정계수법에 의한 경우

본절에서는 $F(s)=\frac{P(s)}{Q(s)}$ 를 부분분수로 했을 때 분자의 상수를 구하는 다른 방법으로 **미정계수법**을 소개한다. 이 방법은 중근이 있는 경우에도 적용할 수 있으며 앞절의 계산에 비하여 다소 복잡하게 되는 경우도 있으나 기계적으로 구할 수 있는 이점이 있다.

다음의 몇 가지 예제를 통하여 알아보기로 하자.

[예제 7.10] 앞의 [예제 7.9]의 $F(s)=\frac{1}{s^2(s+a)}$의 $\mathcal{L}^{-1}$ 변환을 미정계수법으로 구해보자.

[풀이]

$$\frac{1}{s^2(s+a)}=\frac{c_{11}}{s^2}+\frac{c_{12}}{s}+\frac{c_{12}}{s+a}\cdots\cdots①$$

라 하고 ① 식의 양변에 $s^2(s+a)$를 곱하고 정리하면

$$1=c_{11}(s+a)+c_{12}s(s+a)+c_2s^2$$
$$1=(c_{12}+c_2)s^2+(c_{11}+c_{12}a)s+c_{11}a\cdots\cdots \quad ②$$

② 식의 양변의 계수가 같아야 하므로

$$c_{12}+c_2=0 \qquad ③$$
$$c_{11}+c_{12}a=0\ \cdots\cdots$$

$$c_{11}a = 1$$

이 되며 ③ 식으로 부터 계수를 구하면

$$c_{11} = \frac{1}{a},\quad c_{12} = -\frac{1}{a^2},\quad c_2 = \frac{1}{a^2}$$ 를 얻는다.

$$\begin{aligned}\therefore f(t) &= \mathcal{L}[F(s)] \\ &= \mathcal{L}^{-1}\left[\frac{1}{a}\cdot\frac{1}{s^2} - \frac{1}{a^2}\cdot\frac{1}{s} + \frac{1}{a^2(s+a)}\right] \\ &= \frac{1}{a}t - \frac{1}{a^2} + \frac{1}{a^2}e^{-at} \\ &= \frac{1}{a^2}(at - 1 + e^{-at})\end{aligned}$$

[예제 7.11] $F(s) = \dfrac{s+1}{s^2+s-6}$ 의 $\mathcal{L}^{-1}$ 변환을 구하여라.

[풀이]

$$\frac{s+1}{s^2+s-6} = \frac{c_1}{s-2} + \frac{c_2}{s+3}$$ 라 하고, 이식의 양변에 $(s^2+s-6) = (s-2)(s+3)$

곱하고 정리하면

$$s+1 = c_1(s+3) + c_2(s-2) = (c_1+c_2)s + (3c_1 - 2c_2)$$
$$\therefore c_1 + c_2 = 1,\ 3c_1 - 2c_2 = 1$$

이므로

$$c_1 = \frac{3}{5},\ c_2 = \frac{2}{5}$$

이다.

$$f(t) = \mathcal{L}^{-1}\left[\frac{3}{5(s-2)} + \frac{2}{5(s+3)}\right] = \frac{1}{5}(3e^{2t} + 2e^{-3t})$$

7.4 신호파형 Laplace 변환

본절에서는 복잡한 신호파형에 대한 회로망의 응답을 Laplace 변환 방법을 적용하여 구한다. 신호파형에는 다음 그림 (a)와 같이 어떤 구간에서만 존재하고 다른 시간 구간에서는 0인 비반복신호가 있고 그림 (b), (c)와 같이 계속적으로 반복되는 반복신호가 있다.

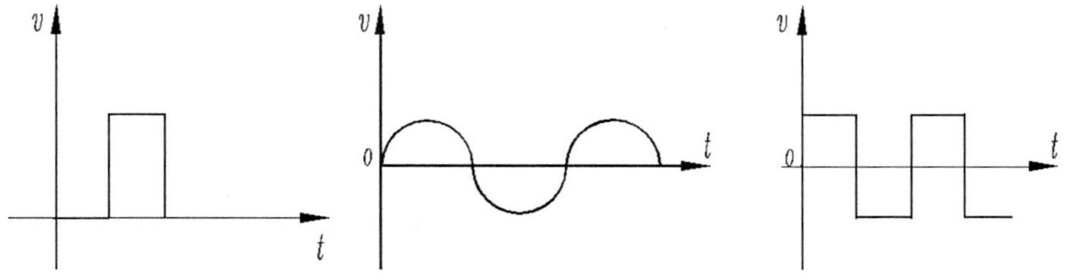

(a) 비 반복파 (b) 반복파 (c) 반복파

그림 7-3 신호파형

7.4.1 단위 계단 함수

[그림7-4]와 같이 $t<0$ 에서 0이고 $t \geq 0$에서 계속 1로 유지되는 함수

$$u(t)=\begin{cases}1, & (t \geq 0) \\ 0, & (t<0)\end{cases} \tag{7.40}$$

를 단위 계단 함수(unit step function)라 하고 기호로는 $u(t)$로 표시한다.

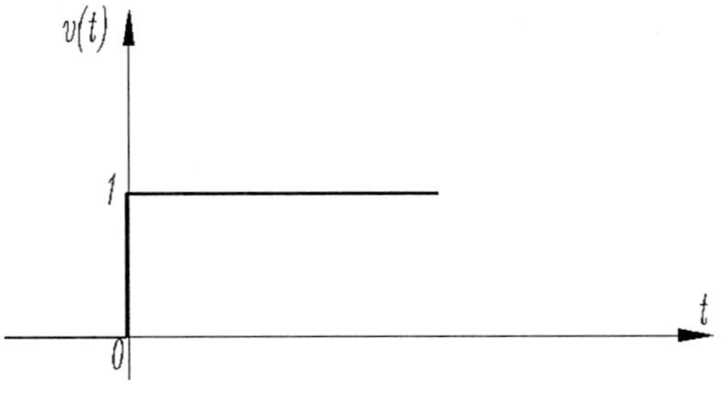

그림 7-4 단위 계단 함수

이에 대한 Laplace 변환은

$$\mathcal{L}[f(t)]=\int_0^{\infty} e^{-st}u(t)dt=\int_0^{\infty} 1 \cdot e^{-st}st=-\frac{1}{s}e^{-st}\Big]_0^{\infty}=\frac{1}{s}$$

$$\therefore \mathcal{L}[u(t)]=\frac{1}{s} \tag{7.41}$$

7.4.2 추이 단위 계단 함수

[그림 7-5]와 같이 $t=a$의 순간에 단위값으로 변하는 함수, 즉 시간 지연을 갖는 단위 계단 함수를 추이 단위 계단 함수라 하며 다음과 같이 표시한다.

$$f(t)=u(t-a)=\begin{cases}1, & (t\geq a)\\ 0, & (t<a)\end{cases} \tag{7.42}$$

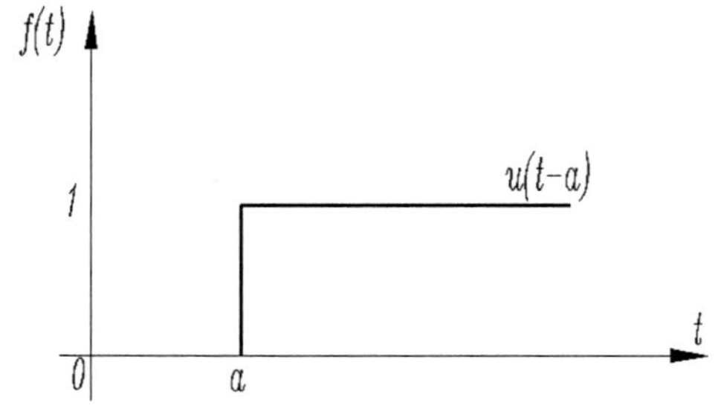

그림 7-5 추이 단위 계단 함수

이에 대한 Laplace 변환을 구하기 위해 새로운 변수 t'를 도입하여

$t'=t-a$라 놓으면 $t=t'+a,\ dt=dt'$ 이므로

$$\begin{aligned}\mathcal{L}[f(t)] &= \int_0^\infty e^{-st}u(t-a)dt\\ &= \int_0^\infty e^{-s(t'+a)}\cdot u(t')dt\\ &= e^{-sa}\int_0^\infty e^{-st}\cdot 1\cdot dt'\\ &= \frac{1}{s}e^{-sa}\end{aligned} \tag{7.43}$$

이 식은 두 개의 항의 곱으로 나타나 있다. $\dfrac{1}{s}$ 항은 $t=0$ 에서 시작되는 단위 계단 함수의 변환이고, e^{-as} 의 항은 $t=a$ 에서 시작하는 함수로 추이한 변환을 나타낸다.

단위 계단 함수에 대한 예는 임의의 시간함수 $f(t)$에 대하여도 적용할 수 있다.
$t=a$인 시간지연을 갖는 함수, 즉 추이 시간 함수는 다음과 같이 표시된다.

$$f(t-a)\cdot t(t-a) \tag{7.44}$$

이 식의 변환을 구하기 위하여 새로운 변수 t'를 도입하여 Laplace 변환에 관한 정의식을 세우면

$$F(s) = \int_0^\infty e^{-st'} f(t')dt' \tag{7.45}$$

이다. 변수 t'를 $t' = t - a$라 놓으면 정의 식은

$$\begin{aligned} F(s) &= \int_a^\infty e^{-s(t-a)} f(t-a)dt \\ &= \int_a^\infty e^{-st} \cdot e^{as} f(t-a)dt \end{aligned} \tag{7.46}$$

이 되고 여기서 $f(t-a)$에 $u(t-a)$를 곱하면 적분의 하근을 0으로 바꿀 수 있다. 즉

$$F(s) = e^{as} \int_0^\infty e^{-st} \cdot f(t-a) \cdot u(t-a)dt \tag{7.47}$$

이고 이 적분식은 함수 $f(t-a)u(t-a)$의 변환에 해당되므로

$$\begin{aligned} \mathcal{L}[f(t-a)u(t-a)] &= e^{-as} \mathcal{L}[f(t)] \\ &= e^{-as} F(s) \end{aligned} \tag{7.48}$$

를 얻고 역Laplace 변환식은

$$\mathcal{L}^{-1}[e^{-as}F(s)] = f(t-a)u(t-a) \tag{7.49}$$

이다. 이 식으로부터 $t = a$ 시간만큼 지연된 함수의 변환은 $t = 0$에서 시작하는 함수의 Laplace 변환에 e^{-as}를 곱한 것과 같음을 알 수 있다.

이것을 **실전이전정리(real translation theorem)** 또는 **추이정리(shifting theorem)**이라 부른다.

[예제 7.12] 다음[그림7-6]과 같은 파형의 laplace변환을 구하라.

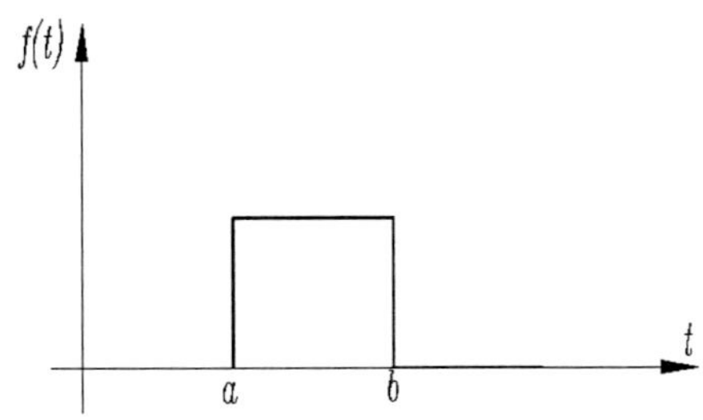

[그림 7-6]

[풀이] 그림에 나타난 함수로부터

$$F(s) = \mathcal{L}[f(t)] = \int_0^\infty 4e^{-st} f(t)dt = \int_a^b ke^{-st}dt$$
$$= -\frac{k}{s}[e^{-st}]_a^b = \frac{k}{s}[e^{-st} - e^{-bs}]$$

그런데 위 함수를 단위 계단 함수로 표시하면

$$f(t) = k[u(t-a) - u(t-b)]$$

이므로 $\mathcal{L}$ 변환은

$$F(s) = \mathcal{L}[ku(t-a) - u(t-b)] \quad = \frac{k}{s}(e^{-as} - e^{-bs})$$ 이 된다.

7.4.3 단위 램프(Ramp) 함수

단위 램프 함수는 [그림7-7]과 같이 기울기가 1인 직선의 함수로 단위경사함수라고도 한다.

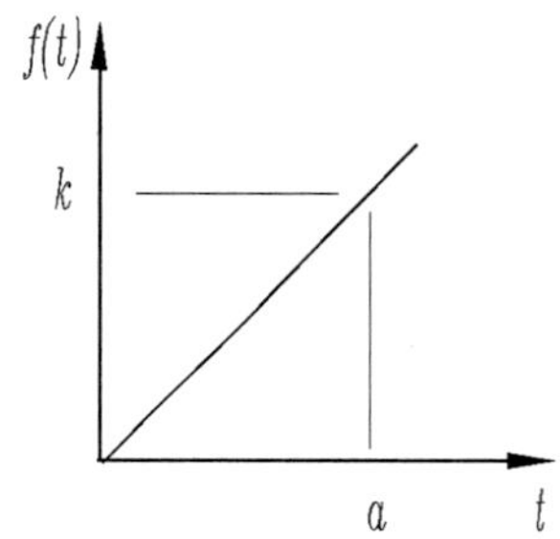

그림 7-7

$$f(t) = \begin{cases} tu(t), t > 0 \\ 0, \quad\quad t < 0 \end{cases} \tag{7.50}$$

이에 대한 laplace 변환은

$$\mathcal{L}[f(t)] = \int_0^\infty e^{-st} \cdot tu(t)dt = \int_0^\infty e^{-st} \cdot t\,dt \tag{7.51}$$

위의 적분을 부분적분을 이용하여 계산하면

$\mathcal{L}[f(t)]\frac{1}{s^2}$ 이 된다.

$$\therefore \mathcal{L}L[f(t)] = \mathcal{L}[tu(t)] = \frac{1}{s^2} \tag{7.52}$$

[예제 7.13] 다음 [그림7-8]과 같은 파형의 laplace변환을 구하여라.

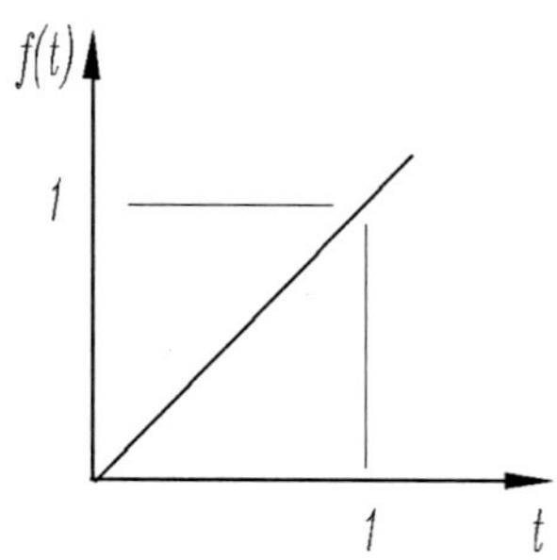

그림7-8

[풀이]

[그림 7-8]의 파형은 다음 [그림7-9]와 같이 구간에 따라 $f_1(t)$, $f_2(t)$, $f_3(t)$로 분해할 수 있다.

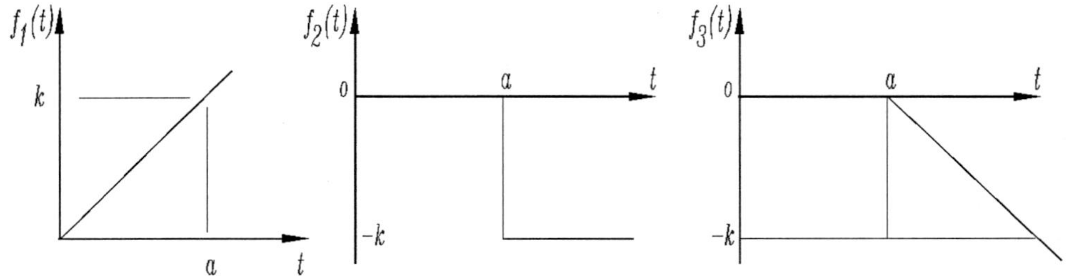

(a) $f_1(t)=\frac{k}{a}tu(t)$ (b) $f_2(t)=-ku(t-a)$ (c) $f_3(t)=\frac{-k}{s}(t-a)u(t-a)$

[그림 7-9]

$f(t)=f_1(t)+f_3(t)$

여기서 $f_1(t)=\frac{k}{a}tu(t)$, $f_2(t)=-ku(t-a)$, $f_3(t)=\frac{-k}{s}(t-a)u(t-a)$

이므로 Laplace 변환을 하면

$$
\begin{aligned}
F(s) &= \mathcal{L}[f(t)] \\
&= \frac{k}{a}\mathcal{L}[tu(t)]-k\mathcal{L}[u(t-a)]-\frac{k}{a}\mathcal{L}[(t-a)u(t-a) \\
&= \frac{k}{a}\cdot\frac{1}{s^2}-\frac{k}{s}e^{-as}-\frac{k}{a}\cdot\frac{1}{s^2}\ e^{-as} \\
&= \frac{k}{a}\cdot\frac{1}{s^2}[1-(as+1)e^{-as}]
\end{aligned}
$$

7.5 Laplace 변환의 응용

여기서는 간단한 전기회로의 과도현상을 구하기 위해서 미분방정식을 세우고 고전적 방법과 Laplace 변환범에 의한 결과를 비교하고 동시에 과도현상의 물리적인 고찰을 알아보기로 한다.

7.5.1. R-L 직렬회로와 직류전원

[그림7-12]와 같은 R-L 직렬회로에 시간 T=0의 순간에 스위치를 닫고 직류전압 E 를 가한다. 이때 회로에 흐르는 전류 i 를 구해본다.

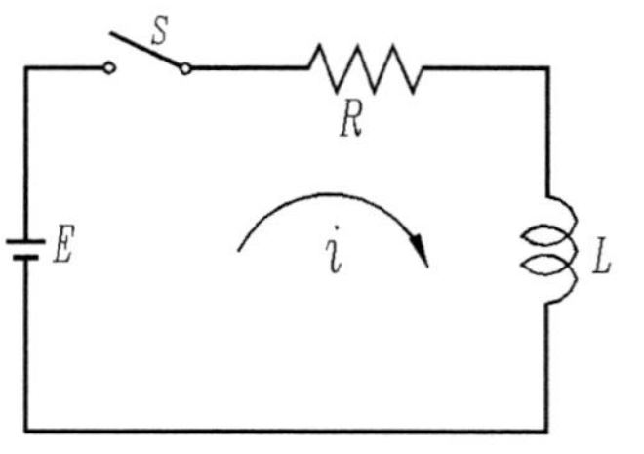

[그림7-12]

키르히호프의 전압 법칙에 의하여 다음 식이 성립한다.

$$E = L\frac{di}{dt} + Ri \tag{7.53}$$

[해법1] - 고전적 미분방정식의 해법

식 (7.53)를 변경하면

$$\frac{di}{dt} = \frac{1}{L}(E - Ri)$$

$$\frac{di}{E = Ri} = \frac{1}{L}dt$$

양변을 적분하면

$$\int \frac{di}{(\frac{E}{R} - i)} = \int \frac{R}{L}dt$$

$$\therefore -1n(\frac{E}{R} - i) = \frac{R}{L}t + K \quad (K: \text{적분상수})$$

$$\frac{E}{R} - i = e^{-\frac{R}{L}t} \cdot e^{-K}$$

$$\therefore i(t) = \frac{E}{R} - Ae^{-\frac{R}{L}t} \quad (\text{단, } A = e^{-K}\text{인 상수})$$

초기조건에서 $t=0$ 일 때 $i=0$이므로

$$0=\frac{E}{R}-A \text{에서} A=\frac{E}{R}$$

$$\therefore i(t)=\frac{E}{R}(1-e^{-\frac{R}{L}t})$$

[해법 2] - Laplace 변환에 의한 해법

식 (7.53)를 Laplace 변환 하면 초기값이 0이므로 $\frac{E}{s}=Ls\,I(s)+RI(s)$ 에서

$$I(s)=\frac{E}{s(R-sL)}=\frac{E}{Ls(s-\frac{R}{L})}=\frac{E}{R}(\frac{1}{s}-\frac{1}{s+\frac{R}{L}})$$

$$\therefore i(t)=L^{-1}[I(s)]=\frac{E}{R}(1-e^{-\frac{R}{L}t})$$

7.5.2 직렬회로와 직류전원

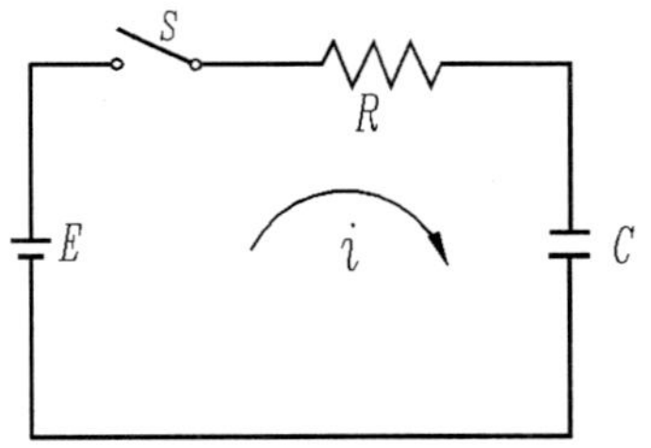

[그림7-13]

[그림7-13]과 같이 $R-C$ 직렬회로에 $t=0$ 에서 스위치를 닫고 직류전압 E 를 인가한다. 이때 회로에 흐르는 전류를 구해보자.
키르히호프의 법칙을 이용하면

$$E=\frac{1}{C}\int_0^t i\,dt+Ri \tag{7.54}$$

이 된다.

[해법1]

미분 방정식으로 풀면 $i=\frac{dq}{dt}$이므로 식(7.83)은 이고 $E=R\frac{dq}{dt}+\frac{q}{C}$이고 변수 분리하면

$$\frac{dq}{dt} = \frac{1}{RC}(EC - q)$$

$$\therefore \frac{dq}{EC - q} = \frac{1}{RC}dt$$

양변을 적분하면

$$\int \frac{dq}{EC - q} = \int \frac{1}{RC}dt - \ln(EC - q) = \frac{1}{RC}t + K \quad (K\text{는 적분상수})$$

$$\therefore EC - q = e^{-\frac{1}{RC}} \cdot e^{-K}$$

$$q = EC - Ae^{-\frac{1}{RC}t} \qquad (\text{단}, A = e^{-K})$$

초기조건에서 $t = 0$일 때 $q = 0$ 이므로 $A = EC$이다.

$$\therefore q = EC(1 - e^{-\frac{1}{RC}t})$$

$$\therefore i = \frac{dq}{dt} = \frac{E}{R}e^{-\frac{1}{RC}t}$$

[해법2]

Laplace 변환을 이용하여 식(7.54)을 Laplace 변환하면

$$\frac{E}{s} = RI(s) + \frac{1}{sC}I(s)$$

$$\therefore I(s) = \frac{E}{s} \cdot \frac{1}{R + \frac{1}{sC}} = \frac{E}{R} \cdot \frac{1}{R + \frac{1}{sC}}$$

$$i(t) = \mathcal{L}^{-1}(I(s)) = \frac{E}{R}\, e^{-\frac{1}{RC}t} \text{이고}$$

$$q(t) = \int_0^t i dt = \frac{E}{R}\int_0^t e^{-\frac{1}{RC}t}dt = CE(1 - e^{-\frac{1}{RC}t}) \text{ 이다.}$$

7.5.3 $R-L$ 직렬회로와 특수한 전원

[그림7-14]와 같은 $R-L$ 직렬 회로에, $t = 0$ 에서 스위치를 닫고 전압 $E(v) = E\, e^{-at}$ 를 가한다. 이때 전류를 구해보자

키르히호프의 전압법칙에 의하여

$$L\frac{di}{dt}+RI=Ee^{-at} \qquad (7.55)$$

이 된다.

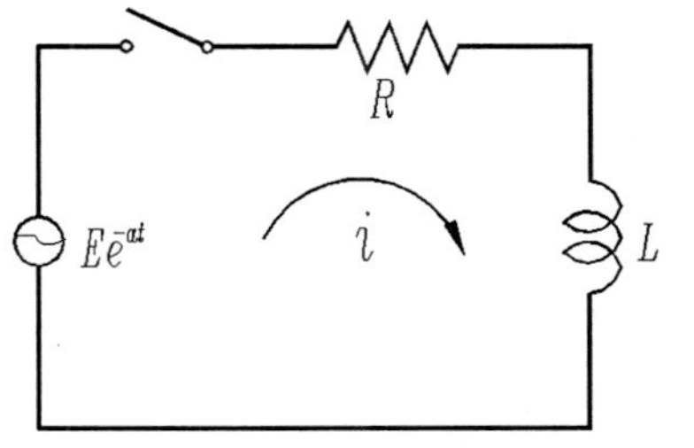

그림7-14

[해법1]

식(7.55)를 정리하면

$$\frac{di}{dt}+\frac{R}{L}i=\frac{E}{L}e^{-at} \qquad (7.56)$$

이것은 1계 선형 미분방정식이므로

$$i=e^{-\int\frac{R}{L}dt}\left[\int\frac{E}{L}e^{-at}\,e^{-\int\frac{R}{L}dt}\right]+Ke^{-\int\frac{R}{L}dt}$$

$$=e^{-\int\frac{R}{L}dt}\cdot\frac{E}{L}e^{-(a-\frac{R}{L})t}dt+Ke^{\frac{R}{L}t}$$

$$=\frac{E}{L}e^{-\frac{R}{L}t}\cdot\frac{1}{-(a-\frac{R}{L})}e^{-(-a-\frac{R}{L})t}+Ke^{\frac{R}{L}t} \qquad =\frac{E}{R-La}e^{-at}+Ke^{\frac{R}{L}t}$$

이 되며 초기조건에서 $t=0$일때 $i(0)=0$이므로 $K-\frac{E}{R-La}$ 을얻는다.

$$\therefore i(t)=\frac{E}{R-La}(e^{-at}-e^{-\frac{R}{L}t})$$

해법 2

식 (7.56)를 Laplace 변환하면

$$SI(s)+\frac{R}{L}I(s)=\frac{E}{L}\cdot\frac{1}{s+a}$$

$$I(s)=\frac{E}{L}\cdot\frac{1}{(s+a)(s+\frac{R}{L})}=\frac{E}{L(\frac{R}{L}-a)}\cdot(\frac{1}{s+a}-\frac{1}{s+\frac{R}{L}})$$

$$=\frac{E}{R-La}(\frac{1}{s+a}-\frac{1}{s+\frac{R}{L}})$$

$$\therefore i(t)=\mathcal{L}^{-1}[I(s)]=\frac{E}{R-La}(e^{-at}-e^{-\frac{R}{L}t})$$

제7장 연습문제

1. 시간함수 f(t)가 다음과 같을때 Laplace 변환 F(s)를 구하라.

① $f(t) = C$　　　　② $f(t) = e^{+at}$

2. $\mathcal{L}[\,y(t)\,] = Y(s)$라 할 때 다음 미적분장정식을 라플라스 변환하라.
(단, 초기값은 0으로 한다)

① $a\dfrac{dy}{dt} + b\displaystyle\int ydy = c$　　　　② $\dfrac{d^2y}{dt^2} + ay = \sin 2t$

3. $F(s) = \dfrac{s+1}{s(s^2+4s+8)}$ 의 $\mathcal{L}^{-1}$ 의 라플라스변환을 구하라.

4. 다음 미분방정식을 초기조건 아래에서 풀어라.

$$y + 2y - 3y = e^t, y(0) = 0, y(0) = 1$$

5. 다음 방정식을 만족하는 y(t)를 구하여라.

$$y(t) = at + \int_0^t y(\Upsilon)\sin(t-\Upsilon)d\Upsilon$$

hint: 합성적분 정리를 이용하여라.

6. [그림7.15]와 같은 회로에서 스위치 k를 닫을 때 전류 $i(t)$ 를 구하여라.
(단, c의 초기전하는 0이다.)

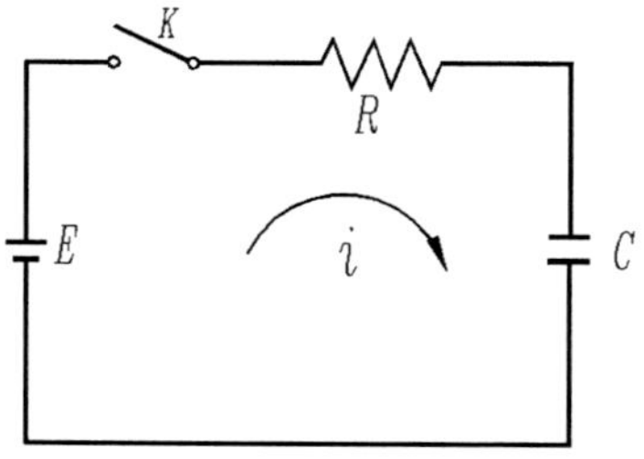

그림 7.15

제8장 Fourier 해석

푸리에 해석에는 푸리에 급수, 푸리에 적분, 푸리에 변환 개념이 있다.

푸리에 급수란 모든 주기 함수는 sin, cos의 합으로 나타낼 수 있다는 것 이다.

$$f(x) = a_0 + \sum_{n=1}^{\infty} (a_n \cos nx + b_n \sin nx) \tag{8.1}$$

푸리에 적분이란 푸리에 급수를 확장 한 것으로 주기 함수가 아닌 함수도 sin, cos의 연속적인 합으로 나타낼 수 있다는 것이다.

$$f(x) = \int_0^{\infty} [A(\omega)\cos\omega x + B(\omega)\sin\omega x] dx \tag{8.2}$$

푸리에 변환이란 우리가 사는 공간(실공간)을 주파수공간으로 비꾸는 것인데 이것을 이용하면 라플라스변환과 유사하게 미분 방정식을 순전히 대수적인 조작만으로 풀 수 있다.

$$f(x) = \frac{1}{\sqrt{2\pi}} \int_{-\infty}^{\infty} f(x) e^{-jwtx} dx \tag{8.3}$$

8.1 푸리에 급수

(1) 주기함수

$$f(x) = a_0 + \sum_{n=1}^{\infty} (a_n \cos nx + b_n \sin nx) \tag{8.4}$$

이와 같이, 모든 「주기함수」의 기본은 sin, cos 이다. 따라서, sin, cos에 적당한 계수를 곱해서 더하면 모든 주기 함수를 만들 수 있다. 어떤 주기함수를 sin, cos 의 합으로 나타낸 것을 **푸리에 급수**라고 한다.

반복되는 연속 함수를 주기함수라 한다. 예를 들어 형광등이 깜박거리는 것은
교류 주기함수로 표현 할 수 있고 인체의 맥박 역시 주기 함수로 나타낼 수 있다. 맥박을 그림으로 나타내면 어떻게 될까? 주기가 1초라고 가정하면, [그림8.1]과 같이 표현 할 수 있다.

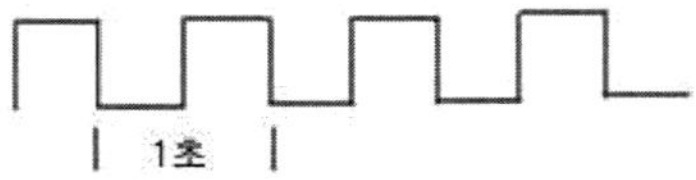

그림8.1

주기가 1초인 함수를 식으로 나타내면 $f(x)=f(x+1)$ 과 같이 나타낼 수 있다.
[그림8.2a]

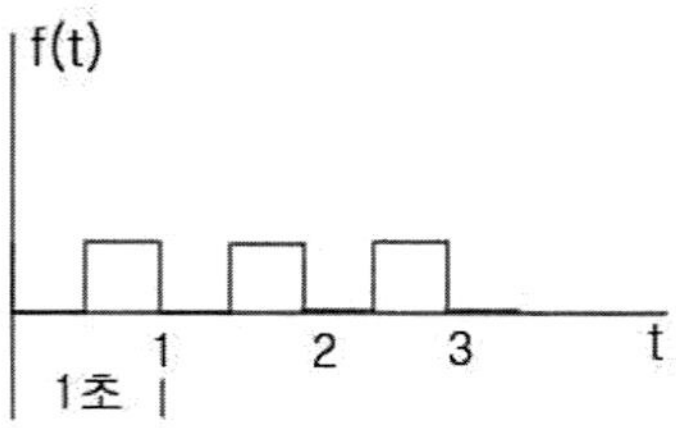

그림8.2a

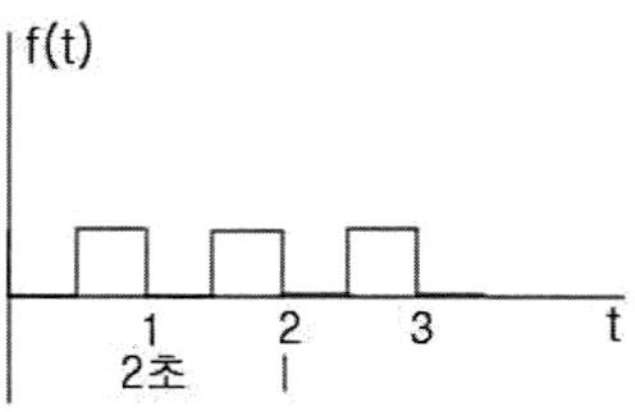

그림8.2b

그러면, 주기를 2초라고 하면 $f(t)=f(t+(2\times 1))$ 로 나타내게 된다. [그림8.2b]
또, $f(t)=f(t+3\times 1)$ $=f(t+4\times 1)=\cdots\cdots=f(t+n\times 1)$라고 쓸 수도 있다,
그러므로 일반적으로 주기가 p 인주기함수는

$f(t)=f(t+p)$ 또는 $f(t)=f(t+np)$ 로 나타 넬 수 있다.
그렇다면 . 주기가 p 라면 $2p,\ 3p,\ 4p\ldots\ldots$ 도 주기로 나타낼 수 있다.

이때 p를 최소주기라 한다.
또. 상수함수 $f(x)=c\ (c:$ 상수$)$도 $f(x+np)$의 관계를 만족 하므로 주기함수라고 할 수 있다.

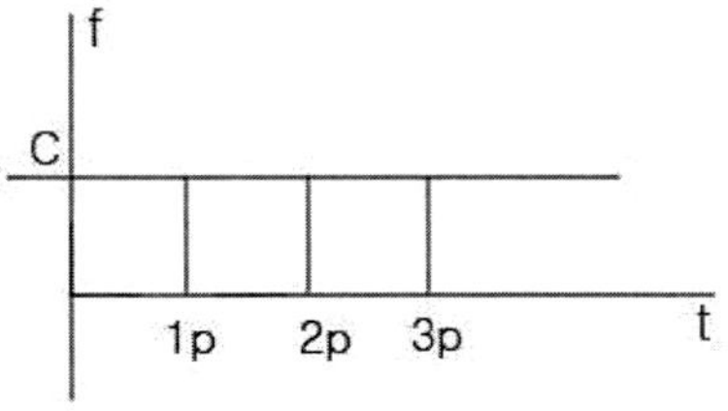

[예제 8.1]

$f(x)$, $g(x)$가 주기 p인 주기함수 라면 $h(x) = af(x) + bg(x)$, (a, b는상수)로 주어진 $h(x)$도 주기가 p인 주기함수 임을 보이세요

[풀이]

$h(x)$의 정의로 부터 $h(x+p) = af(x+p) + bg(x+p)$

$$f(x+p) = f(x), \quad g(x+p) = g(x)$$

($\because$ 주기가 p 이므로)

$$= af(x) + bg(x)$$

따라서 $h(x)$의 주기도 p 이다.

[예제 8.2]

함수 $f(x) = a_0 + a_1 \cos x + b_1 \sin x + a_2 \cos 2x + b_2 \sin 2x + \cdots$ 가 주기 2π 인 주기 함수 임을 보이시오.

[풀이] $f(x+2\pi) = a_0 + a_1 \cos(x+2\pi) + b_1 \sin(x+2\pi) + a_2 \cos(2x+2\pi) + \cdots$

$$= a_0 + a_1 \cos x + b_1 \sin x + a_2 \cos 2x + \cdots$$

$$= f(x)$$ 따라서 $f(x)$의 주기는 2π 이다.

$f(x)$를 $\sum$ 를 이용해서 쓰면 $f(x) = a_0 + \sum_{n=1}^{\infty} (a_n \cos nx + b_n \sin nx)$

로 나타내며 이것을 주기가 2π 인 삼각급수라 한다.

[예제 8.3] 함수 $f(x) = a_0 + a_1 \cos\frac{\pi}{L}x + b_1 \sin\frac{\pi}{L}x + a_2 \cos\frac{2\pi}{L}x + b_2 \sin\frac{2\pi}{L}x + \cdots$

는 주기가 $2L$ 인 주기함수임을 보이라.

[풀이]

$$f(x+2L) = a_0 + a_1\cos\frac{\pi}{L}(x+2L) + b_1\sin\frac{\pi}{L}(x+2L) + \cdots$$

$$= a_0 + a_1\cos(\frac{\pi}{L}x + 2\pi) + b_1\sin(\frac{\pi}{L}x + 2\pi) + \cdots$$

$$= a_0 + a_1\cos\frac{\pi}{L}x + b_1\sin\frac{\pi}{L}x + \cdots$$

$$= f(x)$$

따라서 $f(x)$의 주기는 $2L$ 이다.

$$f(x) = a_0 + \sum_{n=1}^{\infty}(a_n\cos\frac{n\pi}{L}x + b_n\sin\frac{n\pi}{L}x)$$

는 임의의 주기 $2L$ 를 갖는 삼각급수라 한다.

L 이 임의의 값을 가질 수 있으므로 일반적인 삼각급수 이다.

8.2 주기가 2π인 주기함수의 푸리에급수

주기가 2π인 모든 주기함수, 주기가 2π인 $\sin, \cos$의 합, 즉, [삼각급수]

$f(x) = a_0 + \sum_{n=1}^{\infty}(a_n \cos nx + b_n \sin nx)$를 이용해서 나타낼 수 있다.

즉, 이 삼각급수의 계수 (a_0, a_1, $a_2 \cdots$)를 적당히 설정하면 주기가 2π인 모든 주기함수를 만들 수 있다.

예를 들어 맥박과 유사한 이런 주기함수에 대해서 생각해 보자.

좌표축을 다음과 같이 잡으면

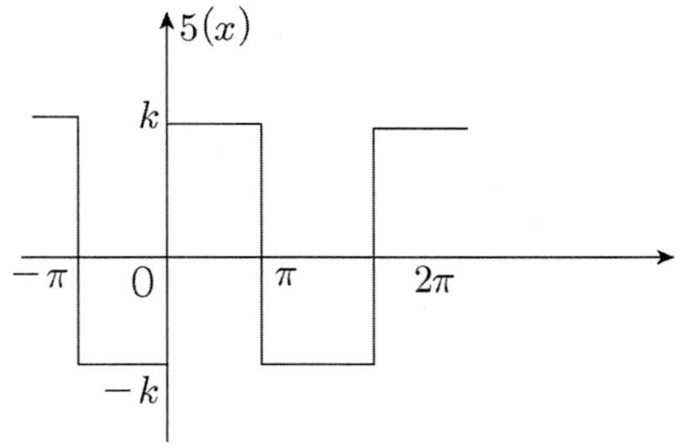

그림 8.3

이 함수 $f(x)$는 sin 함수의 합

$f(x) = \frac{4k}{\pi}(\sin x + \frac{1}{3}sin3x + \frac{1}{5}sin5x + \cdots)$로 나타낼 수 있다.

이식은 다시 풀어 쓰면

$$f(x) = \frac{4k}{\pi}sinx + \frac{4k}{3\pi}sin3x + \frac{4k}{5\pi}sin5x + \cdots$$

위식에서

$\frac{4k}{\pi}sinx = S_1$ $\qquad$ $\frac{4k}{\pi}sinx + \frac{4k}{3\pi}sin3x = S_2$

$\frac{4k}{\pi}sinx + \frac{4k}{3\pi}sin3x + \frac{4k}{5\pi}sin5x = S_3$ 로

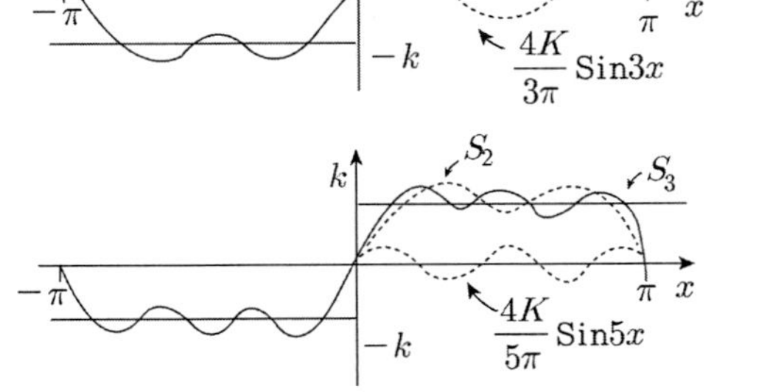

그림 8.4

앞에 세항만 더해도 (S_3 : 3 번째 부분합) 벌써 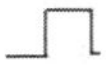 와 유사한 모양이 나타난다. 이런 주기함수 뿐 만아니라 이렇게 톱니 같은 주기함수도 삼각급수를 이용해서 나타낼 수 있다. 이 경우는

$$f(x) = \pi + 2\sin x - \frac{2}{2} sin2x + \frac{2}{3} sin3x - \cdots$$

위식에서

$$S_1 = \pi, \quad S_2 = \pi + 2\sin x,$$

$$S_3 = \pi + 2\sin x - \frac{2}{2} sin2x,$$

$$S_4 = \pi + 2\sin x - \frac{2}{2} sin2x + \frac{2}{3} sin3x$$

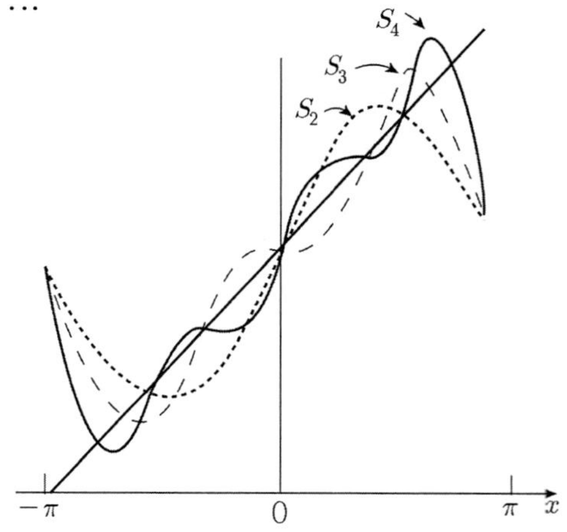

그림 8.5

가 되고 S_4 까지만 그림으로 그리면 위 [그림8.5]과 같이 된다.

파형이 아래 그림과 같은 삼각형 파형 일때

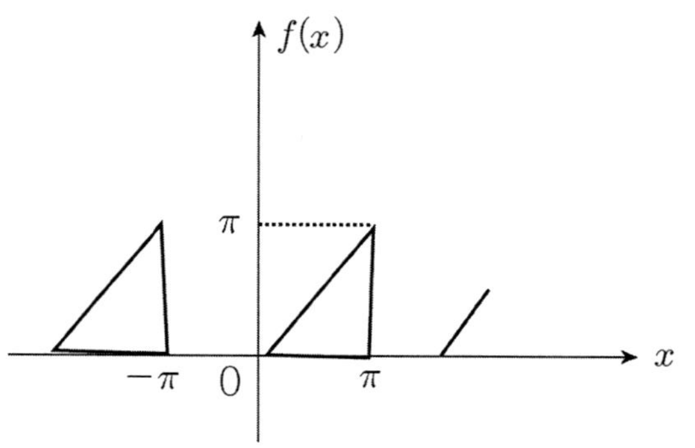

그림 8.6

이것을 sin , cos의 합으로 나타내면

$$f(x) = \frac{\pi}{4} - \frac{2}{\pi}\left(\frac{\cos x}{1^2} + \frac{\cos 3x}{3^2} + \frac{\cos 5x}{5^2} + \cdots\right) + \left(\frac{\sin x}{1} - \frac{\sin 2x}{2} + \frac{\sin 3x}{3} - \cdots\right)$$

인 식으로 나타내며 [그림 8.7]을 그려 보면

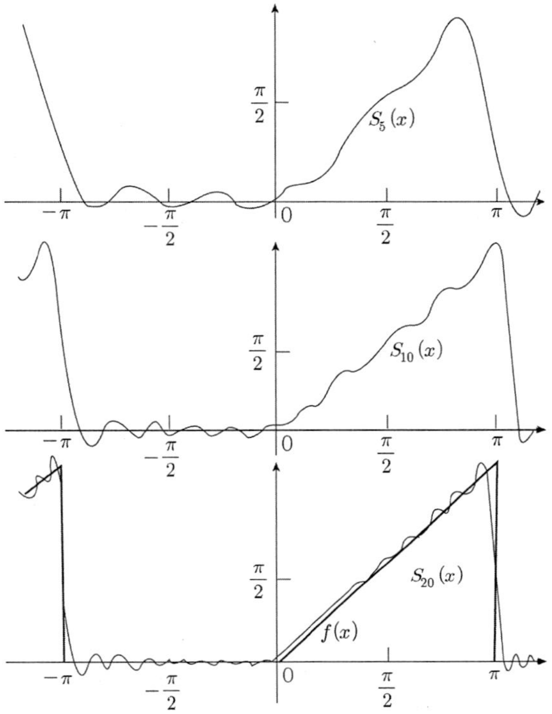

그 림

8.7

이 된다. 그런데 여기서 파의 모형이 삼각파형 일 경우 이것이

$$\frac{\pi}{4}-\frac{2}{\pi}\left(\frac{\cos x}{1^2}+\frac{\cos 3x}{3^2}+\frac{\cos 5x}{5^2}+\cdots\right)+\left(\frac{\sin x}{1}-\frac{\sin 2x}{2}+\frac{\sin 3x}{3}-\cdots\right) \quad (8.7)$$

가 되는지는 어떻게 알 수 있는가?

이것은 「오일러의 공식」을 이용하여 쉽게 나타낼 수 있다.

「오일러의 공식」은 함수 $f(x)$가 주기 2π 인 주기 함수라면 결국 삼각급수로 나타낼 수 있다. 주기가 2π 인 sin, cos 의 합이라고 가장하면

즉

$$f(x) = a_0 + \sum_{n=1}^{\infty}(a_n \cos nx + b_n \sin nx)$$

$$= a_0 + a_1 \cos x + b_1 \sin x + a_2 \cos 2x + b_2 \sin 2x + \cdots$$

이 삼각급수의 계수 $a_0, a_1, b_1, a_2, b_2, \cdots$ 를 「오일러의 공식」을 이용해서 구하면, $f(x)$를 $\sin$, $\cos$의 합으로 나타낸 꼴이 된다.

실제로 구해보면

① 우선 a_0 를 구하기 위해서 양변을 $-\pi$부터 π까지 한 주기 적분을 하면

$$\int_{-\pi}^{\pi} f(x)dx = \int_{-\pi}^{\pi}\left[a_0 + \sum_{n=1}^{\infty}(a_n \cos nx + b_n \sin nx)\right]dx \tag{8.8}$$

적분 기호는 $\sum$ 속으로 들어 갈 수 있으므로 (선형 연산자이므로)

집어넣으면 $\int_{-\pi}^{\pi} f(x)dx = a_0\int_{-\pi}^{\pi} dx + \sum_{n=1}^{\infty}\left(a_n\underbrace{\int_{-\pi}^{\pi}\cos nx\,dx}_{0} + b_n\underbrace{\int_{-\pi}^{\pi}\sin nx\,dx}_{0}\right)$

$$= a_0\int_{-\pi}^{\pi} dx$$

$$= 2\pi a_0$$

그러므로

$$a_0 = \frac{1}{2\pi}\int_{-\pi}^{\pi} f(x)dx \text{ 가 되고}$$

② 그 다음으로 $a_1, a_2, \cdots$을 구하기 위해 원래 식의 양변에

원래식의 양변에 $\cos mx$ $(m = 1,2, \cdots)$ 를 곱해서 $-\pi$ 부터 π 적분하면

$$\int_{-\pi}^{\pi} f(x)\cos mx dx$$

$$= \int_{-\pi}^{\pi}\left[a_0 + \sum_{n=1}^{\infty}(a_n \cos nx + b_n \sin nx)\right]\cos mx\,dx$$

가 되고 이를 항별로 적분하면, 우변은

$$a_0\underbrace{\int_{-\pi}^{\pi} f(x)\cos mx\,dx}_{0}+\sum_{n=1}^{\infty}\left[a_n\underbrace{\int_{-\pi}^{\pi}\cos nx\cdot\cos mx\,dx}_{0\ (n\neq m)\quad \pi\ (n=m)}+b_n\underbrace{\int_{-\pi}^{\pi}\sin nx\cdot\cos mx\,dx}_{0}\right]$$

$$=a_m\pi$$

가 된다.　왜냐하면

$$\int_{-\pi}^{\pi} f(x)\cos nx\cos mx\,dx=\frac{1}{2}\underbrace{\int_{-\pi}^{\pi}\cos(n+m)x\,dx}_{0}+\frac{1}{2}\underbrace{\int_{-\pi}^{\pi}\cos(n-m)x\,dx}_{0\ (n\neq m)\quad \pi\ (n=m)}$$

$$\underbrace{\int_{-\pi}^{\pi}\sin nx\cos mx\,dx}_{0}=\frac{1}{2}\underbrace{\int_{-\pi}^{\pi}\sin(n+m)x\,dx}_{0}+\frac{1}{2}\int_{-\pi}^{\pi}\sin(n-m)x\,dx$$

이기 때문이다.

따라서

$$\int_{-\pi}^{\pi} f(x)\cos mx\,dx=a_m\pi$$ 이며

a_m 으로 풀면　$$a_m=\frac{1}{\pi}\int_{-\pi}^{\pi} f(x)\cos mx\,dx\ (m=1,2,\cdots)$$

이 된다

③ 마지막으로 $b_1, b_2, \cdots$ 를 구하기 위해서 원래식의 양변에 $\sin mx$를 곱한 다음, $-\pi$ 부터 π 까지 적분식으로 나타내면

$$\int_{-\pi}^{\pi} f(x)\sin mx\,dx=\int_{-\pi}^{\pi}\left[a_0+\sum_{n=1}^{\infty}(a_n\cos nx+b_n\sin nx)\right]\sin mx\,dx$$

이것을 항별로 적분하면, 우변은

$$a_0\underbrace{\int_{-\pi}^{\pi}\sin mx\,dx}_{0}+\sum_{n=1}^{\infty}\left[a_n\underbrace{\int_{-\pi}^{\pi}\cos nx\ \sin mx}_{0}+b_n\underbrace{\int_{-\pi}^{\pi}\sin nx\ \sin mx\,dx}_{0\ (n\neq m)\ \ \pi\ (n=m)}\right]$$

$$=b_m\pi$$

가 된다 이것은

$$\int_{-\pi}^{\pi}\cos nx\ \sin mx\,dx=\frac{1}{2}\underbrace{\int_{-\pi}^{\pi}\sin(n+m)x\,dx}_{0}-\frac{1}{2}\underbrace{\int_{-\pi}^{\pi}\sin(n-m)x\,dx}_{0}$$

$$\int_{-\pi}^{\pi}\sin nx\ \sin mx\,dx=\frac{1}{2}\underbrace{\int_{-\pi}^{\pi}\cos(n-m)x\,dx}_{0\ (n\neq m)\ \ \pi\ (n=m)}-\frac{1}{2}\underbrace{\int_{-\pi}^{\pi}\cos(n+m)x\,dx}_{0}$$

이기 때문이다.

따라서 $\int_{-\pi}^{\pi}f(x)\sin mx\,dx=b_m\pi$

그러므로, $b_m=\frac{1}{\pi}\int_{-\pi}^{\pi}f(x)\sin mx\,dx\ \ (m=1,2,\cdots)$

참고로 1. $\sin(n+m)x=\sin nx\cos mx+coxnx\sin mx$

$\sin(n-m)x=\sin nx\cos mx-\cos nx\ \sin mx$

이 두식을 더하면

$\sin(n+m)x+\sin(n-m)x=2\sin nx\ \cos mx$

이 두식을 빼면

$\sin(n+m)x-\sin(n-m)x=2\cos nx\ \sin mx$

2. $\cos(n+m)x = \cos nx \cos mx - \sin nx \sin mx$

$\cos(n-m)x = \cos nx \cos mx + \sin nx \sin mx$

이 두식을 더하면

$\cos(n+m)x + \cos(n-m)x = 2\cos nx \cos mx$

이 두식을 빼면

$\cos(n+m)x - \cos(n-m)x = -2\sin nx \sin mx$

최종적으로 n 을 m 으로 바꿔 쓰면

$$a_0 = \frac{1}{2\pi}\int_{-\pi}^{\pi} f(x)dx$$

$$a_n = \frac{1}{\pi}\int_{-\pi}^{\pi} f(x)\cos nx\, dx \quad (n = 1, 2, \cdots)$$

$$b_n = \frac{1}{\pi}\int_{-\pi}^{\pi} f(x)\sin nx\, dx \quad (n = 1, 2, \cdots)$$

모든 계수 a_0, a_n, a_m 을 구할 수 있다.

이것은 삼각함수의 특징을 이용해서 각각의 계수를 구한 것이다.

이렇게 해서 계수를 구하는 공식을 「오일러의 공식」이라고 한다.

또 이렇게 해서 구한 계수들을 「푸리에 계수」라 한다.

그럼 「푸리에 계수」 란 무었인가?

「푸리에 계수」란, 이렇게 구한 푸리에 계수를 삼각급수에 대입한 것이다..

즉 $f(x)$의 푸리에 급수는

$a_0 + \sum_{n=1}^{\infty}(a_n \cos nx + b_n \sin nx)$ 에 각각의 계수 a_0, a_n, a_m

즉 $a_0 = \frac{1}{2\pi}\int_{-\pi}^{\pi} f(x)dx$

$$a_n = \frac{1}{\pi}\int_{-\pi}^{\pi} f(x)\cos nx\, dx \quad (n = 1, 2, \cdots)$$

$$b_n = \frac{1}{\pi}\int_{-\pi}^{\pi} f(x)\sin nx\, dx \quad (n = 1, 2, \cdots)$$

를 대입하여 얻은 식

$$f(x) = \frac{1}{2\pi}\int_{-\pi}^{\pi} f(x)dx + \sum_{n=1}^{\infty}\left[\left(\frac{1}{\pi}\int_{-\pi}^{\pi} f(x)\cos nx\, dx\right)\cos nx + \left(\frac{1}{\pi}\int_{-\pi}^{\pi} f(x)\sin nx\, dx\right)\sin nx\right]$$

이다.

오일러 공식을 적용하면 주기가 2π인 주기함수는 모두 $\sin, \cos$의 합으로 나타 낼 수 있다. 기본적인 주기함수인 $\sin, \cos$의 함수로 분해(전개)할 수 있다고 생각해도 된다.

[예제 8.4] 푸리에 급수의 이미지를 그림을 이용해서 설명해 보세요

예를 들어 다음 [그림8.8]과 같은 주기함수를 푸리에 급수로 나타내는 과정에 대해 성명 하시오.

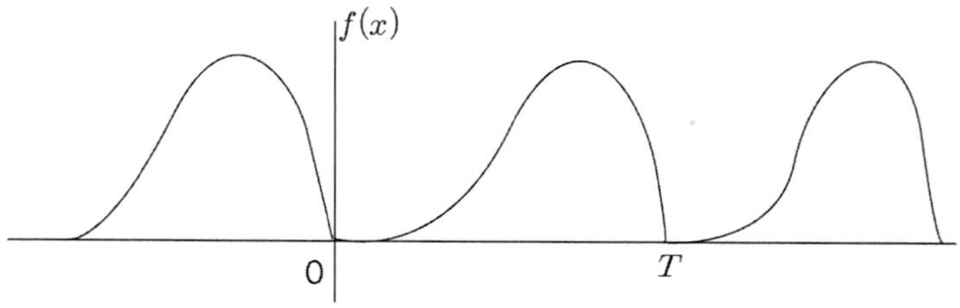

그림 8.8

[풀이]

(1) 맨 첫 번째 항으로는 주어진 함수의 평균값을 나타내는 상수함수를 취해보자.

(실제로 푸리에 급수의 초항 $a_0 = \frac{1}{2\pi}\int_{-\pi}^{\pi} f(x)dx$)는 주어진 함수의 평균값을 나타낸다.

왜냐하면 $f(x)$의 값을 $-\pi$ 에서 π 까지 모두 더해서 $\left(\int_{-\pi}^{\pi} f(x)dx\right)$ 총수(2π)로 나눈 것이므로) 그러면, 원래함수와 초항과의 차이는 $f(x)-a_0$ 이므로 이 차를 줄이기 위해서 2번째 항을 선택하여 더한다.

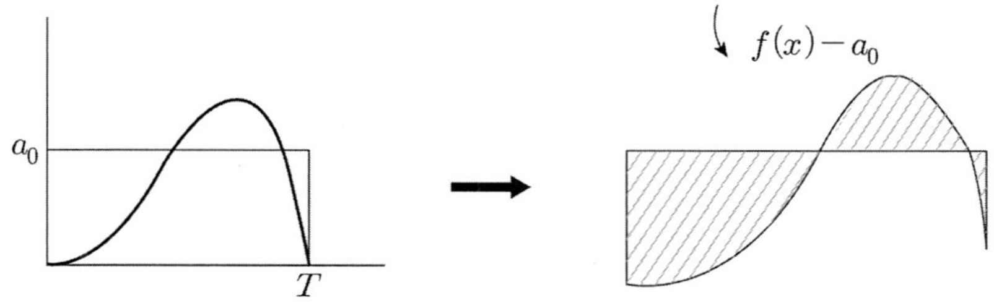

그림 8.9

이 경우에는 sin 함수를 선택하면 그 차이는
더 줄어서 그림 만큼이 된다. 이 과정을 무한히 반복하면 원래의 함수와의 차를 영으로 만들 수 있으므로, 결국 sin, cos의 합으로 나타낼 수 있다.

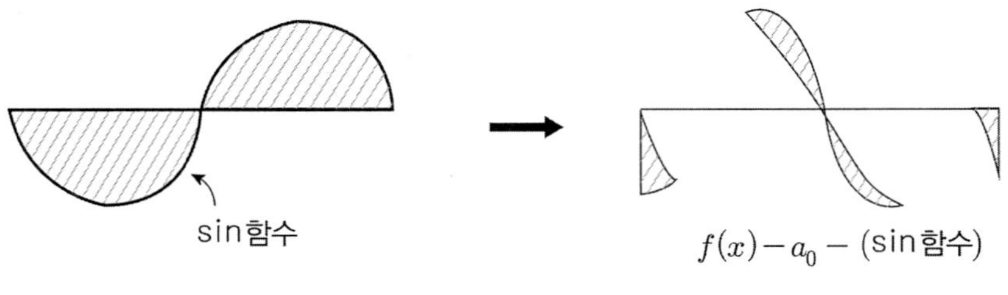

그림 8.10

[참고1]

「오일러의 공식」은 「삼각함수의 직교성」에 주목하여 유도된 것입니다. 예를 들어 다음의 삼각함수들

$1, \cos x, \sin x, \cos 2x, \sin 2x, \cdots \cos nx, \sin nx, \cdots$ 중, 임의의 2개를 골라서 곱한 것을 한 주기에 대해서 적분하면 영이 됩니다. 즉

$$\int_{-x}^{x} 1 \cdot \cos mx = 0, \quad \int_{-x}^{x} 1 \cdot \sin nx = 0 \quad \begin{cases} m = 1,2,3,\cdots \\ n = 1,2,3,\cdots \end{cases}$$

$$\int_{-x}^{x} \cos mx \cos nx \, dx = 0 \qquad (n \neq m)$$

$$\int_{-x}^{x} \sin mx \sin nx \, dx = 0 \qquad (m \neq n)$$

$$\int_{-x}^{x} \cos mx \sin nx \, dx = 0$$

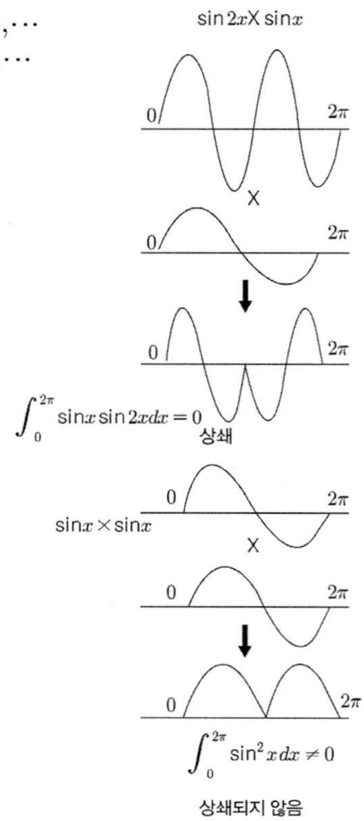

그림 8.11

이러한 성질을 함수의 직교성 이라 한다.

(일반적으로 $\int f_i f_j \, dx = 0 \ (i \neq j)$) 라고 한다.

이 직교성을 이용해서 오일러 공식이 어떻게

얻어지는가 살펴보면

우선 $f(x)$가

$f(x) = a_0 + a_1 \cos x + b_1 \sin x + a_2 \cos 2x + b_2 \sin 2x + \cdots$ 로 전개된다고 하면, a_0를

구하기 위해서는, 양변에 1을 곱해서 한 주기 적분하면

우변은 삼각함수의 직교성 때문에 $a_0 \int_{-x}^{x} 1 \cdot 1 \, dx$ 항을 제외하고는 모두 영이 됩니다.

한편 좌변은 $\int_{-x}^{x} f(x) dx$ 이므로

$$a_0 = \frac{\int_{-\pi}^{\pi} f(x) dx}{\int_{-\pi}^{\pi} 1 \cdot 1 dx} = \frac{1}{2x} \int_{-\pi}^{\pi} f(x) dx$$ 가 된다.

a_1을 구하기 위해서는 양변에 $\cos x$를 곱해서 한 주기 적분하면 우변은 삼각함수의 직교성

때문에 $a_1\int_{-\pi}^{\pi}\cos x\,\cos x\,dx$ 항을 제외하고는 모두 영이 되고, 좌변은

$\int_{-\pi}^{\pi}f(x)\cos x\,dx$ 이므로 $a_1=\dfrac{\int_{-\pi}^{\pi}f(x)\cos x\,dx}{\int_{-\pi}^{\pi}\cos x\,\cos x\,dx}=\dfrac{1}{\pi}\int_{-\pi}^{\pi}\cos x\,dx$ 가 된다.

b_1을 구하기 위해서는, 양변에 $\sin x$를 곱해서 적분하면, 우변은

$b_1\int_{-\pi}^{\pi}\sin x\,\sin x\,dx$ 항을 제외하고는 모두 영이 되고, 좌변은

$\int_{-\pi}^{\pi}f(x)\sin x\,dx$, 따라서

$$b_1=\frac{\int_{-\pi}^{\pi}f(x)\sin x\,dx}{\int_{-\pi}^{\pi}\sin x sinx\,dx}=\frac{1}{\pi}\int_{-\pi}^{\pi}f(x)\sin x\,dx$$

이하, 유사하게 $a_2, a_3, \cdots, b_2, b_3, \cdots$를 구할 수 있다.

이러한 직교성을 갖는 함수들이라면 (sin, cos 이 아니더라도) 임의의 주기함수를 이 함수들의 합으로 나타낼 수 있다. 이 직교성이야 말로 푸리에 급수의 핵심이다.

[예제 8.5] 그림과 같은 아래함수(각형파)의 푸리에 급수를 구해보세요

$$f(x)=\begin{Bmatrix}-k & (-\pi<x<0)\\ k & (0<x<\pi)\end{Bmatrix}\qquad f(x+2\pi)=f(x)$$

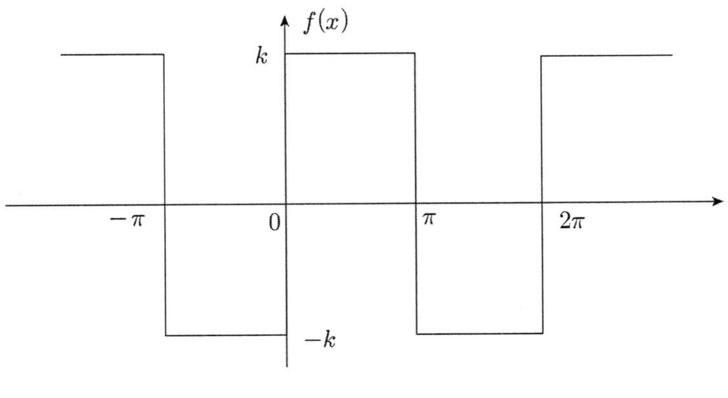

[풀이]

주어진 함수는 주기가 2π인 주기함수 이므로, 주기가 2π인 sin, cos의 합 (삼각급수)로 나타낼 수 있다. 즉

$$f(x) = a_0 + \sum_{n=1}^{\infty}(a_n \cos nx + b_n \sin nx)$$

이때, 계수 a_0, a_n, b_n 은 오일러 공식

$$a_0 = \frac{1}{2\pi}\int_{-\pi}^{\pi} f(x)dx$$

$$a_n = \int_{-\pi}^{\pi} f(x)\cos nx dx \quad (n = 1, 2, \cdots) \qquad b_{n=} \frac{1}{\pi}\int_{-\pi}^{\pi} f(x)\sin nx dx \quad (n = 1, 2, \cdots)$$

를 이용하여 구 할 수 있다.   실제로 계수들을 구해보면

① a_0구하기

$$a_0 = \frac{1}{2\pi}\int_{-x}^{x} f(x)dx \ = \frac{1}{2\pi}[\int_{-x}^{0}(-k)dx + \int_{0}^{x} kdx]$$

$$= \frac{1}{2\pi}(0 - k\pi + k\pi + 0) = 0$$

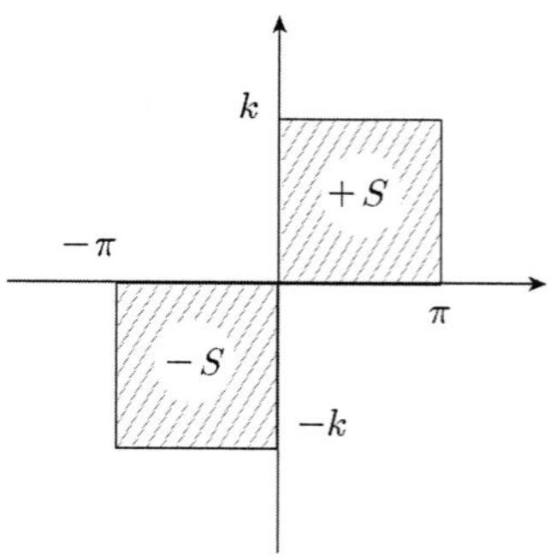

② a_n구하기

$$a_n = \frac{1}{\pi}\int_{-x}^{x} f(x) xosnxdx$$

$$= \frac{1}{\pi}[\int_{-x}^{0}(-k)\cos nxdx + \int_{0}^{\pi} kxosnxdx]$$

$$= 0$$

③ b_n구하기

$$b_n = \frac{1}{\pi}[\int_{-x}^{x} f(x)\sin nx\, dx] \quad = \frac{1}{\pi}[\int_{-x}^{0}(-k)\sin nx\, dx + \int_{0}^{x} ksinnx\, dx\ ]$$

$$= \frac{k}{n\pi}[xos0 - xos(-nx) - \cos nx + \cos 0]$$

$$= \frac{2k}{npi}(1 - \cos nx)$$

$$= \begin{cases} \frac{4k}{npi} & (n\text{이 홀수}) \\ 0 & (n\text{이 짝수}) \end{cases}$$

위식에 의해 $b_1 = \frac{4k}{\pi}$, $b_2 = 0$, $b_3 = \frac{4k}{3\pi}$, $b_4 = 0$, $\cdots$ $\cdots$ 이다

④ 따라서 $f(x)$의 푸리에 급수는

$$f(x) = a_0 + \sum_{n=1}^{\infty}(a_n\cos nx + b_n\sin nx)$$

$$= a_0 + a_1\cos x + b_1\sin x + a_2\cos 2x + b_2\sin 2x + \cdots$$

에 $a_0 = a_1 = a_2 = \cdots = 0$, $b_1 = \frac{4k}{\pi}$, $b_2 = 0$, $b_3 = \frac{4k}{3\pi}\cdots$ 를 대입하면

$$f(x) = a_0 + \sum_{n=1}^{\infty}(a_n\cos nx + b_n\sin nx)$$

$$= a_0 + a_1\cos x + b_1\sin x + a_2\cos 2x + b_2\sin 2x + \cdots$$

$$= \frac{4k}{\pi}sinx + \frac{4k}{3\pi}sin3x + \frac{4k}{5\pi}sin5x + \cdots$$

$$= \frac{4k}{\pi}(\sin x + \frac{1}{3}sin3x + \frac{1}{5}sin5x + \cdots)$$

를 얻는다.

[예제 8.6] 다음 그림과 같은 함수의 푸리에 급수를 구해보세요.

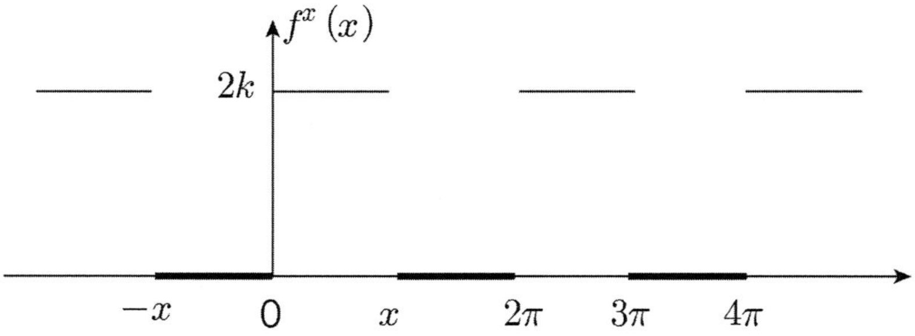

[풀이] 주어진 함수 $f^*(x)$는, 앞의 퀴즈의 함수 $f(x)$에 k를 더한 것이다.

즉, $f^*(x) = k + f(x)$

그런데 $f(x)$의 푸리에 급수는 앞의 예제에서 구한 것과 같이

$f(x) = \frac{4k}{\pi}(\sin x + \frac{1}{3} sin3x + \frac{1}{5} sin5x + \cdots)$ 이었다.

따라서 $f^*(x)$의 푸리에 급수는 $f(x)$의 푸리에급수 $+k$, 즉

$f(x) = k + \frac{4k}{\pi}(\sin x + \frac{1}{3} sin3x + \frac{1}{5} sin5x + \cdots)$

를 얻는다.

푸리에 급수는 원래 미분방정식을 풀기 위해서 고안되었다. 역학계, 전기계 등의 공학의 가장 중요한 문제의 수학적 모형은 그림과 같이 상수계수를 갖는 2계 비제차 선형미분 방정식으로 나타낼 수 있다. 이러한 미분방정식 해법중의 하나인 미정계수법은

$m\ddot{y} + c\dot{y} + ky = r(t)$: 역학계

$L\ddot{I} + R\dot{I} + \frac{1}{C}I = E(t)$: 전기계

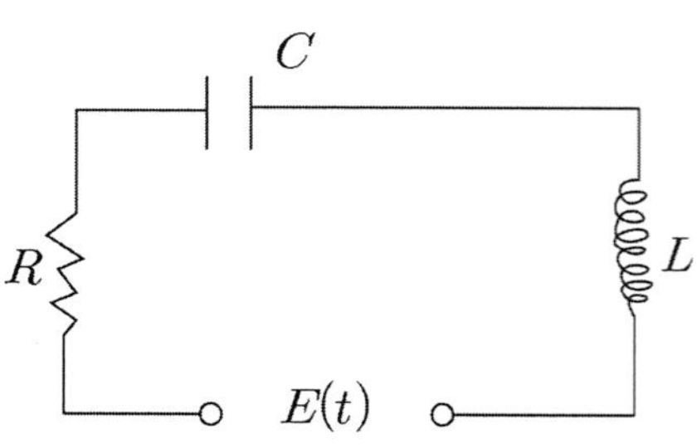

입력 $r(t)$가 x 의 다항식, 지수함수, 삼각함수 등의 특별한 함수인 경우에 한해서만 적용되었다. 그러나, 실제로는 $r(t)$가 이러한 함수가 아닌 주기함수로 주어지는 경우가 많다. 이러한 경우에는 $r(t)$를 푸리에 급수 $(\sin, \cos)$로 전개한 후 미정계수법을 적용하여 풀

수 있다.

[예제 8.7]

한 예로 그림과 같은 역학계 모형을 아래로 같은 주기함수 $r(t)$로 진동(감쇠강제진동)시킬 때 정상상태의 해 $y(t)$를 구하고음미하라.

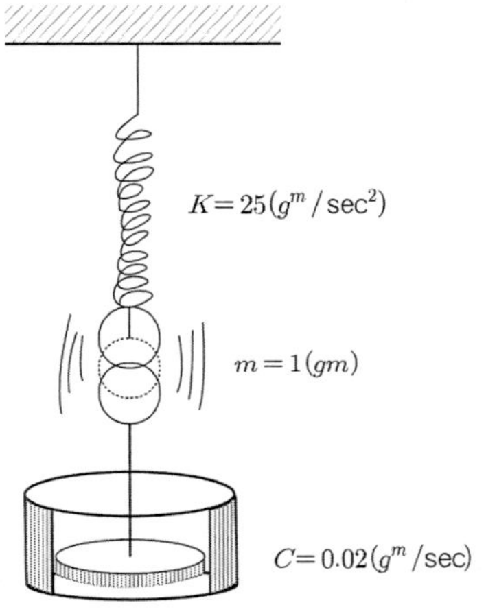

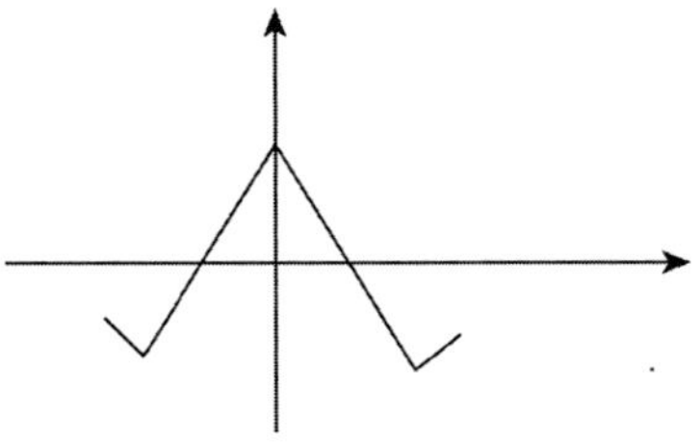

[풀이]

주어진 역학계 모형의 운동방정식은 $\ddot{y}+0.02\dot{y}+25y=r(t)$

$r(t)$를 함수로 나타내면

$$r(t)=\begin{cases} t+\dfrac{\pi}{2} & (-\pi<t<0) \\ -t+\dfrac{\pi}{2} & (0<t<\pi) \end{cases}$$

우선 $r(t)$의 푸리에 급수를 구하기 위해서 삼각급수로 전개하면

$r(t)=a_0+\sum_{n=1}^{\infty}(a_0\cos nt+b_n\sin nt)$ 푸리에 계수를 구하면

$$a_n = \frac{1}{\pi}\int_{-\pi}^{\pi} r(t)\cos nt\, dt = 2\times\frac{1}{\pi}\int_0^{\pi}(-t+\frac{\pi}{2})\cos nt\, dt$$
$(\because$ 우함수 $\times$ 우함수 $=$ 우함수$)$

$$= \frac{2}{\pi}[-\frac{t}{n}sinnt\,|_0^{\pi} + \int_0^{\pi}\frac{1}{n}sinnt\, dt \quad + \quad \frac{\pi}{2n}sin\, nt|_0^{\pi}\ ]$$

$$\hookrightarrow 0 \qquad \hookrightarrow\left(-\frac{1}{n^2}cosnt\,|_0^{\pi} = 0 \quad = \begin{cases} 0 & (n = \text{짝수}) \\ \frac{2}{n^2} & (n = \text{홀수}) \end{cases}\right) \qquad \hookrightarrow 0$$

$$= \begin{cases} 0 & (n = \text{짝수}) \\ \frac{4}{\pi n^2} & (n = \text{홀수}) \end{cases}$$

$$a_0 = \frac{1}{2\pi}\int_{-\pi}^{\pi} r(t)dt = 2\times\frac{1}{2\pi}\int_0^{x}(-t+\frac{\pi}{2})dt \quad (\because r(t)\text{가 우함수})$$

$$= \frac{1}{\pi}[-\frac{1}{2}t^2 + \frac{\pi}{2}t\ ]_0^{\pi} = 0$$

$$b_n = \frac{1}{\pi}\int_{-\pi}^{\pi} r(t)\sin nt\, dt = 0$$

$(\because$ 우함수 $\times$ 기함수 $=$ 기함수$)$

따라서, 이 계수들을 삼각급수에 대입하면, $r(t)$의 푸리에급수는

$$r(t) = \frac{4}{\pi}\cos t + \frac{4}{\pi\cdot 3^2}\cos 3t + \frac{1}{\pi\cdot 5^2}\cos 5t + \cdots$$

이것을 운동방정식에 대입하면

$$\ddot{y} + 0.02\dot{y} + 25y = \frac{4}{\pi}cos\ t + \frac{4}{\pi\cdot 3^2}cos3\ t + \frac{4}{\pi\cdot 5^2}cos\,5t + \cdots$$

y 도 $y = y_1 + y_2 + y_3 + y_5 + \cdots$ 이라고 가정하고 y 대신에 대입하면

$$(\ddot{y}_1 + 0.02\dot{y}_1 + 25y_1) + (\ddot{y}_3 + 0.02\dot{y}_3 + 25y_3) + (\ddot{y}_5 + 0.02\dot{y}_5 + 25y_5) + \cdots$$

$$= \frac{4}{\pi}cost + \frac{4}{\pi \cdot 3^2}cos3t + \frac{4}{\pi \cdot 5^2}cos5t + \cdots$$

그러므로

$$\ddot{y}_1 + 0.02\dot{y}_1 + 25y_1 = \frac{4}{\pi}cost$$

$$\ddot{y}_3 + 0.02\dot{y}_3 + 25y_3 = \frac{4}{\pi \cdot 3^2}cos3t$$

$$\vdots$$

$$\ddot{y}_n + 0.02\dot{y}_n + 25y_n = \frac{4}{\pi \cdot n^2}cosnt$$

$$\vdots$$

의해 $y_1, y_3, \cdots y_n \cdots$ 을 구해서 더하면 y 를 구할 수 있다. 한편

$$\ddot{y}_n + 0.02\dot{y}_n + 25y_n = \frac{4}{\pi \cdot n^2}cosnt$$

의 정상상태의 해 $y_n = A_n\cos nt + B_n\sin nt$

$$\left(A_n = \frac{4(25-n^2)}{n^2\pi D}, B_n = \frac{0.08}{n\pi D}, D = (25-n^2)^2 + (0.02n)^2\right)$$

$$= C_n\cos(nt - \delta_n)$$

$$\left(C_n = \sqrt{A_n^2 + B_n^2} = \frac{4}{n^2\pi\sqrt{D}}, \tan\delta = \frac{B_n}{A_n} = \frac{0.08n^2}{4(25-n^2)}\right)$$

따라서 , 주어진 미분방정식의 해 y는

$$y = y_1 + y_3 + y_5 + \cdots$$

$$= C_1\cos(t-\delta_1) + C_3\cos(3t-\delta_3) + C_5\cos(5t-\delta_5) + \cdots$$

$C_1, C_3, C_5, \cdots$ 값을 계산해 보면

$C_1 = 0.0530 \qquad C_3 = 0.0088$

$C_5 = 0.5100 \qquad C_7 = 0.0011$

$C_9 = 0.0003$

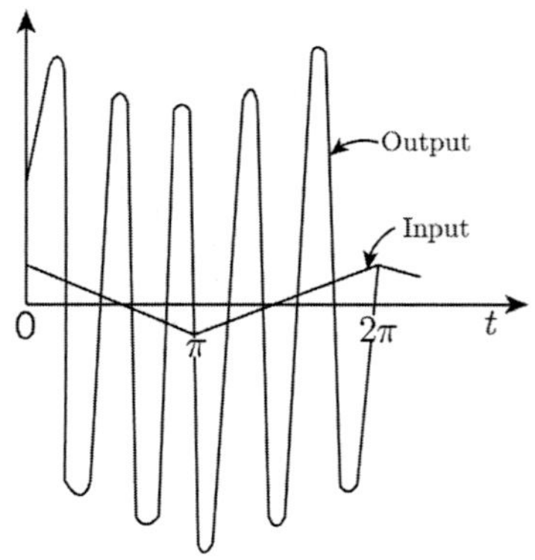

$C_5 \cos(5t - \delta_5)$ 항이 지배적인 항이 된다.

그림으로 나타 내면과 옆 그림 같이 된다.

8.3 임의의 주기를 갖는 주기함수의 푸리에 급수

심장의 고동을 비롯해서 우리 주변에서 나타나는 주기함수는 실제로는 주기가 2π가 아닌 것이 더 많다.

주기가 2π가 아니고, 어떤 주기를 갖더라도 푸리에 급수로 나타낼 수 있다.

앞의 [예제8.3]에서

$f(x) = a_0 + \sum_{n=1}^{\infty}(a_n \cos\frac{n\pi}{L}x + b_n \sin\frac{n\pi}{L}x)$가

주기가 2L인 (L이 아무 값이나 가질 수 있으므로 임의의 주기를 갖는) 삼각급수라는 것을 취급하였다.

때문에 이 일반적인 삼각급수를 이용하면 임의의 주기를 갖는 주기함수도 푸리에 급수로 나타낼 수 있게 된다. 이 삼각함수들 간의 직교성을 이용하면, 주기가 2π인 경우와 유사하게 계산할 수 있다. 이때의 오일러의 공식은

$$a_0 = \frac{1}{2L}\int_{-L}^{L} f(x)dx \ ,$$

$$a_n = \frac{1}{L}\int_{-L}^{L} f(x)\cos\frac{n\pi x}{L}dx \quad n = 1,2,....,$$

$$b_n = \frac{1}{L}\int_{-L}^{L} f(x)\sin\frac{n\pi x}{L}dx \quad n = 1,2,.....$$ 이다.

이 공식을 이용하면 주기가 2π 이건 아니건 무조건 이 공식에 대입하면 푸리에 급수를 구할 수 있게 된다.

이 공식은 임의의 주기에 관한 공식이다. 그러면 사람이 쉬는 숨소리를 푸리에 급수로 나타내 보면 사람은 숨을 굉장히 천천히 쉰다.

2초 동안 들여 마시고 2초 동안 내 뿜는다고 가정하면 주기가 4초인 사각형파가 된다. 따라서 사람의 숨소리를 그림과 같이 함수로 나타내면

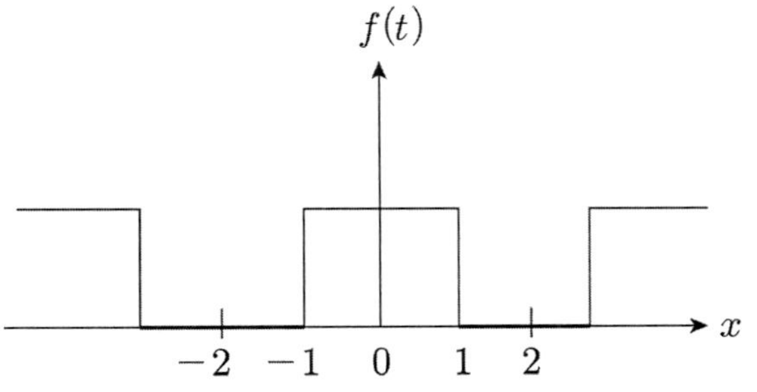

$$f(t) = \begin{cases} 0 & (-2 < t < -1) \\ k & (-1 < t < 1) \\ 0 & (1 < t < 2) \end{cases} \quad p = 2L = 4, \ L = 2$$

가 된다. 오일러 공식을 이용해서 푸리에 계수를 구하면

$$a_0 = \frac{1}{2L}\int_{-L}^{L} f(t)dt = \frac{1}{4}\int_{-2}^{2} f(t)dt = \frac{1}{4}\int_{-1}^{1} kdt = \frac{k}{2}$$

$$a_n = \frac{1}{L}\int_{-L}^{L} f(t)\cos\frac{n\pi}{L}tdt = \frac{1}{2}\int_{-2}^{2} f(t)\cos\frac{n\pi t}{2}dt$$

$$= \frac{1}{2}\int_{-1}^{1} kcos\frac{n\pi t}{2}dt = \frac{2k}{n\pi}sin\frac{n\pi}{2}$$

$$= \begin{pmatrix} 0 & (n\text{이 짝수}) \\ \frac{2k}{n\pi} & (n=1,5,9...) \\ -\frac{2k}{n\pi} & (n=3,7,11,...) \end{pmatrix}$$

$$b_n = \frac{1}{L}\int_{-L}^{L} f(t)\sin\frac{n\pi t}{n\pi}dt = 0$$

↑ ↑

(우함수) (기함수)

이 푸리에 계수를

$$f(t) = a_0 + a_1\cos\frac{\pi}{L}t + b_1\sin\frac{\pi}{L}t + a_2\cos\frac{2\pi}{L}t + b_2\sin\frac{2\pi}{L}t + \cdots$$

$$= a_0 + a_1\cos\frac{\pi}{2}t + b_1\sin\frac{\pi}{2}t + a_2\cos\pi t + b_2\sin 2\pi t + \cdots$$

$(\because L = 2$ 이므로$)$

에 대입하면

$f(t) = \frac{k}{2} + \frac{2k}{\pi}cos\frac{\pi}{2}t - \frac{2k}{3k}cos\frac{3\pi}{2}t + \frac{2k}{5k}cos\frac{5\pi}{2}t - \cdots + \cdots$ 가 되는 것이다.

이때 sin 항은 모두 없어져 버린다.

이것은 주어진 함수가 우함수이므로 cos 항 만 남는다.

주기함수라면 어떤 것이든지 sin, cos의 합으로 나타낼 수 있는 것이다.

다음표는 각파형의 푸리에 급수 나타낸 것 이다.

파형	푸리에 급수
(1)반파 정류파	$\frac{A}{\pi}+\frac{A}{2}sin\theta-\frac{2A}{\pi}(\frac{1}{3}cos2\theta+\frac{1}{15}cos4\theta+\cdots+\frac{1}{4n_2-1}cos2n\theta+\cdots$
(2)전파 정류파	$\frac{2A}{\pi}(1-\frac{2}{3}cos2\theta-\frac{2}{15}cos4\theta-\cdots-\frac{2}{4n^2-1}-\cdots)$
(3)2등변 삼각파	$\frac{8A}{n^2}\left\{\sin\theta-\frac{1}{3^2}sin3\theta+\frac{1}{5^2}sin5\theta-\cdots+(-1)^n\frac{1}{(2n+1)^2}sin(2n+1)\theta-\cdots\right\}$
(4)3각 정류파	$\frac{A}{2}-\frac{16}{\pi^2}A(\frac{1}{2^2}cos2\theta-\frac{1}{4^2}cos4\theta+\frac{1}{6^2}cos6\theta-\cdots)$
(5)톱 니 파	$\frac{2A}{\pi}(\sin\theta-\frac{1}{2}sin2\theta+\frac{1}{3}sin3\theta-\frac{1}{4}sin4\theta+\cdots)$
(6)방 형 파	$\frac{4A}{\pi}\left\{\sin\theta+\frac{1}{3}sin3\theta+\frac{1}{5}sin5\theta+\cdots+\frac{1}{2n+1}sin(2n+1)\theta+\cdots\right\}$
(7)불연속 방형파	$\frac{\sqrt[2]{3A}}{\pi}(\cos\theta-\frac{1}{5}cos5\theta+\frac{1}{7}cos7\theta-\frac{1}{11}cos11\theta+\cdots)$
(8)대 형 파	$\frac{4A}{\pi a}\left\{\sin a\sin\theta+\frac{\sin3a}{3^2}sin3\theta+\cdots+\frac{\sin(2n+1)}{(2n+1)^n}sin(2n+1)\theta+\cdots\right\}$
(9)방형 충격파	$\frac{A\tau}{2\pi}+\sum_{n=1}^{\infty}\frac{A}{n\pi}sinn\tau\cos n\theta+\sum_{n=1}^{\infty}(1-\cos n\tau)\sin n\theta$

[예제 8.8] 푸리에 급수

$f(x)=a_0+\sum_{n=1}^{\infty}(a_n\cos nx+b_n\sin nx)$ 를 복소수를 이용해서 나타내라

(복소푸리에 급수)

[풀이] 복소수에 관한 오일러 공식에 의하면 (푸리에계수를 구하는 공식과 이름이 같음)

$$e^{inx}=\cos nx+i\sin nx$$

$$e^{-inx}=\cos nx-i\sin nx$$

따라서

$$\cos nx=\frac{1}{2}(e^{inx}+e^{-inx})$$

$$\sin nx=\frac{1}{2i}(e^{inx}-e^{-inx})=\frac{-i}{2}(e^{inx}-e^{-inx})$$

그러므로

$$a_n \cos nx + b_n \sin nx = \frac{1}{2}a_n(e^{inx}+e^{-inx}) - \frac{i}{2}b_n(e^{inx}-e^{-inx})$$

$$= \frac{1}{2}(a_n - ib_n)e^{inx} + \frac{1}{2}(a_n + ib_n)e^{-inx}$$

또 $a_0 = c_0$, $c_n = \frac{1}{2}(a_n - ib_n)$, $k_n = \frac{1}{2}(a_n + ib_n)$

이라고 놓으면

$$f(x) = c_0 + \sum_{n=1}^{\infty}(c_n e^{inx} + k_n e^{-inx})$$

그런데, 푸리에 계수를 구하는 오일러공식에 의하면

$$c_n = \frac{1}{2}(a_n - b_n) = \frac{1}{2}\left[\frac{1}{\pi}\int_{-\pi}^{\pi} f(x)\cos nx dx - i\frac{1}{\pi}\int_{-\pi}^{\pi} f(x)\sin nx dx\right]$$

$$= \frac{1}{2\pi}\int_{-\pi}^{\pi} f(x)(\cos nx - i \sin nx)dx$$

$$= \frac{1}{2\pi}\int_{-\pi}^{\pi} f(x)e^{-inx}dx$$

마찬가지로 $k_n = \frac{1}{2}(a_n + ib_n) = \frac{1}{2\pi}\int_{-\pi}^{\pi} f(x)e^{inx}dx$ 로 주어진다.

여기서 $k_n = c_{-n}$ 이라고 놓으면

$$f(x) = c_0 + \sum_{\substack{n=-\infty \\ n \neq 0}}^{\infty} c_n e^{inx} \quad = \sum_{n=-\infty}^{\infty} c_n e^{inx}$$

따라서

$$f(x) = \sum_{n=-\infty}^{\infty} c_n e^{inx} \quad c_n = \frac{1}{2\pi}\int_{-\pi}^{\pi} f(x)e^{-inx}dx$$

라고 쓸 수 있다. 이것을 「복소푸리에 급수」라고 한다.

주기가 2L(임의의 주기)인 경우에 복소푸리에 급수는 같은 요령으로

$$f(x)=\sum_{n=-\infty}^{\infty} c_n e^{inx\frac{x}{L}} \qquad C_n=\frac{1}{2L}\int_{-L}^{L} f(x)e^{-inx\frac{x}{L}}dx$$ 된다.

8.4 비정현파의 실효값

주기적으로 변하는 전류 또는 전압의 실효값은 그것이 정현파이건 비정현파이건 다음과 같이 정의된다.

$$I_{rms}=\sqrt{\frac{1}{T}\int_0^T i^2 dt} \tag{8.9}$$

이것을 순시값의 제곱의 평균의 루트(root mean square, rms)로 정의된다.

지금 $i=I_0+\sum_{n=1}^{\infty} I_{mn}\sin n\omega t$로 표시되는 비정현파의 전류가 있을 때 실효값 I_{rms}는

$$I_{rms}=\sqrt{\frac{1}{T}\int_0^T i^2 dt} \tag{8.10}$$

$$=\sqrt{\frac{1}{2\pi}\int_0^{2\pi} I_0+I_{m1}\sin\omega t+I_{m2}\sin 2\omega t+\cdots\cdots^{2}\, d(\omega t)}$$

가 된다.

위 식에서

$$i^2=I_0+I_{m1}\sin\omega t+I_{m2}\sin 2\omega t+I_{m3}\sin 3\omega t+\cdots\cdots \tag{8.11}$$

$$=I_0^2+I_{m1}^2\sin^2\omega t+I_{m2}^2\sin^2 2\omega t+I_{m3}^2\sin 3\omega t+\cdots\cdots$$

$$+2I_0I_{m1}\sin\omega t+I_{m2}\sin 2\omega t+I_{m3}\sin 3\omega t+\cdots\cdots$$

$$+2I_{m1}\sin\omega t\cdot I_{m2}\sin 2\omega t+\cdots\cdots$$

으로 되며 이것은 다음과 같이 4개항으로 분류할 수 있다.

① I_0^2

② 각 정현파의 제곱 : $I_{m1}^2 \sin^2\omega t + I_{m2}^2 \sin^2 2\omega t + \cdots\cdots$

③ I_0 와 각 정현파와의 곱 : $2I_0 \cdot \{I_{m1} \sin\omega t + I_{m2} \sin 2\omega t + \cdots\cdots\}$

④ 주파수가 다른 정현파의 곱 : $2\{I_{m1} \sin\omega t \cdot I_{m2} \sin 2\omega t + \cdots\cdots\}$

위의 4가지 항을 적분한 결과를 보면 ③, ④는 0이 되며 ①, ②항만 살아남는다. 그러므로 실효값 I_{rms}는

$$\therefore I_{rms} = \sqrt{\frac{1}{2\pi}\int_0^{2\pi} I_0^2 d(\omega t) + \frac{1}{2\pi}\sum_{n=1}^{\infty}\int_0^{2\pi} I_{mn}^2 \sin^2 n\omega t d(\omega t)} \tag{8.12}$$
$$= \sqrt{I_0^2 + \frac{1}{2}\sum_{n=1}^{\infty} I_{mn}^2} \quad \left[\because \int_0^{2\pi} \sin^2 x dx = \pi\right]$$
$$= \sqrt{I_0^2 + \frac{1}{2}I_{m1}^2 + \frac{1}{2}I_{m2}^2 + \cdots\cdots}$$

여기서 $\left(\dfrac{I_{mn}}{\sqrt{2}}\right)^2 = I_n^2$ 으로 표시하면 위 식은

$$I_{rms} = \sqrt{I_0^2 + I_1^2 + I_2^2 + \cdots\cdots} \tag{8.13}$$

이 된다.

여기서 $I_1, I_2, I_3, \cdots\cdots$은 각 고조파의 실효값이다.

즉, 비정현파 전류의 실효값은 직류성분 및 각 고조파의 성분의 제곱의 합에 평방근(root)과 같다.

마찬가지로 비정현파 전압의 실효값은

$$V = \sqrt{V_0^2 + V_1^2 + V_2^2 + \cdots\cdots} \tag{8.14}$$

여기서 V_0는 직류성분 $V_1, V_2, \cdots\cdots$은 고조파 성분이다.

[예제 8.9]

전압 $v = 3 + 10\sqrt{2}\sin\omega t + 10\sqrt{2}\sin\left(3\omega t - \dfrac{\pi}{4}\right)$의 실효값 ($V$)을 구하시오.

[풀이]

실효값 $V=\sqrt{V_0^2+V_1^2+V_2^2+\cdots\cdots}$ 에서

$$V_0=3\,,\ \ V_1=\frac{10\sqrt{2}}{\sqrt{2}}=10\,,\ \ V_3=\frac{10\sqrt{2}}{\sqrt{2}}=10 \text{ 이므로}$$

$$V=\sqrt{3^2+10^2+10^2}=\sqrt{209}\ \fallingdotseq\ 14.45\,[V]$$

[예제 8.10]

그림과 같이 삼각파의 최대값이 A 라면 실효값, 평균값은 각각 얼마인가?

[풀이]

$0<\phi<\frac{\pi}{2}$에서 삼각파 $f(\phi)$는 $f(\phi)=\frac{2A}{\pi}\phi$ 이므로

$$\text{실효값 }=\sqrt{\frac{1}{\frac{\pi}{2}}\int_0^{\frac{\pi}{2}}\{f(\phi)\}^2d\phi}=\sqrt{\frac{2}{\pi}\int_0^{\frac{\pi}{2}}\frac{4A^2}{\pi^2}\phi^2d\phi}=\sqrt{\left[\frac{8A^2}{\pi^3}\cdot\frac{1}{3}\phi^3\right]_0^{\frac{\pi}{2}}}=\frac{A}{\sqrt{3}}$$

$$\text{평균값 }=\frac{2}{\pi}\int_0^{\frac{\pi}{2}}f(\phi)d\phi=\frac{2}{\pi}\int_0^{\frac{\pi}{2}}\frac{2A}{\pi}\phi\,d\phi=\left[\frac{4A}{\pi^2}\cdot\frac{1}{2}\phi^2\right]_0^{\frac{\pi}{2}}=\frac{A}{2}$$

8.5 비 정현파의 전력

전압과 전류가 각각

$$v(t)=V_0+V_{m1}\sin(\omega t+\alpha_1)+V_{m2}\sin(2\omega t+\alpha_2)+\cdots\cdots +V_{mn}\sin(n\omega t+\alpha_n) \tag{8.15}$$

$$i(t)=I_0+I_{m1}\sin(\omega t+\beta_1)+I_{m2}\sin(2\omega t+\beta_2)+\cdots\cdots +I_{mn}\sin(n\omega t+\beta_n) \tag{8.16}$$

와 같이 표시되는 비정현파 일 때 회로에 공급되는 순시전력은 $P=vi$ 가 되고 평균전력은

$$P = \frac{1}{T}\int_0^T vi\,dt \tag{8.17}$$

이다.

$$\therefore P = \frac{1}{T}\int_0^T \{V_0 + V_{m1}\sin(\omega t+\alpha_1) + V_{m2}\sin(2\omega t+\alpha_2) + \cdots\cdots\} \cdot \{I_0 + I_{m1}\sin(\omega t+\beta_1) + I_{m2}\sin(2\omega t+\beta_2) + \cdots\cdots\}dt \tag{8.18}$$

위 식의 적분 속에 있는 항을 전개하면 다음과 같이 4개의 항으로 분리된다.

① $V_0 I_0$
② 일정치 $(I_0,\ V_0)$와 정현파와의 곱의 항
③ 주파수가 같은 두 정현파의 곱의 항
④ 주파수가 다른 두 정현파의 곱의 항

앞의 절에서 마찬가지로 ②와 ④의 적분은 0이 되므로 ①과 ③항만 남는다. 한편

$$\begin{aligned}
&\frac{1}{T}\int_0^T \sin(n\omega t+\alpha_n)\sin(n\omega t+\beta_n)dt \\
&= \frac{1}{T}\int_0^T \frac{1}{2}\{\cos(n\omega t+\beta_n - n\omega t+\alpha_n) - \cos(n\omega t+\beta_n + n\omega t+\alpha_n)\}dt \\
&= \frac{1}{2T}\int_0^T [\cos(\beta_n-\alpha_n) - \cos(2n\omega t+\beta_n+\alpha_n)]\,dt \\
&= \frac{1}{2T}\cos(\beta_n-\alpha_n)\cdot T = \frac{1}{2}\cos(\beta_n-\alpha_n)
\end{aligned} \tag{8.19}$$

이므로

$$P = V_0 I_0 + \sum_{n=1}^{\infty}\frac{1}{2}V_{mn}I_{mn}\cos(\beta_n-\alpha_n) \tag{8.20}$$

이 된다. 한편

$$\frac{V_{mn}}{\sqrt{2}} = V_n,\ \frac{I_{mn}}{\sqrt{2}} = I_n,\ \beta_n - \alpha_n = \theta_n \tag{8.21}$$

이라 하면 평균전력은

$$P = V_0 I_0 + \sum_{n=1}^{\infty} V_n I_n \cos(\beta_n - \alpha_n) = V_0 I_0 + \sum_{n=1}^{\infty} V_n I_n \cos\theta_n \tag{8.22}$$

$$= V_0 I_0 + V_1 I_1 \cos\theta_1 + V_2 I_2 \cos\theta_2 + \cdots\cdots$$

$$= P_0 + P_1 + P_2 + \cdots\cdots$$

이다.

여기서 P_0은 평균전력의 직류성분이고 P_1, P_2, ……는 고조파 성분이다. 이것으로부터 비정현파에 의하여 회로에 공급되는 평균전력은 각 고조파의 개별적인 평균전력의 합과 같음을 알 수 있다.

[예제 8 11]

전압이 $e = 10\sin 10t + 20\sin 20t\ [V]$ 이고, 전류가 $i = 20\sin 10t + 10\sin 20t\ [A]$이면 소비전력은 몇 $[W]$ 인가?

[풀이]

소비전력 P 는

$P = V_0 I_0 + V_1 I_1 \cos\theta_1 + V_2 I_2 \cos\theta_2 + \cdots\cdots$에서

$V_0 = I_0 = 0\,,\ V_1 = \dfrac{10}{\sqrt{2}}\,,\ V_2 = \dfrac{20}{\sqrt{2}}\,,\ I_1 = \dfrac{20}{\sqrt{2}}\,,\ I_2 = \dfrac{10}{\sqrt{2}}$ 이므로

$P = \dfrac{10}{\sqrt{2}} \times \dfrac{20}{\sqrt{2}} \times \dfrac{20}{\sqrt{2}} \times \dfrac{10}{\sqrt{2}} = 100 + 100 = 200[W]$

8.6 Fourier 적분 및 변환

지금까지 배운 Fourier 급수는 주기함수를 포함하는 여러 가지 공학적인 문제의 해결에 유용하게 사용되나 실제로 많은 문제가 주기함수를 포함하고 있지 않으므로 주기함수가 아닌 함수를 포함하는 Fourier 급수를 일반화할 필요가 있다.

이러한 경우에는 Fourier 적분에 의한 표현이나 Fourier의 변환이 이용된다.

8.6.1 Fourier 적분

주기가 T 인 주기함수 $f(t)$에서 T 를 무한히 크게 하면, 이 결과 생기는 함수는 주기함수가 아니고, 급수는 적분으로 변해가는 것을 알 수 있다.

즉, 주기가 T 인 주기함수 $f_T(x)$는 8.1절에서 다음과 같은 Fourier 급수로 표시된다.

$$f_T(x) = a_0 + \sum_{n=1}^{\infty}\left(a_n \cos\frac{2n\pi}{T}x + b_n \sin\frac{2n\pi}{T}x\right) \tag{8.23}$$

여기서 $\omega_n = \dfrac{2n\pi}{T}$ 라 놓고 Fourier 계수를 대입하고 적분변수 x를 v로 바꾸어 놓으면 식 (8.23)은 다음과 같이 나타내어진다.

$$f_T(x) = \frac{1}{T}\int_{-\frac{T}{2}}^{\frac{T}{2}} f_T(v)dv + \frac{2}{T}\sum_{n=1}^{\infty}\left\{\cos\omega_n x \int_{-\frac{T}{2}}^{\frac{T}{2}} f_T(v)\cos\omega_n v dv + \sin\omega_n x \int_{-\frac{T}{2}}^{\frac{T}{2}} f_T(v)\sin\omega_n v dv\right\} \tag{8.24}$$

또한 $\omega_n = \dfrac{2n\pi}{T}$, $\omega_{n+1} = \dfrac{(2n+1)\pi}{T}$ 이므로 $\triangle\omega = \omega_{n+1} - \omega_n = \dfrac{2\pi}{T}$가 되고 $\dfrac{2}{T} = \dfrac{\triangle\omega}{\pi}$이므로 식 (8.24)은 다음과 같이 된다.

$$f_T(x) = \frac{1}{T}\int_{-\frac{T}{2}}^{\frac{T}{2}} f_T(v)dv + \frac{1}{\pi}\sum_{n=1}^{\infty}\left\{\cos(\omega_n x)\triangle\omega \int_{-\frac{T}{2}}^{\frac{T}{2}} f_T(v)\cos\omega_n v dv + \sin(\omega_n x)\triangle\omega \int_{-\frac{T}{2}}^{\frac{T}{2}} f_T(v)\sin\omega_n v dv\right. \tag{8.25}$$

이 식은 어떤 정해진 주기 T(큰 수이자 유한한 값)에 대해 성립한다. 만약 T 가 무한히 커지게 되면 주기함수가 아닌 함수로 가정할 수 있다.

$$f(x) = \lim_{T\to\infty} f_T(x) \tag{8.26}$$

식 (8.26)은 x에 대해서 적분이 가능하고 $\int_{-\infty}^{\infty}|f(x)|dx$ 인 적분이 존재한다면 $\dfrac{1}{T}\to 0$이므로 식 (8.25)의 우변의 첫째항은 0이 된다.

또한 $\triangle\omega = \dfrac{2\pi}{T}\to 0$이므로 식 (8.42)의 무한급수는 0에서 ∞까지 적분으로 치환할 수 있으며 이를 $f(x)$라 하면 $f(x)$는 다음과 같이 된다.

$$\begin{aligned} f(x) &= \lim_{T\to\infty} f_T(x) \\ &= \lim_{T\to\infty}\int_{-\frac{T}{2}}^{\frac{T}{2}} f_T(v)dv + \lim_{T\to\infty}\frac{1}{\pi}\sum_{n=1}^{\infty}\cos(\omega_n x)\Delta\omega \int_{-\frac{T}{2}}^{\frac{T}{2}} f_T(v)\cos\omega_n v dv \\ &= \frac{1}{\pi}\int_0^{\infty}[\cos\omega x\int_{-\infty}^{\infty} f(v)\cos\omega v dv + \sin\omega x\int_{-\infty}^{\infty} f(v)\sin\omega v dv]d\omega \end{aligned} \tag{8.27}$$

여기서 $A(\omega)$, $B(\omega)$를 다음과 같이 놓으면

$$A(\omega) = \int_{-\infty}^{\infty} f(v)\cos\omega v dv,\quad B(\omega) = \int_{-\infty}^{\infty} f(v)\sin\omega v dv \tag{8.28}$$

$$f(x) = \frac{1}{\pi}\int_0^{\infty}[A(\omega)\cos\omega x + B(\omega)\sin\omega x]d\omega \tag{8.29}$$

이 되고 이때 식 (8.28)를 Fourier 적분계수라 하고 식 (8.29)을 Fourier 적분 이라고 한다.

[예제 8.12] 다음 함수의 Fourier 적분을 구하라.

$$f(x) = \begin{cases} 1, & |x| < 1 \\ 0, & |x| > 1 \end{cases}$$

[풀이] Fourier 적분계수는

$$A(\omega) = \int_{-\infty}^{\infty} f(v)\cos\omega v dv = \int_{-1}^{1}\cos\omega v dv = \frac{2\sin\omega}{\omega}$$

$$B(\omega) = \int_{-\infty}^{\infty} f(v)\sin\omega v dv = \int_{-1}^{1}\sin\omega v dv = 0$$

이므로 Fourier 적분은

$$f(x) = \frac{1}{\pi}\int_0^{\infty} A(\omega)\cos\omega x d\omega = \frac{2}{\pi}\int_0^{\infty}\frac{\sin\omega \cdot \cos\omega x}{\omega}d\omega$$

이다. 그런데 불연속적인 점 $x=\pm 1$에서 Fourier 적분값은 우극한과 좌극한의 산술평균이

므로 $\frac{1+0}{2}=\frac{1}{2}$ 이고 $|x|<1$일 때는 1, $|x|>1$일 때는 0이다.

$$\therefore \ \frac{2}{\pi}\int_0^\infty \frac{\sin\omega \cdot \cos\omega x}{\omega} d\omega = \begin{cases} 1, & |x|<1 \\ \frac{1}{2}, & |x|=\pm 1 \\ 0, & |x|>1 \end{cases}$$

(※ 이 적분을 Dirichlet의 불연속인자라 부른다.)

8.6.2 Fourier 변환

Fourier 적분은 전기통신분야나 Cauchy에 의한 편미분방정식의 해를 구하는 데 유용한 방법의 기초가 된다. 그러나 통신공학의 수학적 이론이나 파동의 전파 및 응용수학에서 중요한 것은 Fourier 변환 이다.

Fourier 적분식을 정리하면

$$f(x)=\frac{1}{\pi}\int_0^\infty [A(\omega)\cos\omega x + B(\omega)\sin\omega x]d\omega \tag{8.30}$$

에서

$$f(x)=\frac{1}{\pi}\int_0^\infty [\int_{-\infty}^\infty f(v)\cos(\omega x-\omega v)dv]d\omega \tag{8.31}$$

가 되며 이 식에서 $-\infty$에서 ∞까지의 적분은 ω의 우함수이므로

$$f(x)=\frac{1}{2\pi}\int_{-\infty}^\infty [\int_{-\infty}^\infty f(v)\cos(\omega x-\omega v)dv]d\omega \tag{8.32}$$

이고 여기에 0인 함수, 즉

$$j\frac{1}{2\pi}\int_{-\infty}^\infty [\int_{-\infty}^\infty f(v)\sin(\omega x-\omega v)dv]d\omega = 0$$

을 합하면

$$f(x)=\frac{1}{2\pi}\int_{-\infty}^{\infty}[\int_{-\infty}^{\infty}f(v)\cos(\omega x-\omega v)dv]d\omega \tag{8.33}$$

$$+j\frac{1}{2\pi}\int_{-\infty}^{\infty}[\int_{-\infty}^{\infty}f(v)\sin(\omega x-\omega v)dv]d\omega$$

$$=\frac{1}{2\pi}\int_{-\infty}^{\infty}[\int_{-\infty}^{\infty}f(v)e^{j\omega(x-v)}dv]d\omega$$

와 같이 된다. 이것을 복소 Fourier 적분이라고 부른다.

위 식 (8.33)은 다음과 같은 적분식

$$C(\omega)=\frac{1}{\sqrt{2\pi}}\int_{-\infty}^{\infty}f(v)e^{-j\omega v}dv \tag{8.34}$$

를 도입하면

$$f(x)=\frac{1}{\sqrt{2\pi}}\int_{-\infty}^{\infty}C(\omega)e^{j\omega x}d\omega \tag{8.35}$$

와 같이 된다.

이때 위 식을 $C(\omega)$의 Fourier 역변환 이라 하고, 식 (8.34)를 $f(x)$의 Fourier 변환 이라 한다.

[예제 8.13]

다음 pulse 함수의 Fourier 변환을 구하라.

[풀이]

$$C(\omega)=\frac{1}{\sqrt{2\pi}}\int_{-a}^{a}e^{-j\omega x}dv=\frac{1}{\sqrt{2\pi}}\left[-\frac{e^{-j\omega x}}{j\omega}\right]_{-a}^{a}=\frac{2\sin\omega a}{\sqrt{2\pi}\omega}$$

8.7 Fourier 급수의 응용

Fourier 급수는 기계공학이나 전기, 전자공학 등에 응용되는데 본절에서는 주로 회로를 중심으로 한 예제를 다루어 보고자 한다.

[예제 8.14] R, L 직렬회로에 전압이 가해질 때 흐르는 전류를 구하여 보자.

[풀이] 직류에 대해서는 L은 zero 임피던스로 되므로 $I_0 = \dfrac{E_0}{R}$ 기본파에 대해서는

$$Z(\omega) = \sqrt{R^2 + \omega^2 L^2}$$
$$\theta(\omega) = \tan^{-1}\frac{\omega L}{R}$$

로 되므로 제 2 고조파에 대해서는

$$Z(n\omega) = \sqrt{R^2 + n^2\omega^2 L^2}$$
$$\theta(n\omega) = \tan^{-1}\frac{n\omega L}{R}$$

이고 전류 i_n 은 다음과 같다.

$$i_n = \frac{E_{mn}}{Z(n\omega)} sin(n\omega t + \theta_n - \theta(n\omega))$$

$$= \frac{E_{mn}}{\sqrt{R^2 + n^2\omega^2 L^2}} \sin\left(n\omega t + \theta_n - \tan^{-1}\frac{n\omega L}{R}\right)$$

따라서

$$i = \frac{E_0}{R} + \sum_{n=1}^{\infty} \frac{E_{mn}}{\sqrt{R^2 + n^2\omega^2 L^2}} \sin\left(n\omega t + \theta_n - \tan^{-1}\frac{n\omega L}{R}\right)$$

이다.

일반적으로 L을 포함한 회로에서는 임피던스중 $n\omega L$가 크게 되므로 전류는 고조파일 수록 작아진다. 즉, 전류는 전압보다 비틀림이 작아진다.

이에 반해서 C 의 경우는 $\dfrac{1}{n\omega C}$에서 임피던스는 고주파일수록 작아지므로 전류는 점점 비틀어진다. 다음에는 $R-C$ 직렬회로의 경우를 살펴보자.

[예제 8.15]

$R-C$ 직렬회로에 그림과 같은 구형파 전압이 인가될 때 정상상태에서 회로에 흐르는 전류를 구하여 보자.

[풀이] 전원전압을 Fourier 급수 전개하기 위하여 직류성분을 제거하면

$$v(t)=\frac{4}{\pi}\left[\sin\omega t+\frac{1}{3}\sin 3\omega t+\frac{1}{5}\sin 5\omega t+\cdots\cdots\right]$$

이고, 여기서 ω는 주기함수의 각 주파수로서 기본파의 주파수이며 파형으로부터 주기 $T=2$임을 알 수 있다.

$$\left[\because \omega=\frac{2\pi}{T}=\pi\right]$$

$$\therefore v(t)=\frac{4}{\pi}\left[\sin\pi t+\frac{1}{3}\sin 3\omega t+\frac{1}{5}\sin 5\omega t+\cdots\cdots\right]$$

다음으로 각 성분 전압에 대한 전류를 구하기 위하여 제 n 고주파에 대한 이 회로의 입력 어드미턴스 Y_n을 구하면 $R=\frac{1}{2}[\Omega]$, $C=\frac{1}{\pi}[F]$ 이므로

$$Y_n=\frac{1}{R-j\frac{1}{n\pi c}}=\frac{1}{\frac{1}{2}-j\frac{1}{n}}$$

이다.

각 고주파에 대하여 계산 결과를 적으면 다음과 같다.

n	1	3	5
V_n	$\frac{4}{\pi}\sin\pi t$	$\frac{4}{\pi}\cdot\frac{1}{3}\sin 3\pi t$	$\frac{4}{\pi}\cdot\frac{1}{5}\sin 5\pi t$
V_n Y_n $I_n=Y_nV_n$	$\frac{4}{\pi}\angle 0^\circ$ $0.895\angle 63.4^\circ$ $\frac{4}{\pi}\cdot 0.895\angle 63.4^\circ$	$\frac{4}{\pi}\cdot\frac{1}{3}\angle 0^\circ$ $1.661\angle 33.7^\circ$ $\frac{4}{\pi}\cdot 0.554\angle 33.7^\circ$	$\frac{4}{\pi}\cdot\frac{1}{5}\angle 0^\circ$ $1.86\angle 21.8^\circ$ $\frac{4}{\pi}\cdot 0.372\angle 21.8^\circ$
i_n	$\frac{4}{\pi}\cdot 0.895\cdot\sin(\pi t+63.4^\circ)$	$\frac{4}{\pi}\cdot 0.554\cdot\sin(3\pi t+33.7^\circ)$	$\frac{4}{\pi}\cdot 0.372\cdot\sin(5\pi t+21.8^\circ)$

따라서

$$\begin{aligned}i(t)&=i_1+i_3+i_5+\cdots\cdots\\&=\frac{4}{\pi}[0.895\sin(\pi t+63.4^\circ)+0.554\sin(3\pi t+33.7^\circ)\\&\quad+0.372\sin(5\pi t+21.8^\circ)+\cdots\cdots]\end{aligned}$$

이다.

위에서 전압파와 비교해보면 진폭이나 위상관계가 다르므로 구형파가 아님이 명백해진다.

[예제 8.16]

그림은 정류기의 출력의 맥동을 제거하기 위하여 쓰이는 여파기 회로이다. 정류기의 출력 전압(=여파기의 입력전압)이 그림과 같이 최대값 V_m, $60\,[Hz]$ 의 전파정류파일 때 $2{,}000\,[\Omega]$ 부하 양단에 나타나는 전압의 순시값 표시식을 구하여라.

[풀이]

우선 여파기의 입력 전압을 Fourier 급수로 전개하면

$$v = \frac{2V_m}{\pi} + \frac{4V_m}{\pi}\left(\frac{1}{3}\cos 2\omega_1 t - \frac{1}{15}\cos 4\omega_1 t + \frac{1}{35}\cos 6\omega_1 t - \cdots\cdots\right)$$

이고 여기서 $\omega_1 = 377\,[rad/\mathrm{sec}]$ 이다.

이 회로의 전달전압비를 $H(j\omega)$라 하면 전압분배의 원리에 의하여

$$H(j\omega) = \frac{V'}{V} = \frac{\dfrac{R}{j\omega RC+1}}{\dfrac{R}{j\omega RC+1} + j\omega L}$$

$$= \frac{1}{1 - \omega^2 LC + j\omega \dfrac{L}{R}}$$

이다.

주파수는 기본 주파수의 정수배인 불연속적인 값을 취하므로 위 식에서 $\omega = n\omega_1$라 놓고 주어진 수치를 대입하면

$$H(jn\omega_1) = \frac{1}{1 - n^2 \times 7.11 + jn \times 0.9}$$

이며 다음 표를 얻는다.

n	0	2	4
V^n	$\frac{2V_m}{\pi}$	$\frac{4V_m}{\pi} \cdot \frac{1}{3} \angle 0^\circ$	$-\frac{4V_m}{\pi} \cdot \frac{1}{15} \angle 0^\circ$
H^n	1	$0.0364 \angle -176.1^\circ$	$0.0093 \angle -178.1^\circ$
$V_n' = H_n V_n$	$\frac{2V_m}{\pi}$	$\frac{2V_m}{\pi} \cdot 0.024 \angle -176.1^\circ$	$-\frac{2V_m}{\pi} \cdot 0.0012 \angle -178.1^\circ$

$$\therefore v'(t) = \frac{2V_m}{\pi}[1 + 0.0242\cos(2\omega_1 t - 176.1^\circ) - 0.0012(4\omega_1 t - 178.1^\circ)]$$

여파기의 입력파가 맥동이 심한 전파정류파인데 반하여 출력파는 거의 맥동이 미세한 전류이다. 제 2 고주파는 직류성분의 2.4[%], 제 4 고주파는 0.12[%] 밖에 안된다.

한편 직류성분은 입력측에서나 출력측에서 동일한데 이것은 직류전압에 대해서 L은 단락상태, C 는 개방상태가 되기 때문이다.

부 록

01장 수학공식

[1]. 단위의 승수

기 호	명 칭	승 수	기 호	명 칭	승 수
T	tera	10^{12}	d	deci	10^{-1}
G	giga	10^{9}	c	centi	10^{-2}
M	mega	10^{6}	m	milli	10^{-3}
k	kilo	10^{3}	μ	micro	10^{-6}
h	hekto	10^{2}	n	nano	10^{-9}
da	daca	10	p	pico	10^{-12}

[2]. 전기부호

quantity	symbol	basic unit
current	I or i	current [A]
charge	Q or q	coulomb [C]
power	P or p	watt [W]
voltage	V or v	volt [V]
resistance	R	ohm [Ω]
reactance	X	ohm [Ω]
impedence	Z	ohm [Ω]
conductance	G	siemens [S]
admittance	Y	siemens [S]
susceptance	B	siemens [S]
capacitance	C	farad [F]
inductance	L	henry [H]
frequency	f	hertz [Hz]
period	T	second [s]

[3]. 전기단위의 변환

$$1 \text{ volt} = 1\frac{watt}{Ampere} = 1\frac{J}{A \cdot s} = 1\frac{N \cdot m}{A \cdot s} = 1\frac{kg \cdot m^2}{A \cdot m^3}$$

$$1 \text{ Ampere} = 1\frac{Watt}{Volt} = 1\frac{J}{U \cdot s} = 1\frac{N \cdot m}{U \cdot s} = 1\frac{kg \cdot m^2}{U \cdot s^3}$$

$$1 \text{ Watt} = 1 \text{ Volt} \cdot \text{Ampere} = 1\frac{J}{s} = 1\frac{N\cdot m}{s} = 1\frac{kg\cdot m^2}{s^3}$$

$$1 \text{ Fard} = 1\frac{Coulomb}{Volt} = 1\frac{A\cdot s}{U} = 1\frac{s}{\Omega} = 1\frac{N\cdot m}{U^2}$$

$$1 \text{ Henny} = \frac{1\,Weber}{1\,Ampere} = 1\Omega\cdot s = 1\frac{U\cdot s}{A} = \frac{N\cdot m}{A^2}$$

$$1 \text{ Weber} = 1 \text{ Voltseconde} = 1\frac{N\cdot m}{A}$$

$$1 \text{ Tesla} = \frac{1\,Weber}{m^2} = 1\frac{V\cdot s}{m^2} = \frac{1N}{A\cdot m}$$

$$1 \text{ Coulomb} = 1 \text{ Ampere second} = 1\frac{W\cdot s}{U} = 1\frac{N\cdot m}{V}$$

[4]. 삼각함수

1. 3각함수의 기본공식

(1) $\sin^2\theta + \cos^2\theta = 1,\ 1+\tan^2\theta = \sec^2\theta,\ 1+\cot^2\theta = \operatorname{cosec}^2\theta$

(2) $\sin(2n\pi+\theta) = \sin\theta,\ \cos(2n\pi+\theta) = \cos\theta,\ \tan(2n\pi+\theta) = \tan\theta$

(3) $\sin(-\theta) = -\sin\theta,\ \cos(-\theta) = -\cos\theta,\ \tan(-\theta) = -\tan\theta$

(4) $\sin(\pi-\theta) = \sin\theta,\ \cos(\pi-\theta) = -\cos\theta,\ \tan(\pi-\theta) = -\tan\theta$

(5) $\sin(\pi+\theta) = -\sin\theta,\ \cos(\pi+\theta) = -\cos\theta,\ \tan(\pi+\theta) = \tan\theta$

(6) $\sin(\frac{\pi}{2}-\theta) = \cos\theta,\ \cos(\frac{\pi}{2}-\theta) = \sin\theta,$

$\tan(\frac{\pi}{2}-\theta) = \cot\theta,\ \cot(\frac{\pi}{2}-\theta) = \tan\theta$

(7) $\sin(\frac{\pi}{2}+\theta) = \cos\theta,\ \cos(\frac{\pi}{2}+\theta) = -\sin\theta,$

$\tan(\frac{\pi}{2}+\theta) = -\cot\theta,\ \cot(\frac{\pi}{2}+\theta) = -\tan\theta$

2. 가법정리

(1) $\sin(\alpha\pm\beta) = \sin\alpha\cos\beta \pm \cos\alpha\sin\beta$

(2) $\cos(\alpha\pm\beta) = \cos\alpha\cos\beta \mp \sin\alpha\sin\beta$

(3) $\tan(\alpha\pm\beta) = \dfrac{\tan\alpha\pm\tan\beta}{1\pm\tan\alpha\tan\beta}$

3. 2 배각의 공식

(1) $\sin 2\alpha = 2\sin\alpha\cos\alpha$

(2) $\cos 2\alpha = \cos^2\alpha - \sin^2\alpha = 1-2\sin^2\alpha = 2\cos^2\alpha - 1$

(3) $\tan 2\alpha = \dfrac{2\tan\alpha}{1-\tan^2\alpha}$

4. 3배각의 공식

(1) $\sin 3\alpha = 3\sin\alpha - 4\sin^3\alpha$

(2) $\cos 3\alpha = 4\cos^3\alpha - 3\cos\alpha$

(3) $\tan 3\alpha = \dfrac{3\tan\alpha - \tan^3\alpha}{1-3\tan^2\alpha}$

5. 반각의 공식

(1) $\sin^2\dfrac{\alpha}{2} = \dfrac{1-\cos\alpha}{2}$, $\cos^2\dfrac{\alpha}{2} = \dfrac{1+\cos\alpha}{2}$, $\tan^2\dfrac{\alpha}{2} = \dfrac{1-\cos\alpha}{1+\cos\alpha}$

6. 적을 합.차로 변환공식

(1) $\sin\alpha\cos\beta = \dfrac{1}{2}[\sin(\alpha+\beta)+\sin(\alpha-\beta)]$

(2) $\cos\alpha\sin\beta = \dfrac{1}{2}[\sin(\alpha+\beta)-\sin(\alpha-\beta)]$

(3) $\cos\alpha\cos\beta = \dfrac{1}{2}[\cos(\alpha+\beta)-\cos(\alpha-\beta)]$

(4) $\sin\alpha\sin\beta = -\dfrac{1}{2}[\cos(\alpha+\beta)-\cos(\alpha-\beta)]$

7. 합.차를 적으로 변환공식

(1) $\sin A + \sin B = 2\sin\dfrac{A+B}{2}\cos\dfrac{A-B}{2}$

(2) $\sin A - \sin B = 2\cos\dfrac{A+B}{2}\sin\dfrac{A-B}{2}$

(3) $\cos A + \cos B = 2\cos\dfrac{A+B}{2}\cos\dfrac{A-B}{2}$

8. cosine 정리

(1) $a = b\cos C + c\cos B$

$b = c\cos A + a\cos C$

$$c = a\cos B + b\cos A$$

(2) $a^2 = b^2 + c^2 - 2bc\cos A$

$$b^2 = c^2 + a^2 - 2ca\cos B$$

$$c^2 = a^2 + b^2 - 2ab\cos C$$

02장. MATLAB

02-1 MATLAB 소개

MATLAB 이란 'MATrix LABoratory' 를 뜻하는 말로서 수치 해석, 행렬, 신호 처리 및, 간편한 그래픽 기능, 최적화, 제어시스템의 설계, 견실제어 시스템의 설계, 퍼지, 신경회로망의 설계 등을 통합하여 고성능의 수치 계산 및 결과를 그래픽으로 보여주는 기능을 제공하는 프로그램이다.

MATLAB은 행렬 또는 벡터를 기본 자료로 사용하며, 편리하고 쉽게 사용할 수 있는 패케지로 M 화일을 이용하여 그 기능을 무한히 확장할 수 있어서 선진국가에서는 교과과정에 이 페케지를 이용한 강의과목들이 많이 개설되어 있음을 볼 수 있다. 따라서 공과 대학생들이 수강하는 회로망 해석, 확률 및 통계, 공업수학, 전자기학, 선형대수, 수치해석, 선형시스템, 신호처리, 통신이론, 이동통신, 영상처리, 필터설계, 자동제어, 지능제어, 신경망, 퍼지 등의 많은 과목에서 MATLAB을 이용하면 손쉽게 시뮬레이션을 할 수 있기 때문에 효과적인 학습도구로 각광을 받고 있다.

MATLAB 의 역사

- 본래 Cleve Moler 가 FORTRAN으로 작성.
- 현재의 MATLAB 는 Math Works 사에서 C 로 작성
- 현재 윈도우 버전 6.5 (2003년 3월 현재)

MATLAB 의 특징

- 기본적으로 행렬을 다루며 않으며, 통산 적인 프로그래밍 언어들 (FORTRAN, C, PASCAL 및 BASIC 등)을 사용하여 프로그램을 작성치 않아도 쉽게 수행할 수 있다.
- M-파일(M-file) 을 사용 함으로써 특정한 해를 구하는데 필요한 응용 프로그램들을 손쉽게 작성할 수 있다.
- 'Toolbox' 란 M-file 을 응용 분야별로 모아 놓은 것으로, 그 종류로는 신호 처리, 영상처리, 수치해석, 제어 계의 설계, 강인제어, 동적 계의 모사, 계의 규명, 신경 회로망, 최적화, fuzzy 등이 있다.
- 동적시스템의 모사 프로그램인 Simulink와 이를 이용한 C코드의

생성 프로그램을 제공

▶ MATLAB 에서 사용 가능한 해석적 함수들의 범주

기본적인 수학적 함수 (elementary mathematical function)

특수 함수 (special function)

기본적인 행렬 (elementary matrix)

특수 행렬 (special matrix)

행렬 분해 및 인수 분해 (matrix decomposition and factorization)

자료 해석 (data analysis)

다항식 (polynomial)

미분 방정식 풀이 (differential equation solution)

비선형 방정식 및 최적화 (nonlinear equation and optimization)

수치 적분 (numerical integration)

신호 처리 (signal processing)

영상 처리 (Image processing)

신경망, 퍼지(neural network, fuzzy)

심볼릭 수학 계산(symbolic math)

무비동작(movie play)

■ MATLAB 의 사용법

▶ WINDOWS 95, 98, XP, NT, 2000에서의 실행.

1. MATLAB 아이콘을 눌러 프로그램을 활성화시킨다. 다음과 같은 윈도우가 보인다.

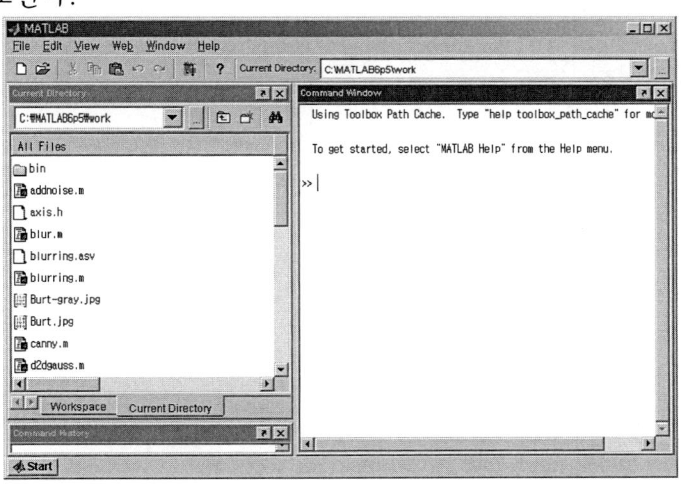

이 윈도우의 오른쪽 부분을 MATLAB 명령윈도우 혹은 작업영역(Workspace) 윈도우라 부른다. 'MATLAB' 프로그램이 실행되면 '>>' 모양의 프롬프트가 화면에 나타나는데 이는 실행할 준비가 완료되었음을 뜻해 즉시 프로그램을 사용할 수 있다.

2. 주 메뉴에서 File을 선택

파일 관리자에서 M-파일, MEX-파일, MAT-파일을 실행하고자 할 때 Windows 의 파일 관리자에서, 'File' 의 선택 메뉴를 사용하여 확장자가 .M, .MEX 또는 .MAT 인 파일들을 선택한다.

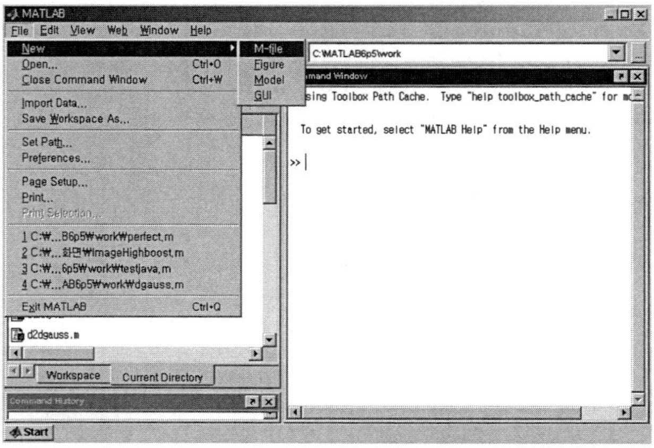

3. 새로운 M화일을 작성하고자 할 때 위의 그림처럼 File 메뉴에서 New를 선택한 후 M-file을 선택하면 MATLAB Editor/Debugger 윈도우가 나타나며 이 에디터를 사용하여 M 파일을 작성하면 된다.

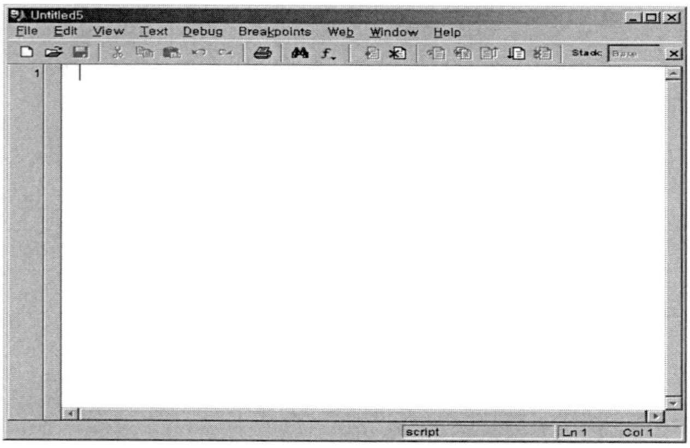

■ MATLAB의 벡터와 행렬표현

■ 벡터의 생성

MATLAB에서는 1*N을 열벡터라 하며 N*1을 행벡터라 한다. 열벡터의 생성은 **벡터변수 = 초기값 : 간격 : 최종값** 형식을 취하며 간격이 1일 경우 생략할 수 있다. 열벡터 x를 1부터 시작하여 1간격으로 5까지 만들고자 할 때

```
>>x=1: 5
x=1 2 3 4 5
```

열벡터 x를 0부터 시작하여 0.2 간격으로 2까지 만들고, 이 열벡터 x의 각각의 원소에 대응하는 열벡터 $y=\sin(x)*e^{-x}$ 를 생성한 후 이 두 x, y 행벡터를 원소로 하는 행렬 xy를 만들고자 할 때

```
>>x = (0: .2: 2);
>>y = sin(x) .* exp(-x);
>>xy=[x' y']
ans=
    0.0000    0.0000
    0.2000    0.1627
    0.4000    0.2610
    0.6000    0.3099
    0.8000    0.3223

    1.0000    0.3096
    1.2000    0.2807
    1.4000    0.2430
    1.6000    0.2018
    1.8000    0.1610
    2.0000    0.1231

>>xy=[xy  y'.^2]
xy =
         0         0         0
    0.2000    0.1627    0.0265
    0.4000    0.2610    0.0681
    0.6000    0.3099    0.0960
```

```
0.8000    0.3223    0.1039
1.0000    0.3096    0.0958
1.2000    0.2807    0.0788
1.4000    0.2430    0.0591
1.6000    0.2018    0.0407
1.8000    0.1610    0.0259
2.0000    0.1231    0.0151
```

▶logspace : 대수적으로 등간격의 벡터를 생성

logspace(d1, d2)   % 10^d1 and 10^d2 사이를 로그적으로 균등하게 나뉜 50개의 행벡터를 발생

```
>>D=logspace(1, 3, 10)   %1과 10^3 사이를 균등하게  N 점으로 분할
D =

  1.0e+003 *
  Columns 1 through 7
    0.0100    0.0167    0.0278    0.0464    0.0774    0.1292    0.2154
  Columns 8 through 10
   0.3594    0.5995    1.0000
>>stem(D)          % 생성된 벡터 D의 데이터 값 그리기
```

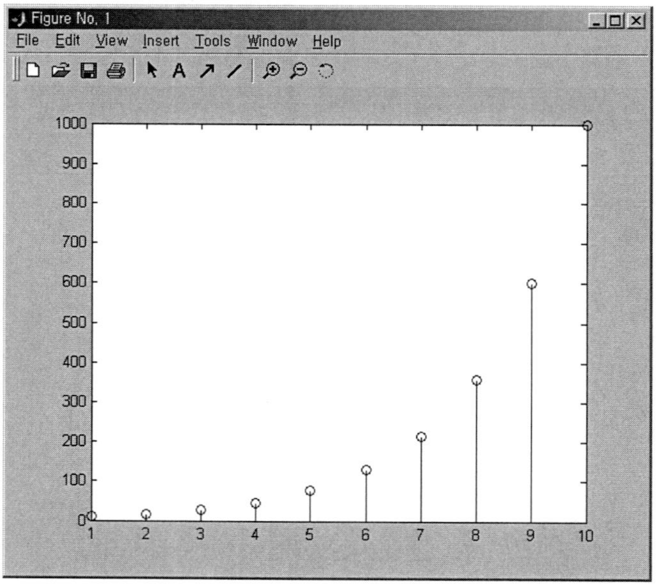


```
>>x=logspace(1,2)   % 10^1과 10^2 사이를 로그적으로 50개의 열벡터 생성
```

```
x =
  Columns 1 through 6
   10.0000    10.4811    10.9854    11.5140    12.0679    12.6486
  Columns 7 through 12
   13.2571    13.8950    14.5635    15.2642    15.9986    16.7683
  Columns 13 through 18
   17.5751    18.4207    19.3070    20.2359    21.2095    22.2300
  Columns 19 through 24
   23.2995    24.4205    25.5955    26.8270    28.1177    29.4705
  Columns 25 through 30
   30.8884    32.3746    33.9322    35.5648    37.2759    39.0694
  Columns 31 through 36

  40.9492    42.9193    44.9843    47.1487    49.4171    51.7947
  Columns 37 through 42

   54.2868    56.8987    59.6362    62.5055    65.5129    68.6649
  Columns 43 through 48
   71.9686    75.4312    79.0604    82.8643    86.8511    91.0298
  Columns 49 through 50
   95.4095   100.0000
```

▶ linspace   % 원소들 간의 간격이 아닌 원소의 갯수를 지정

예를들어 -4부터 5까지의 값을 10등분하는 수열을 발생시키려면

```
>>linspace(-4, 5, 10)
ans =
    -4    -3    -2    -1     0     1     2     3     4     5
```

-5부터 5까지의 값을 5등분하는 수열을 발생시키려면

```
>>linspace(-5, 5, 5)
ans=
 -5.000 -2.5000 0.0000 2.5000 5.0000
```

▶ 참과 거짓을 사용한 벡터 생성

```
>>A=[ 2 5 8 11 14 4 10 16 22 28 6 15 24 33 42 ]
>>B = A(A <= 2*std(A))     % ==> 벡터 x로부터 표준편차의 2배보다 큰 원소들을 제거
```

B =

2 5 8 11 14 4 10 16 22 6 15

다른 예로서 0부터 10사이의 수열을 갖는 n으로부터 3을 뺀 값이 0과 같으면 참값1을 반환하고, 거짓이면 0을 반환하는 벡터 x를 생성하려면

```
>>n=[0:10]; x=[(n-3)==0]
x =
 0    0    0    1    0    0    0    0    0    0    0
>>n=[0:10]; x=[(n-3) >=0]
x =
     0    0    0    1    1    1    1    1    1    1    1
```

이 수열을 도시하면 (stem(x) 함수 사용)

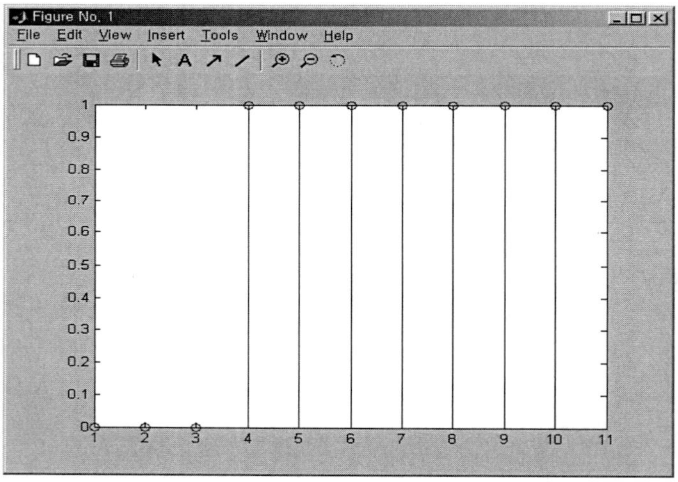

■ 행렬의 표현

MATLAB 에서는 직각 수치 행렬을 기본적인 자료의 형식으로 취급한다. 원소로는 실수 및 복소수 그리고 문자도 사용 가능하다. 물론, 행렬에는 1×1 의 스칼라와 하나의 행(1×n) 또는 하나의 열(n×1) 만으로 구성된 벡터도 포함된다. MATLAB에서 사용되는 연산들과 명령들은 가능한 한 자연적인 형태, 즉 축약 형태가 아닌 행렬 형식으로 표현되도록 되어 있다. MATLAB에서 행렬의 표현하는 방법은 원소들은 빈 칸(공백) 또는 쉼표(,)를 사용하여 분리하며, 전체 원소들은 대괄호([ ])로 감싸고 원소의 끝에 세미콜론(;, semicolon)을 붙이면 한 행의 종료를 의미한다.

예를들면 행렬 $A = \begin{bmatrix} 3 & 2 & 1 \\ 6 & 5 & 4 \\ 7 & 8 & 9 \end{bmatrix}$ 의 MATLAB 표현은 다음과 같다.

```
>>A=[3 2 1; 6 5 4; 7 8 9]
A =
      3     2     1
      6     5     4
      7     8     9
```

세미콜론을 사용하는 대신에 다음과 같이 입력하여도 같은 결과를 얻는다.

```
>>A = [ 3 2 1
        6 5 4
        7 8 9]
```

■ 행렬의 원소들

MATLAB 에서 사용되는 임의의 표현들 (수치, 함수, 수식, 문자 등)은 모두 두 행렬의 원소로 사용될 수 있다. 단, 수치, 함수, 또는 수식을 문자와 함께 한 행렬의 원소로 지정할 수는 없다. 즉, 문자 행렬은 별도로 취급된다.

```
>>x = [-2.5 exp(2.5) 2*3/4]
  x =
      -2.5   12.1825   1.5

>>y = ['abc'; 'x' 'y' 'z']
  y =
  abc
  xyz
```

행렬의 원소들 중에서 어느 한 값만을 새로 입력하거나 수정하고자 할 때에는 다음과 같이 입력할 원소의 행렬 내에서의 색인 (index) 을 지정하고 원하는 값을 입력하면 된다. 즉,

```
>>x(5) = abs(x(1))

x =
     -2.5   12.1825   1.5   0   2.5
```

여기서 알 수 있듯이, 기존 행렬의 차원보다 큰 색인을 갖는 원소를 입력하면 값이 지정되지 않은 색인의 원소들은 자동적으로 0 으로 지정된다.

■ 복소수와 복소 행렬

MATLAB 에서는 어떤 숫자 뒤에 'i' 또는 ' j'를 붙임으로써 복소수를 표현하며, 이러한 복소수는 모든 연산 및 함수에서 사용 가능하다. 사용자들은 다음과 같이 복소수를 설정할 수 있다.

```
>>z = 1 + 2 * i;   또는 z = 1 + 2j;
```

또는

```
>>z = 1 + 2 * j;   또는 z = 1 + 2j;
  z =
      1.0000 + 2.0000i
```

함수에 복소수를 사용하는 경우로는 아래와 같은 예를 들 수 있으며,

```
>>z = 2.5 * exp(1 + 2i)
z =
      -2.8280 + 6.1793i
```

■ 콜론(:) 의 사용

벡터를 생성하거나 행렬의 첨자, for 반복 문장에 사용한다.

▶ for문에 : (colon)을 사용

```
>> for i=1:100
y(i) = sin(i/10);
end
% 루우프를 돌때마다 한개 씩 행벡터 원소가 생겨난다.
```

▶벡터의 생성에 : 사용

j:k 는 [j,j+1,...,k]와 같으며 j: i: k 는 [j, j+i, j+2i, ... , k]와 같다.
j:k 에서 j가 k보다 클 경우는 크기가 1*0인 빈행렬(empty matrix)가 된다.

```
>>k=10:5

k =
   Empty matrix: 1-by-0
j=1:0.1:2    %1부터 2까지 0.1간격으로 벡터를 생성한다.
```

▶벡터나 행렬의 행, 열, 원소를 끄집어 낼 때 사용한다.

A(:,j) : A의 j 번째 열(column)
A(i,:) : A의 j 번째 행(row)
A(:,:) : A와 같다.
A(j:k) : A(j), A(j+1),..., A(k)
A(:, j:k) : A(:,j), A(:,j+1),...,A(:,k)
A(:) : A의 모든 원소가 하나의 열로 간주된다.

위의 표현을 이해하기 위해 10*10 행렬을 만들고 예를들어 설명한다.

```
>>N1=1:10;
>>N2=2:11;
>>N3=3:12;
>>N4=4:13;
>>N5=5:14;
>>N6=6:15;
>>N7=7:16;
>>N8=8:17;
>>N9=9:18;
>>N10=10:19;

>>A=[N1;N2;N3;N4;N5;N6;N7;N8;N9;N10]

A =
     1     2     3     4     5     6     7     8     9    10
     2     3     4     5     6     7     8     9    10    11
     3     4     5     6     7     8     9    10    11    12
     4     5     6     7     8     9    10    11    12    13
     5     6     7     8     9    10    11    12    13    14
     6     7     8     9    10    11    12    13    14    15
     7     8     9    10    11    12    13    14    15    16
     8     9    10    11    12    13    14    15    16    17
     9    10    11    12    13    14    15    16    17    18
    10    11    12    13    14    15    16    17    18    19
```

>>A(1:5,3) : 행렬 A에서 1행부터 5행까지의 원소들 중 3번째 열에 있는 원소들, 즉 행렬 A에 대한 5*1의 부행렬 (열벡터)를 얻는다.

```
ans =
     3
     4
     5
     6
     7
```

>>A(1:5, 5:7) : 행렬 A에서 1행부터 5행까지의 원소들 중 7열부터 10열까지의 원소들, 행렬 A에 대한 5*3의 부행렬을 얻는다.

```
ans =
     5     6     7
     6     7     8
     7     8     9
     8     9    10
     9    10    11
```

>>A(:,5) : 행렬 A에서 5번째 열에 위치한 원소들 즉 행렬 A에 대한 10*1의 부행렬 (열벡터)을 얻는다.

```
ans =
     5
     6
     7
     8
     9
    10
    11
    12
    13
    14
```

>>A(1:2,:) : 행렬 A에서 1행부터 2행까지의 모든 원소들 즉 행렬 A에 대한 2*10의 부행렬을 얻는다.

```
ans =
     1     2     3     4     5     6     7     8     9    10
     2     3     4     5     6     7     8     9    10    11
```

예제)

```
>> A=[1:7; 2:8; 3:9]
A =
     1     2     3     4     5     6     7
     2     3     4     5     6     7     8

  3     4     5     6     7     8     9

>> A(:,2)
ans =
     2
     3
     4

>> A(2,:)
ans =
    2     3     4     5     6     7     8

>> A(:)
ans =
     1
     2
     3
     2
     3
     4
     3
     4
     5
     4
     5
     6
     5
     6
     7
     6
     7
```

```
    8
    7
    8
    9
```

▶ 빈행렬 (empty matrix)

```
>>x =[ ]
x=
   [ ]
>>a([1 3],: ) =[];
```

==> 행렬 a의 원소들 중에서 1행과 3행에 해당하는 부분을 지운다.

■ **행렬 및 벡터의 연산 및 조작법**

■ 전치 행렬(matrix transpose)

MATLAB 에서는 어떤 행렬의 역행렬을 표시하기 위하여 작은 따옴표(‘, prime 또는 apostrophe)를 사용한다. 다음은 간단한 예이다.

```
>>A = [1 2 3; 4 5 6; 7 8 9]
A =
        1 2 3
        4 5 6
        7 8 9
>>A′
A′ =
        1 4 7
        2 5 8
        3 6 9
```

작은 따옴표는 (′) 는 A′ 와 같이 행렬 변수에 붙일 수도 있고, [1 2 3]′ 과 같이 행렬 표현 자체에 붙일 수도 있다.

■ **행렬의 사칙 연산**

▶ 행렬의 덧셈 및 뺄셈.

행렬의 덧셈 및 뺄셈은 숫자의 덧셈 및 뺄셈과 마찬가지로 ‘+’, ‘-’ 기호를 사용한다. 다음은 간단한 예이다.

```
>>A = [1 2 3; 4 5 6];
>>B = [2 4 6; 1 3 5];
>>C = A + B
C =
        3 6 9
        5 8 11
```

그리고 C-5 는 C - [5 5 5; 5 5 5] 와 같은 표현으로 아래의 결과와 같다.

```
>>D= C-5
D =
     -2      1      4
      0      3      6
```

▶ 행렬의 곱셈

행렬의 곱셈은 '*' 를 사용하여 표시하며, 연산의 대상이 되는 두 행렬 또는 벡터의 내부 차원(inner dimension)이 일치할 경우에만 정의된다. 즉, 두 행렬 A 와 B 에 대하여 'A*B' 를 구하고자 한다면 A 의 두 번째 차원과 B의 첫 번째 차원이 일치해야 한다. 즉 m*n인 행렬 A와 n*p인 행렬 B의 곱은 행렬의 내부차원이 n개 이므로 연산을 수행하며 연산결과는 외부차원의 원소인 m과 p가 결합된 행렬 m*p 행렬을 만든다. 이와 같은 결과로 벡터의 곱셈에서 행 벡터 끼리 또는 열 벡터 끼리의 연산은 허용되지 않는다.

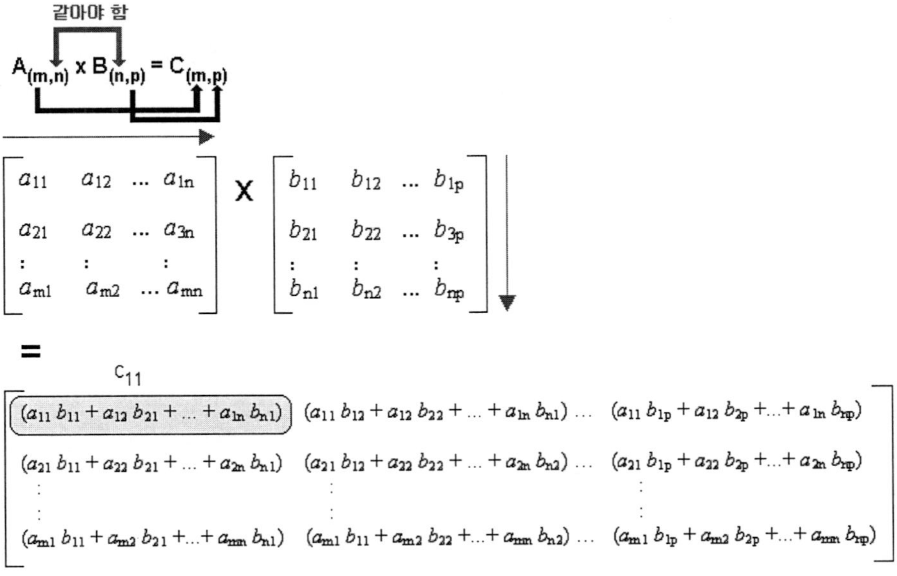

다음은 가장 일반적인 내적(inner product) 에 대한 예이다.

```
>>x = [1 2 3];
>>y = [3 4 5];
>>x*y'     %( 1*3 행벡터와  3*1 열벡터간의 곱 )
ans =
     26
>>x'*y     %( 3*1 열벡터와  1*3 행벡터간의 곱의 결과는 3*3 행렬을 만들어 냄)
ans =
     3  4  5
     6  8 10
     9 12 15
```

▶ 행렬의 나눗셈

행렬의 나눗셈은 스칼라와는 달리 일반적으로 좌측 나누기와 우측 나누기가 서로 값이 다르다. 각 경우의 예를 다음 식에서 인지하라.

A*X = B의 해 : X = A₩B --좌측 나누기(left division)

==> 양변에 A^{-1}을 곱하면 $A^{-1}AX = A^{-1}B$ 로부터 $X = A^{-1}B$

X*A = B의 해 : X = A/B --우측 나누기(right division)

==> 양변에 A^{-1}을 곱하면 $XAA^{-1} = BA^{-1}$ 로 부터 $X = BA^{-1}$

```
>>A = [ 1 2; 3 4], x = [1 0]', A₩x

A =
     1     2
     3     4

x =
     1
     0

ans =
   -2.0000
    1.5000
```

```
>> A=[3 -1 2; 1 2 3; 2 -2 -1]
A =
      3     -1      2
      1      2      3
      2     -2     -1

>> B=[12 11 2]
B =
     12     11      2

>>X = A₩B'
X =
     3.0000
     1.0000
     2.0000
```

예) 다음과 같이 주어지는 연립방정식의 x,y,z를 구해보면

$$\begin{pmatrix} 2x & +y & +z \\ x & +2y & +z \\ x & +y & +2z \end{pmatrix} = \begin{pmatrix} 16 \\ 9 \\ 3 \end{pmatrix}$$

풀이) 이식을 행렬식으로 나타내면

$$\begin{pmatrix} 2\,1\,1 \\ 1\,2\,1 \\ 1\,1\,2 \end{pmatrix} \cdot \begin{pmatrix} x \\ y \\ z \end{pmatrix} = \begin{pmatrix} 16 \\ 9 \\ 3 \end{pmatrix}$$

양변에 $\begin{pmatrix} 2\,1\,1 \\ 1\,2\,1 \\ 1\,1\,2 \end{pmatrix}^{-1}$ 을 앞에 곱하면

$$\begin{pmatrix} x \\ y \\ z \end{pmatrix} = \begin{pmatrix} 2\,1\,1 \\ 1\,2\,1 \\ 1\,1\,2 \end{pmatrix}^{-1} \cdot \begin{pmatrix} 16 \\ 9 \\ 3 \end{pmatrix}$$

```
>>A=[2 1 1; 1 2 1; 1 1 2]
>>B=[16 9 3]';
>>C=inv(A)*B
C =
      9
```

```
    2
   -4
```

또는 좌측 나누기로 구해보면 같은 결과가 나온다.

```
>>A=[2 1 1; 1 2 1; 1 1 2]
>>B=[16 9 3]';
>>C=A₩B
C =
    9.0000
    2.0000
   -4.0000

>>D=(B'*inv(A))' ;
D= =
    9
    2
   -4
```

■ **배열의 연산**

▶ 배열의 사칙연산

```
>>a = [ 1 2 3; 4 5 6];
>>b = [ 1 3 6; 7 8 9];
>>a.*b

ans=
   1     6     18
  28    40     54

>>a./b
ans=
   1.0000   1.5000   2.0000

  1.7500   1.6000   1.5000
```

▶ 배열을 사용한 거듭제곱

```
>>x = [ 1 2 3];
>>y = [ 4 5 6];
```

```
>>x.^y
ans=
   1   32   729

>>y.^2
ans=
   16   25   36

>>2.^[x y]% => 2^[1 2 3 4 5 6]=[ 2^1   2^2   2^3   2^4   2^5   2^6 ]
ans=
   2 4 8 16 32 64
```

예) $y=\sin x^2$을 구해보면

```
>>x=0:0.01:5
>>y=sin(x^2);
??? Error using ==> ^
Matrix must be square.
```

와 같은 메시지가 나온다. 벡터원소들마다 제곱을 해야 하므로 다음과 같이 나타내야 한다.

```
>>y=sin(x.^2);
>>plot(x,y);
```

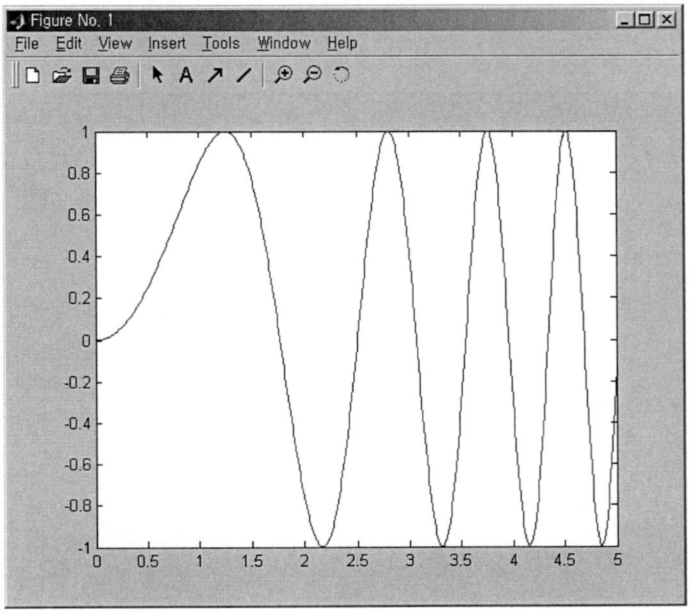

▶ 첨자 붙이기

```
>>a = [ 0 1 2; 4 5 6; 8 9 10]

a=
    0    1    2
    4    5    6
    8    9   10


>>a(3, 1)

ans
   = 8


>>a(1, 1) = a(2, 2) - a(3, 3)      % 5 - 10 ==> -5

a(1,1)=
          -5

>>a

a=
   -5    1    2
    4    5    6
    8    9   10
  % a(1,1)의 원소가 0에서 -5로 대체된 것을 알 수 있다.


>>a = [1 2; 3 4];

a=
   1   2
   3   4


>>b = a(:)

b=
    1
    3
    2
    4


>>a(:) = 10:13

a=
```

```
   10  12
   11  13
```

■ **여러 가지 행렬들**

▶ 빈 행렬 (empty matrix)

```
>>x =[ ]
x=
   [ ]

>>a=[1 2 3; 4 5 6; 7 8 9]
a =
      1      2      3
      4      5      6
      7      8      9
>>a([1 3],:)=[] % 행렬 a의 원소들 중에서 1행과 3행에 해당하는 부분을 지운다.
a =
      4      5      6
```

▶ compan % 동반행렬 (companion matrix)

다항식 (x-1)(x-2)(x+3) = x^3-7x+6 과 관련한 동반행렬 생성

```
>>p = [ 1 0 -7 6];
>>a = compan(p);
a=
   0  7  -6
   1  0   0
   0  1   0
```

이때 행렬 a의 고유치가 바로 다항식의 근이다.

```
>>eig(a)
ans=
   -3.0000
    2.0000
    1.0000
```

▶ diag % 대각행렬(diagonal matrix)

```
>>m=3
```

```
>>diag(-m:m) + diag(ones(2*m,1),1) + diag(ones(2*m,1),-1)
ans =

    -3     1     0     0     0     0     0
     1    -2     1     0     0     0     0
     0     1    -1     1     0     0     0
     0     0     1     0     1     0     0
     0     0     0     1     1     1     0
     0     0     0     0     1     2     1
     0     0     0     0     0     1     3
```

▶ magic % magic square

```
>>a = magic(3)
a=
  8  1  6
  3  5  7
  4  9  2
```

pascal % pascal 삼각형

```
>>pascal(5)
ans =
     1     1     1     1     1
     1     2     3     4     5
     1     3     6    10    15
     1     4    10    20    35
     1     5    15    35    70
```

▶ zeros % 0 만으로 구성된 행렬

```
>>zeros(5)
ans =

     0     0     0     0     0

     0     0     0     0     0
     0     0     0     0     0
     0     0     0     0     0
     0     0     0     0     0
```

▶ ones - 1으로 구성된 행렬

```
>>ones(1,5)
ans =
     1     1     1     1     1
```

▶ expm % 행렬 지수함수 (matrix exponentional function)

```
>>x=[1 2 3; 4 5 6; 7 8 9]
ans =
  1.0e+006 *
    1.1189    1.3748    1.6307
    2.5339    3.1134    3.6929
    3.9489    4.8520    5.7552
```

▶ logm % 행렬 대수함수 (matrix logarithmic function)

```
>>logm(x)
ans =

  -5.3738 + 2.7896i  11.9341 - 0.4325i  -5.3475 - 0.5129i
  12.2439 - 0.7970i -22.1906 + 2.1623i  12.5537 - 1.1616i
  -4.7279 - 1.2421i  12.8634 - 1.5262i  -4.1346 + 1.3313i
```

▶ sqrtm % 행렬 제곱근 (matrix square root)

```
>>sqrtm(x)
ans =
   0.4498 + 0.7623i   0.5526 + 0.2068i   0.6555 - 0.3487i
   1.0185 + 0.0842i   1.2515 + 0.0228i   1.4844 - 0.0385i
   1.5873 - 0.5940i   1.9503 - 0.1611i   2.3134 + 0.2717i
```

▶ poly % 특성 다항식

```
>>poly(x)
ans =
    1.0000  -15.0000  -18.0000   -0.0000
```

▶ det % 행렬식

```
>>x=[1 2 3; 1 0 5; 4 6 8]
>>det(x)
ans =
```

```
    12
```

▶ trace % 대각합

```
>>trace(x)

ans =
    15
```

▶ rand % 균등 분포된 난수들의 행렬

```
>>rand(5)
ans =
    0.8913    0.4447    0.1763    0.8936    0.1389
    0.7621    0.6154    0.4057    0.0579    0.2028
    0.4565    0.7919    0.9355    0.3529    0.1987
    0.0185    0.9218    0.9169    0.8132    0.6038
    0.8214    0.7382    0.4103    0.0099    0.2722
```

▶ randn % 정규 분포된 난수들의 행렬

```
>>randn(5)
ans =
   -0.4326    1.1909   -0.1867    0.1139    0.2944
   -1.6656    1.1892    0.7258    1.0668   -1.3362

    0.1253   -0.0376   -0.5883    0.0593    0.7143
    0.2877    0.3273    2.1832   -0.0956    1.6236
   -1.1465    0.1746   -0.1364   -0.8323   -0.6918
```

▶ eye % 단위행렬(identity matrix)

```
>>eye(5)

    1    0    0    0    0
    0    1    0    0    0
    0    0    1    0    0
    0    0    0    1    0
    0    0    0    0    1
```

▶ rot90 % 행렬을 90도 회전

16*48 사이즈의 입슬 영상A를 90도, 180도, 270도 회전시킨 결과를 보면

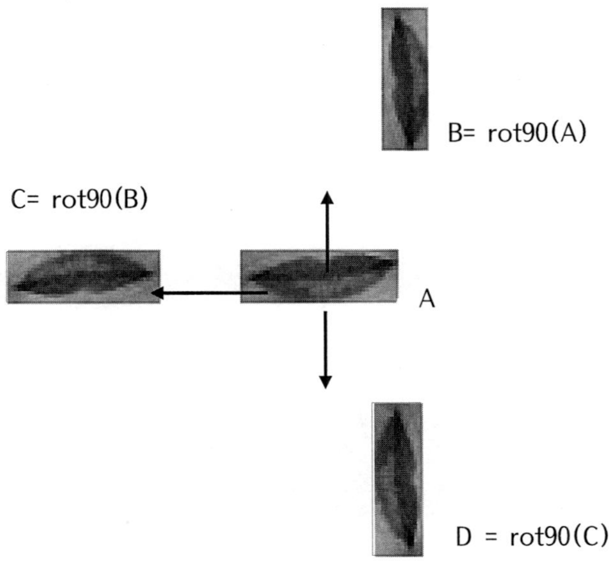


```
>>x=[1 2 3 4; 5 6 7 8; 9 10 11 12; 13 14 15 16]

x =
     1     2     3     4
     5     6     7     8
     9    10    11    12
    13    14    15    16

>>rot90(x)
ans =
     4     8    12    16
     3     7    11    15
     2     6    10    14
     1     5     9    13
```

▶ fliplr - 행렬의 왼쪽원소들과 오른쪽 원소들을 바꿈

```
>>fliplr(x)
ans =
     4     3     2     1
     8     7     6     5
```

```
    12    11    10     9
    16    15    14    13
```

다른 예로서 수열 x[n]의 접혀진 수열 즉 y[n] = x[-n]을 구하고자 할 때

```
>>x=[1 2 3 4 5 6 7 8 9];
>>y=fliplr(x)
```

위의 결과를 그림으로 표현하기위해

```
>> subplot(2,1,1)
>> stem(x)
>> subplot(2,1,2);

>> stem(y)
```

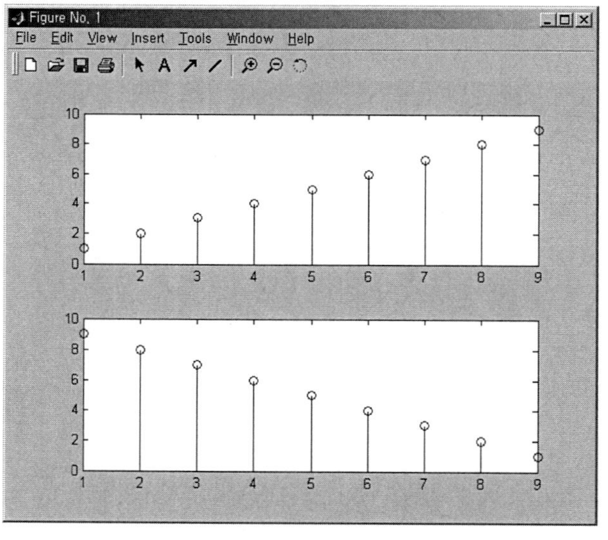

▶ flipud % 행렬의 위쪽원소들과 아래쪽 원소들을 바꿈

```
>>flipud(x)
ans =

    13    14    15    16
     9    10    11    12
     5     6     7     8
     1     2     3     4
```

▶ tril % 하삼각 행렬

```
>>x=[1 2 3 4; 5 6 7 8; 9 10 11 12; 13 14 15 16]
```

```
>>tril(x)

ans =
     1     0     0     0
     5     6     0     0
     9    10    11     0
    13    14    15    16
```

▶ triu - 상삼각 행렬

```
>>triu(x)

ans =
     1     2     3     4
     0     6     7     8
     0     0    11    12
     0     0     0    16
```

▶ reshape - 행렬의 형태를 바꿈.

```
>>a=[ 1 2 3; 4 5 6]
>>reshape(a,3,2);
ans=
   1  3
   4  5
   2  6
```

▶ repmat - 행렬을 반복적인 행렬의 형태를 바꿈.

```
>>repmat(magic(2),2,3)
ans =
     1     3     1     3     1     3
     4     2     4     2     4     2
     1     3     1     3     1     3
     4     2     4     2     4     2
```

repmat(A,M,N)에서 A가 스칼라일 때 A값으로 채워진 M*N 행렬을 만든다. 이 방법은M 이나 N이 커질 경우A*ones(M,N) 방법보다 더 빠르다.

```
>>repmat(NaN,2,3)
```

```
ans =
    NaN    NaN    NaN
    NaN    NaN    NaN
```

■ **기타 행렬함수**

▶ toeplitz   % Toeplitz행렬

```
>>c = [ 1 2 3 4];
>>r = [ 1.5 2.5 3.5 4.5];
>>toeplitz(c, r);
ans=
    1.0000   2.5000   3.5000   4.5000
    2.0000   1.0000   2.5000   3.5000
    3.0000   2.0000   1.0000   2.5000
    4.0000   3.0000   2.0000   1.0000
```

▶ hadamard   %hadamard 행렬의 1과 -1로 이루어진 열이 직교하는 행렬

H′*H = n*I , 여기서 [n n] = size(H) , I = eye(n, n)

```
>>hadamard(2)
ans =
      1      1
      1     -1

>>hadamard(4)
ans =
      1      1      1      1
      1     -1      1     -1
      1      1     -1     -1
      1     -1     -1      1
```

▶ hilb % Hilbert 행렬

```
>>hilb(5)

ans =
     1.0000      0.5000      0.3333      0.2500      0.2000
```

```
    0.5000    0.3333    0.2500    0.2000    0.1667
    0.3333    0.2500    0.2000    0.1667    0.1429
    0.2500    0.2000    0.1667    0.1429    0.1250
    0.2000    0.1667    0.1429    0.1250    0.1111
```

▶ invhilb - Hilbert의 역행렬

```
>>invhilb(5)
ans =

          25        -300        1050       -1400         630
        -300        4800      -18900       26880      -12600
        1050      -18900       79380     -117600       56700
       -1400       26880     -117600      179200      -88200
         630      -12600       56700      -88200       44100
```

▶ kron   % Kronecker 텐서 곱(tensor product)

예를들면 X 는 2 by 3일 때
kron(X,Y)은
[X(1,1)*Y   X(1,2)*Y   X(1,3)*Y
  X(2,1)*Y   X(2,2)*Y   X(2,3)*Y]>>x=[1 2 3; 4 5 6] 와 같이 계산된다.

```
>>x=[1 2 3; 4 5 6]
>>y=[1 2 3; 4 5 6]
>>kron(x,y)

ans =

     1     2     3     2     4     6     3     6     9
     4     5     6     8    10    12    12    15    18
     4     8    12     5    10    15     6    12    18
    16    20    24    20    25    30    24    30    36
```

▶ hankel % Hankel 행렬

```
>> c=1:5;
>> h=hankel(c)    % 첫 번째 열의 원소가 cfh 시작하며 첫 번째 비대각선 원소는 0으로 채워지는 정방행렬

h =
     1     2     3     4     5
     2     3     4     5     0
     3     4     5     0     0
     4     5     0     0     0
     5     0     0     0     0

>>c = 1:3; r = 5:7;
>>h = hankel(c,r)  %
h =
     1     2     3
     2     3     6
     3     6     7
```

연습 문제

1. x를 -10부터 0.1 간격으로 10까지 변하는 벡터를 생성하라.
2. 위에서 생성된 벡터 x의 제곱근, 세제곱근을 구하여라.
3. 위에서 생성된 벡터 x의 함수인 $y = e^{-x} \cdot \cos(x^2)$ 를 그리시오.
4. 다음의 행렬이 주어졌을 때

$$A = \begin{bmatrix} 2 & 1 & -3 \\ 1 & 0 & 4 \end{bmatrix},\ B = \begin{bmatrix} 3 & 0 & 5 \\ 6 & 9 & -1 \end{bmatrix},\ C = \begin{bmatrix} 5 & -1 & 0 \\ 7 & 8 & -1 \end{bmatrix}$$

다음을 계산하여라.

(1) 3A-B-2C (2) 5A-2(B-C)

5. $A = \begin{bmatrix} 1 & 3 \\ 2 & 4 \end{bmatrix},\ B = \begin{bmatrix} 1 & 4 \\ 3 & 2 \end{bmatrix}$ 일 때 다음을 계산하여라.

(1) $A^2 - B^2$ (2) $(A + B)(A - B)$

6. 다음 행렬의 역행렬을 구하여라.

$$\begin{bmatrix} 1 & -\tan(\frac{\pi}{3}) \\ \tan(\frac{\pi}{3}) & 1 \end{bmatrix}$$

02-2. MATLAB의 연산자와 명령어

식은 문장에서 값을 계산하는데 사용되며 문장을 구성하는 기본구조 중의하나이다. 식은 연산자와 피연산자로 구성되며 연산자의 종류에 따라 산술식, 관계식, 논리식 등으로 구분한다.

연산자의 종류

■ 산술 연산자 (Arithmetic Operators)

함 수	의 미	연산자
plus	더하기	+
uplus	단항자 더하기 (Unary plus)	+
minus	빼기	-
uminus	단항자 빼기	-
times	배열 곱(array muliply)	.*
mtimes	행렬 곱	*
mpower	행렬 멱승	^
power	배열 멱승	.^
mldivide	행렬 왼쪽 나누기	₩
mrdivide	행렬 오른쪽 나누기	/
ldivide	배열 왼쪽 나누기	.₩
rdivide	배열 오른쪽 나누기	./
kron	Kronecker tensor product	kron

■ 관계 연산자 (Relational operators)

연산자	의 미
<	~ 보다 작다 (less than)
<=	~ 보다 작거나 같다 (less tan or equal)
>	~ 보다 크다 (greater than)
>=	~ 보다 크거나 같다 (greater than or equal)
==	~ 같다 (equal)
~=	~ 같지 않다 (not equal)

예)

```
>> a = [ 2 4 6 8 10 5 9 ];
>> b = [ 3 5 1 7 10 1 9 ];
>> a < b

ans =
     1     1     0     0     0     0     0
>> a ~= b   % a 와 b의 원소가 같지 않으면 참값 1, 같으면 거짓값 0
ans =
     1     1     1     1     0     1     0

>> a==b   % a 와 b의 원소가 같으면 참값 1, 같지 않으면 거짓값 0
ans =
     0     0     0     0     1     0     1
```

■ 논리 연산 (Logical operators)

커맨드	의 미	연산자
and	논리곱	&
or	논리합	|
not	부정	~

```
>> c = a & b
 % 행렬 a와 행렬 b의 대응원소들이 둘 다 0 이 아닐 경우 1,  하나라도 0 일 경우 0

>> c= a | b
% 행렬 a와 행렬b의 대응원소중 어느 하나라도 0 이 아닐 경우 1, 전부 0 일 경우 0

>> b = ~a  % a의 부정으로 행렬 a의 원소가 아닌 경우 0 을, 0인 경우 1을 돌려줌
```

■ 비트연산자 (Bit operators)

커맨드(Command)	의 미
bitand	비트 AND 연산 (Bit-wise AND)
bitcmp	보수 비트 연산 (Complement bits)
bitor	비트 OR 연산 (Bit-wise OR)
bitmax	부동 소수 최대값 (Maximum floating point integer.)
bitxor	비트 XOR 연산 (Bit-wise XOR.)
bitset	비트 세트 연산 (Set bit)
bitget	비트 획득 연산 (Get bit)
bitshift	비트 이동 연산 (Bit-wise shift)

```
C = bitand(13,27)    % 13의 2진수 01101, 27의 2진수 11011

C =
     9
```

The five-bit binary representations of the integers 13 and 27 are 01101 and 11011, respectively. Performing a bit-wise OR on these numbers yields 11111, or 31.

```
C = bitor(13,27)

C =
    31
```

8비트 연산으로 99의 1의 보수 구하기 %99의 2진수 01100011
이 수의 1의 보수는 10011100 이고 10진수로는 156이다

```
C = bitcmp(99,8)

C =
   156

disp(dec2bin(13))

1101

C = bitget(13,4:-1:1)
```

```
C =

     1     1     0     1
```

Setting the fifth bit in the five-bit binary representation of the integer 9 (01001) yields 11001, or 25.

```
C = bitset(9,5)

C =
    25
```

Shifting 1100 (12, decimal) to the left two bits yields 110000 (48, decimal).

```
C = bitshift(12,2)

C =
    48
```

[참고] 10진수를 2진수로 변환 dec2bin
 dec2bin(23) => '10111'

■ 관계 및 논리함수

함수	기능
any(x)	어떤 값이 진인지 결정
all(x)	모든 값이 진인지 결정
find(x)	0이 아닌 값의 위치(논리값의 배열 지표를 찾아줌)
exist('A')	변수 A가 존재하는지 결정(변수의 존재 여부 점검)
isnan(x)	x가 NAN이면 1을 가진 행렬로 아니면 0을 가진 행렬
isinf(x)	무한대 값의 존재 검색
finite(x)	유한한 값의 존재 검색
isempty(x)	빈 행렬의 검색
isstr	문자열 변수의 검색
isglobal	전역변수의 검색
issparse	sparse 행렬의 검색

■ MATLAB의 문장

제어문
 조건문 : if 문 , switch 문
 반복문 : while 문, for 문
 분기문 : break 문, return 문
▶if 문

```
if logical expression
  statement group A
end
```

```
>> if all(A > 1 )
        조 건 문
     end
```

% 행렬 A의 모든원소들이 1보다 클 경우에만 조건문이 수행됨.

▶중첩 IF 문

```
if 논리식 1
   문장 A
   if 논리식 2
     문장 B
   end
문장 C
end
문장 D
```

▶ if else 문

```
if logical expression 1
  statement group A
else if logical expression 2
  statement group B
else if logical expression 3
  statement group C
end
```

▶switch 문

```
switch ( 식 )
          case case_expr,
            문장,..., 문장
          case {case_expr1, case_expr2, case_expr3,...}
            문장,..., 문장
         ...
          otherwise,
            문장,..., 문장
        end
```

예) switch 문을 사용하여 보간 방법을 선택하는 문장을 구성하고자 한다. METHOD='CUBIC'일 경우 아래 문장을 수행하면

```
switch lower(METHOD)
    case {'linear','bilinear'}, disp('Method is linear')
    case 'cubic', disp('Method is cubic')
    case 'nearest', disp('Method is nearest')
    otherwise, disp('Unknown method.')
end
```

lower('CUBIC')의 결과는 cubic이고 스위치 문에서 case 'cubic'에 해당되어 disp('Method is cubic')를 수행하게 된다.

다음 프로그램은 번호를 입력받아 영문으로 표시하는 프로그램이다.

```
%이 프로그램명은 testswitch.m 이다
day =input('요일 ?  ');
switch ( day )
  case 1 ,  disp('Sunday')
  case 2 ,  disp('Monday')
  case 3 ,  disp('Tuesday')
  case 4 ,  disp('Wednesday')
  case 5 ,  disp('Thursday')
  case 6 ,  disp('Friday')
  case 7 ,  disp('Saturday')
  otherwise, disp( '다른 수를 입력하시오')
end;
```

```
>> testswitch
요일 ? 1
```

Sunday
>> testswitch
요일 ? 10
다른 수를 입력하시오

>> testswitch
요일 ? 7
Saturday

■ 반복문의 사용

▶ FOR 문

```
for index = expression
  문장들
end
```

예 1) 간단한 루우프의 예로서 1부터 10까지 더하는 프로그램

```
>> for i=1:10, sum = sum +i ; end
```
또는
```
>> for i=1:10
      sum = sum + i;
   end
```

예2) 프로그램의 예

$h(n) = 1 + 1/2 + 1/3 + 1/4 + ... + 1/n$을 계산하는 프로그램
행
>> sumofbunsoo
최종값 : 1000
sum =

    7.4855   % $1 + 1/2 + 1/3 + 1/4 + ... + 1/1000 = 7.4855$

예3) $S = \sum_{i=1}^{10} + \prod_{i=1}^{10}$ 을 구하는 프로그램을 작성하라.

```
%화일명 : sumofbunsoo.m
n = input('최종값 : ') ;        % 최종값
sum = 0.0                     % 누적될 변수
for i = 1 : n
  sum = sum + 1/i ;          % 분수 합
end;
```

```
%file명 : testsum.m
sum=0;
prodsum=1;
for n=1:10;
    sum=sum+n;
    prodsum=prodsum*n;
    totalsum(n)=sum+prodsum;
end;
```

실행결과

```
>> testsum
>> totalsum =

  Columns 1 through 6
          2          5         12         34        135        741
  Columns 7 through 10
       5068      40356     362925    3628855
```

예 4) 완전수 (Perfect Number)는 자기 자신을 제외한 약수의 합이 자기 자신과 같은 수를 말한다. 예를들면 6 은 1+2 +3 과 같다. 임의 수 N을 읽어 들여 1부터 N사이의 완전수를 구하는 프로그램을 작성하라.

```
%화일명 : perfect.m
N=input(' 완전수를 구하기 위한 상한 값 : ');
sum=0;
for i=2 : N,
   for j=1: i-1,
     if(mod(i, j) == 0)
         sum=sum+j ;
       end;
   end;
   if (sum == i)
     i                % 완전수
   end;
   sum=0;
end;
```

<실행결과>

```
>> perfect
완전수를 구하기 위한 상한 값 : 500
i =
      6
i =
     28     % 1+ 2 + 4 + 7 + 14
i =
    496    % 1 + 2 + 4 + 8 + 16 + 31 + 62 + 124 + 248
```

따라서 1부터 500사이의 완전수는 6, 28, 496 이다.

▶ while 루우프

```
while '수식 '
       수행 문장들
end
```

예 1) n! Factorial 구하는 프로그램을 작성

```
>> n=1;
>> while prod(1:n) <= 10000
```

```
        n = n + 1;
    end
```

예 2) 소수 (prime number) 구하는 프로그램

실행

```
>> testprime      <=== 소수를 구하는 프로그램 명

소수 구하기 위한  최종값 = 30

>> P
P =
     2     3     5     7    11    13    17    19    23    29
```

예 3) Fibonachii(피보나치)의 수열은 1, 1, 2, 3, 5, 8, 13, 21, 34 , . . . 와 같다. 이 수열을 발생하는 프로그램을 작성하라.

```
%이 프로그램명은 testfibonachii.m
%Fibonachii 수열
n = input(' 수열의 개수 = ');
fn(1)=1;
fn(2)=1;
for i=3: n
  fn(i)=fn(i-1)+fn(i-2)
end;
```

실행결과

```
>> testfibonachii
 수열의 개수 = 10
>> fn
fn =
     1     1     2     3     5     8    13    21    34    55
```

```
%이 프로그램명은 testPrime.m
MAX = input('소수 구하기 위한  최종값 = ');
prime = zeros(1 , MAX);
for i = 2 : MAX,
   prime(i) = i ;
end;
for  i = 2 : MAX
   if (prime(i))
      j = i ;
      while( j <= MAX )
         j = j + i ;
         prime(j) = 0;
      end;
   end;
end;

i = 1;
P=[];    % 소수가 들어갈 공벡터

while( i <= MAX )
   if( prime(i)  ~= 0)
     P=[ P prime(i)];    % 소수를  이루는 벡터생성
    end;
   i=i+1;
end;
```

```
%화일명: removeofDN.m
data  = [ 15  45  65  23  45  83   62   94   83  75  76  62  45  99 ]
L = length(data);
newdata = zeros(1 , L);          % 중복을 체크하기위한 배열로 0으로
초기화
count = 1;
for i=1: L-1
   for  j=i+1 : L
      if(newdata(j)==0  & data(i) == data(j) )
         newdata(i)=1;             % 처음 반복된 수인 경우 1로  세팅
         newdata(j)=2;             % 두 번 이상 반복되는 수는 2로 세팅
      end;
   end;
end;
% 제거된 데이터의 최대값, 최소값, 평균 구하기
sum1 = 0;                         % 데이터의 누적 변수
max = -9999;
min = 100000;
count = 0;                        % 중복되지 않은 데이터의 수
for i = 1 : L
   if( newdata(i) == 0 | newdata(i) == 1 )
      count = count + 1;
      if ( data(i) > max )  max = data(i);      end
      if ( data(i) <min)    min  = data(i);      end;
     sum1 = sum1 + data(i);
     end;
end;
```

예 4) 임의의 수열에서 중복된 수를 제거하고 나머지 데이터 중에서 최고값, 최대값, 평균값을 구하라.

분석 : 중복된 데이터의 체크를 위해 데이터 개수만큼 배열 newdata을 선언하고 0으로 초기화한다. 데이터를 비교해서 같은 값을 갖는 데이터가 있는지 조사하여 첫 번째 데이터는 배열 newdata(i)에 1로 세팅하고, 뒤에 나오는 데이터는 배열 newdata(j)에 2 로 세팅시킨다. 최종적으로 중복되지 않은 데이터는 배열 newdata에서 0, 1의 값을 갖는 위치의 데이터는 중복되지 않은 데이터이다.

실행

```
>> removeofDN
max =
```

```
     99
min =
     15
count =
     10

ave =
   63.7000
```

[연습문제]

1. 20개의 데이터를 읽어 들여 오름차순과 내림차순으로 정렬하는 프로그램을 작성하시오.

2. 두개의 데이터를 받아 최대공약수를 구하는 프로그램을 작성하시오.

3. 두개의 행렬의 데이터를 읽어 들여 행렬의 덧셈과 뺄셈을 구하는 프로그램을 작성하시오.

4. 1부터 n까지의 합을 재귀함수를 사용하여 구해보라.

5. 여러분이 구할 수 있는 소수 중에 가장 큰 소수를 구해보라. 참고로1876년 루카스가 컴퓨터 없이 찾아낸 소수로는 39자리수인 170141183460469231731687303715884105727 이다. 지금까지 알려진 최대 소수는 캐나다 출신의 캐머론이 발견한 수로 405만3946자리의 수로 보통사람이 쓸 경우 3주나 걸릴 정도의 큰 수이다.

6. 여러 가지 진법 변환하는 함수를 만들어라.

02-3. MATLAB의 함수 및 함수 만들기

■ 수학적 함수

abs(x)	절대값을 구하는 함수
sqrt(x)	제곱근을 구하는 함수
round(x)	0에 가까운 값인 정수형으로 만드는 함수
fix(x)	-무한대를 향해 가장 가까운 정수형을 구하는 함수
floor(x)	+무한대를 향해 가장 가까운 정수형을 구하는 함수
ceil(x)	무조건 올려주어 정수형을 만드는 함수
sign(x)	부호를 알아내는 함수
rem(x,y)	나머지를 구하는 함수

mod(x,y)	나머지를 구하는 함수, x,y가 부호가 같을 경우는 rem과 같다.
exp(x)	지수 함수 값을 구하는 함수
log(x)	자연로그 값을 구하는 함수
log10(x)	상용로그 값을 구하는 함수

sin(x)	sin 함수
cos(x)	cos 함수
tan(x)	tan 함수
asin(x)	$\sin^{-1}(x)$ 함수
acos(x)	$\cos^{-1}(x)$ 함수
atan(x)	$\tan^{-1}(x)$ 함수
atan2(x, y)	$\frac{y}{x}$ 값의 inverse tangent
sec(x)	$\sec x = \frac{1}{\cos x}$
csc(x)	$\csc x = \frac{1}{\sin x}$
cot(x)	$\cot x = \frac{1}{\tan x}$
sinh(x)	$\frac{e^x - e^{-x}}{2}$
cosh(x)	$\frac{e^x + e^{-x}}{2}$
tanh(x)	$\frac{\sinh x}{\cosh x}$

asinh(x)	$\ln(x+\sqrt{x^2+1})$
acosh(x)	$\ln(x+\sqrt{x^2-1})$
atanh(x)	$\frac{1}{2}\ln(\frac{1+x}{1-x})$
coth(x)	$\coth(x)=\frac{\cosh x}{\sinh x}$, for $x \neq 0$
sech(x)	$\sec h(x)=\frac{1}{\cosh x}$
csch(x)	$\csc h(x)=\frac{1}{\sinh x}$
acoth(x)	$acoth(x)=\frac{1}{2}\ln(\frac{x+1}{x-1})$, for $\lvert x\rvert >1$
asech(x)	$asech(x)=\ln(\frac{1+\sqrt{1-x^2}}{x})$ for $0< x \leq 1$
acsch(x)	$acsch(x)=\ln(\frac{1}{x}+\frac{\sqrt{1+x^2}}{\lvert x\rvert})$ for $x \neq 0$

■ 수학 함수의 사용

```
>>help elfun   % 위에서 제시한 Elementary 수학함수에 대한 설명이 제공된다.

>>x=[1 -5  23   64  -49];
>>abs(x)       % 벡터x의 절대값
ans =

     1     5    23    64    49
>>sqrt(x)      % 벡터x의  제곱근
ans =
   1.0000            0 + 2.2361i    4.7958          8.0000        0 + 7.0000i
```

벡터 x가 [145.23 -55.643 23.24   164 -24.9]일 때;

```
>>round(x)   % 벡터x의 반올림 정수값
ans =
   145    -56     23    164    -25

>>fix(x)       % 벡터x의 반올림하지 않은 정수값
ans =
```

```
   145    -55    23   164   -24

>>ceil(x)     % 벡터 x의 정수값 ( .5보다 작은 값의 반올림)
ans =
   146    -55    24   164   -24
>>sign(x)    % 벡터x의 부호
ans =
     1     -1     1     1     -1
>>exp(x)    % 벡터x의 지수값
ans =
  1.0e+071 *
    0.0000    0.0000    0.0000    1.6761    0.0000

>>log(x)     % 벡터x의 log 값
ans =
   4.9783          4.0190 + 3.1416i        3.1459          5.0999          3.2149 +
3.1416i
>>log10(x)     % 벡터x의 로그 값
ans =
   2.1621      1.7454 + 1.3644i    1.3662     2.2148          1.3962 + 1.3644i

x=[123 456 678] 일때
>>rem(x, 7)        % 벡터x의 나머지
ans =
     4     1     6

>>floor(ceil(10.8))
ans =
    11

>>log10(100) + log10(0.001)
ans =
   -1.0000
```

```
>>abs(-5 : 5)
ans =
     5    4    3    2    1    0    1    2    3    4    5
>>round([0 :0.3 :2 ,1 :0.75 :4])
ans =
     0    0    1    1    1    1    2    1    2    3    3    4

>>x = [ pi -pi ; pi/2 -pi/2] ;
>>sin(x)
ans =

    0.0000   -0.0000
    1.0000   -1.0000
```

■ 함수의 사용과 그리기

```
x=1:0.1:10;
y1=exp(x);
y2=log(x);
subplot(211),plot(x,y1,'r'), title('y=e^x');
subplot(212),plot(x,y2, 'b'), title('y=logx');
```

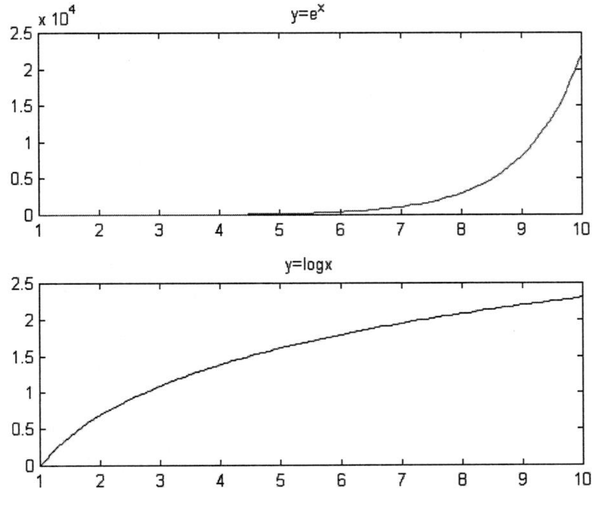

■ M 파일의 특징

① MATLAB 실행 문장의 모임인 스크립트 파일 형태 혹은 함수형태로 구성된다.

② 실행 문장들 중에는 M-파일을 참조가 가능하다

③ 재귀적인 호출을 할 수 있다.

④ 문자 편집기나 워드프로세서를 사용하여 작성하며 ASCII코드로 구성된다.

⑤ 확장자는 *.M 이다.

▶ 스크립트 파일

일련의 Mtalab의 실행문장을 모아놓은 파일이다.

```
wn=4.; zeta1=0.6; zeta2=1.0; zeta3=1.6;
ng=wn^2;
dg1=[1 2*zeta1*wn wn^2];
dg2=[1 2*zeta2*wn wn^2];
dg3=[1 2*zeta3*wn wn^2];
t=[0: 0.1: 6];
y1=step(ng, dg1, t);
y2=step(ng, dg2, t);
y3=step(ng, dg3, t);
plot(t, y1,'.', t, y2, '--', t, y3)
```

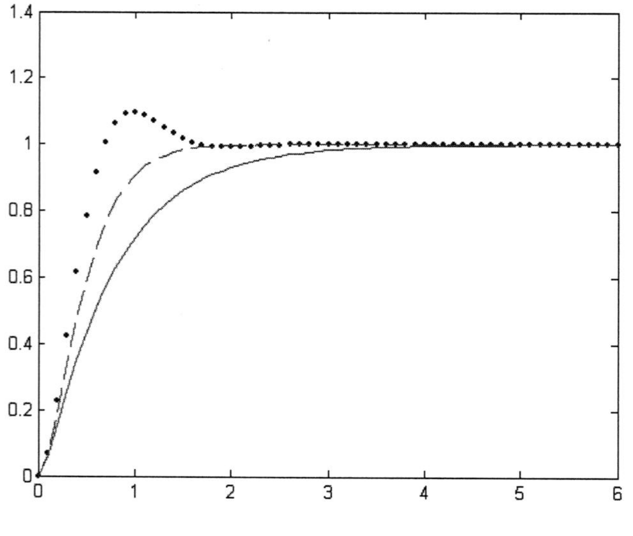

▶ 함수(function) 파일:

파일이 시작되는 첫 줄에 function이라는 단어가 들어 있는 파일로 이 파일에서는 인수가 사용될 수 있으며, 파일에서 정의된 함수는 지역변수일 뿐 MATLAB의 작업공간에 저장되어 전역변수로 사용되지 않는다.

예 1) 평균을 구하는 프로그램

```
function y=mean(x)
  [m,n]=size(x);
  if m==1
       m=n;
  end
  y=sum(x)/m;
```

```
>> X = [ 1 2 3 4 5 6 7 8 9 10 ] ;
>> mean(X)
ans =

   5.5000

>> whos

  Name       Size          Bytes  Class
   ans       1x1               8  double array
   X         1x10             80  double array

Grand total is 11 elements using 88 bytes
```

함수 mean 에서 정의한 변수 y, m 및 n은 mean 함수에 국한된 변수로 mean이 실행되고 난 후에는 작업공간상에 존재하지 않는다. 만약 mean을 실행시키기 전에 같은 이름의 변수가 작업공간상에 존재하였을 경우 mean실행이 완료된 후에 그 변수들은 그대로 보존된다.

예 2) 평균과 표준편차를 구하는 함수를 MATLAB함수로 구현해 보라.

```
파일명 : stat.m
function [mean,stdev]=stat(x)
 [m,n]=size(x);
 if m==1
```

```
    m=n;
 end
 mean = sum(x)/m;
 stdev = sqrt(sum(x.^2)/m - mean.^2);
```

[실행]

```
>> x= [90  100  89  73 82 65 92 73 78 70 ] ;

>> [mean , stdev] = stat(x)
mean =

   81.2000

stdev =

   10.6846
```

예 3) 어떤 수열의 DFT (Discrete Fourier Transform)를 구하는 프로그램을 작성하라.

```
function [Xk]=dft(xn,N)
%Compute Discrete Fourier Transform
%-------------------------------------
%[XK]=dft(xn, N)
%
% Xk = DFT  계수 행렬 0 <= k <= N-1
% xn = 유한지속기간의 수열
% N  = DFT의 길이
```

```
%-------------------------------------
n=[0:1:N-1];
k=[0:1:N-1];
WN=exp(-j*2*pi/N);
nk=n'*k;
WNnk=WN.^nk;
Xk=xn*WNnk;
```

실행

```
>> xn = [ 1  1  1  1  0  0  0  0 ];
>> N  = 8 ;
>> [Xk] = dft(xn , N)
```

이산 푸리에 변환 (DFT) 값은 다음과 같다.

```
>> Xk'

ans =

   4.0000
   1.0000 + 2.4142i
   0.0000 + 0.0000i
   1.0000 + 0.4142i
        0 + 0.0000i
   1.0000 - 0.4142i

0.0000 + 0.0000i
   1.0000 - 2.4142i
```

크기만을 그려보면

```
>> stem ( abs ( Xk) )
```

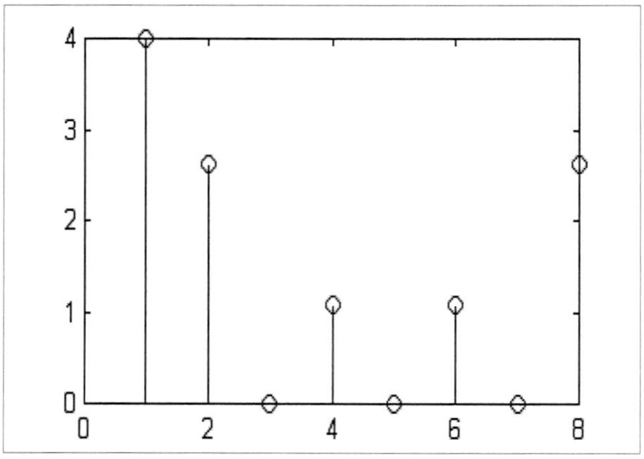

예 4) 임의의 벡터를 뒤섞는 프로그램

```
function [Xs,Ir]=scramble(X)
%벡터의 원소를 뒤섞는다.
%SCRAMBLE(X)는 뒤섞인 벡터와 뒤섞이기전의 인덱스를 반환
 N=max(size(X));
 I=-ones(1,N);
  for j=1:N
    Q=-1;
    while Q~=0
       tmp=round(rand*N+.5);
       Q=sum(tmp==I);
    end
    I(j)=tmp;
  end
  Xs=X(I);
  Ir(I)=1:N;
```

```
>> x=1:3: 30
x =
     1     4     7    10    13    16    19    22    25    28

>>[xs, Indx]=scramble(x)

xs =
    28     7    19    13    25    22     1     4    10    16

Indx =
     7     8     2     9     4    10     3     6     5     1
```

```
>>xs(Indx)
ans =
   1     4     7    10    13    16    19    22    25    28

>>subplot(211), stem(x), title('원래의 데이터 ');
>>subplot(212),stem(xs); title('섞은 후의 데이터 ');
```

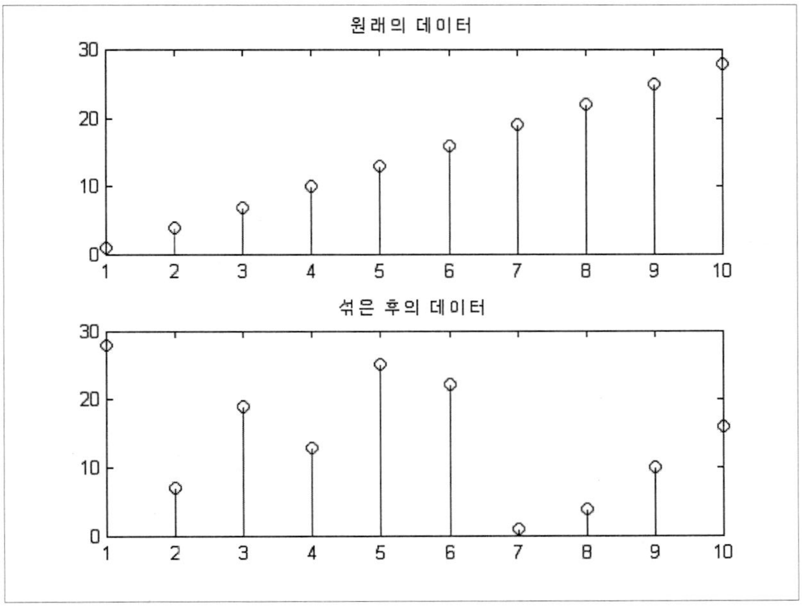

예 5) 다음의 함수 $y(x) = 3*x + (x^3)*\cos(x)$를 정의하고, 임의의 x 값에 대한 함수값을 구해보고, 0의 값과 최소값을 갖는 위치를 구해보자.

makefun.m 파일을 다음과 같이 만든다.

```
function y = makefun(x)
  y = 3*x + (x.^3).*cos(x);
```

```
>>makefun([-5  5])
ans =
  -50.4578    50.4578

>>x = -5:0.1:5;
```

```
>>plot(x,makefun(x))
```

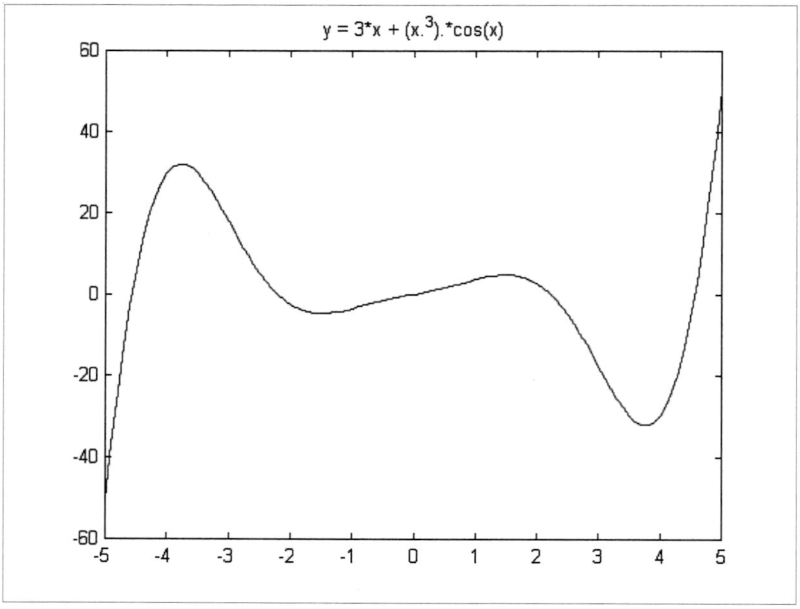

이 함수의 0의 값, 최소값을 갖는 위치를 구해보면

```
>>fzero('makefun',4)   %4의 근처에 있는 zero값을 구한다.
Zero found in the interval: [3.36, 4.64].

ans =

    4.5681
```

x가 4.5681에서 0의 값을 가진다. 이 값을 함수식 $y(x) = 3*x + (x^3)*\cos(x)$에 대입하여 보면 y = 3*(4.5681) + ((4.5681)^3)*cos(4.5681)=-0.0024 를 얻는다. 약간의 오차가 있음을 알 수 있다.

x 구간 [2 , 5] 사이에서 최소값을 갖는 x 값을 구해보면

```
>>fmin('makefun', 2, 5)

ans =
    3.7699
```

그림에서 마우스로 [2와 5사이의 구간에서 최소점을 갖는 위치를 찾아보면

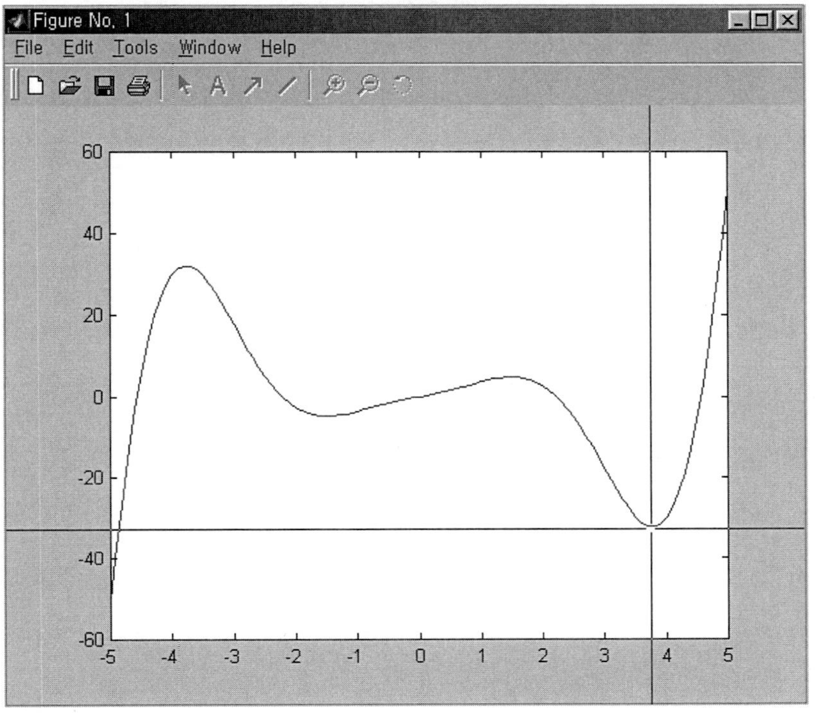

```
>>ginput

ans =

    3.7788   -32.2807
```

3.7788위치에서 최소값 -32.2807을 갖는다.

예 6) 단위 계단 수열 f[n] = u[t-2] 함수 그리기

```
>>stem( [-10:10], unitstep(2,-10, 10) )
```

```
function [x,n] = unitstep(n0,n1,n2)
n=[n1:n2];
x=[(n-n0)>=0];
```

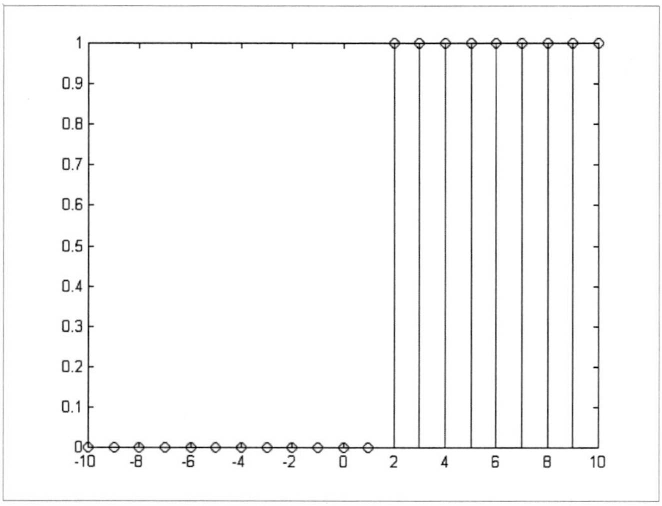

예 7) f[t] = δ[t-3] 임펄스 그리기 함수

```
>> stem([-10 : 5],  impulseq(3, -10, 5));
```

```
function [x,n] = impulseq(n0,n1,n2)
n=[n1:n2];
x=[(n-n0)==0];
```

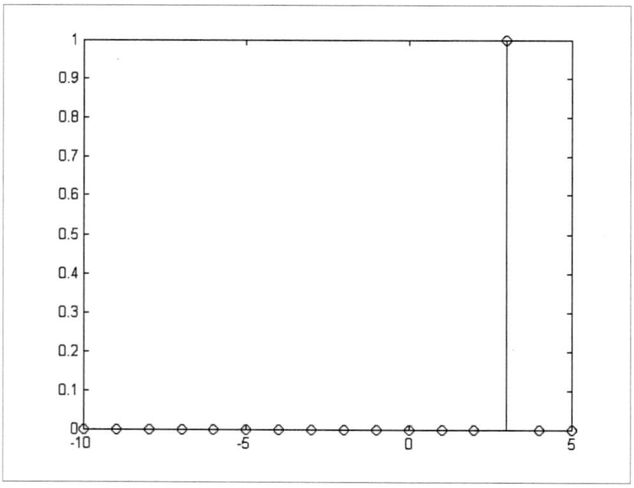

▶ 재귀적인 방법으로 함수의 사용

함수의 정의부분에서 자기 자신의 함수를 호출하는 함수를 재귀적인 함수(recursive function)라 부르며 Matlab에서 재귀적인 함수를 구현 할 수 있다.

예1) 3의 멱승을 재귀적인 방법으로 구현한 예이다.

```
%파일명 : testpower.m
m = 3 ;
for k = 0 : 10,
    p=power(3,k);
    str=num2str(p);
    str1=strcat('3 ^ ', num2str( k)) ;
    str2=strcat(str1, ' = ' );
    str3=strcat(str2, str);
    disp(str3);
end;
```

```
function [p]=power(a,b)
 if (b==0)
   p=1

  else
   p=a*power(a, b-1);
  end;
```

함수 power 내에서 다시 자기자신의 power 함수를 호출하고 있다

실행 결과

```
>>testpower
3 ^0 =1
3 ^1 =3
3 ^2 =9
3 ^3 =27
3 ^4 =81
3 ^5 =243
3 ^6 =729
3 ^7 =2187
3 ^8 =6561
3 ^9 =19683
3 ^10 =59049
```

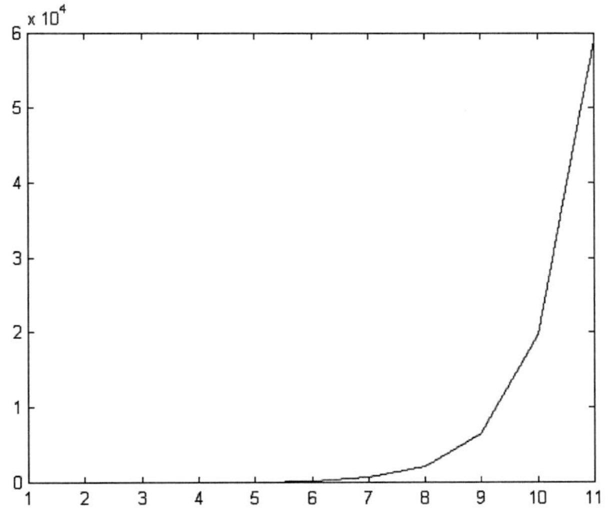

예 2) 피보나치 수열은 1로 시작하며 처음에는 1이 반복되고 연속하는 두 수의 합이 다음에 나타나는 수열로 1 1, 2, 3, 5, 8, 13, ... 와 같다. 이를 순환함수로 구현한 예이다.

<table>
<tr>
<td>

```
%main 함수

n = input('수열의 마지막 항 ');
for i=1: n
    F(i)=fibo(i);
end;
```

</td>
<td>

```
%피보나치 수열 함수

function [p]=fibo(n)
  if(n==1 | n==2 )
      p=1;
  else
      p=fibo(n-1)+fibo(n-2);
end;
```

</td>
</tr>
<tr>
<td colspan="2">

```
[결과]
F =
  Columns 1 through 12
 1    1    2    3    5    8    13    21    34    55    89    144
  Columns 13 through 15
   233    377    610
```

</td>
</tr>
</table>

3. 임의의 데이터를 발생시킨 후 이 데이터를 bubble 정렬하는 프로그램을 작성 하여라. 그리고 C언어에서 bubble 정렬한 것과 시간을 비교하여 보라.

```
function [ a ] = bubblesort(a, n)
%scputime=cputime
for i=1: n-1
  for j=i : n
     if( a(i) < a(j) )
         t = a(j);
         a(j)=a(i);
         a(i) = t;
     end;
   end;
  end;
%fcputime = cputime-scputime    %  최종 CPU time
```

```
data=fix(rand(1,5000)*10000);     %임의의 5000개의 데이터 발생
st=cputime ;                      % 현재의 시간
sortdata=bubblesort(data,5000);
epst=cputime-st ;                 % 경과된 시간
```

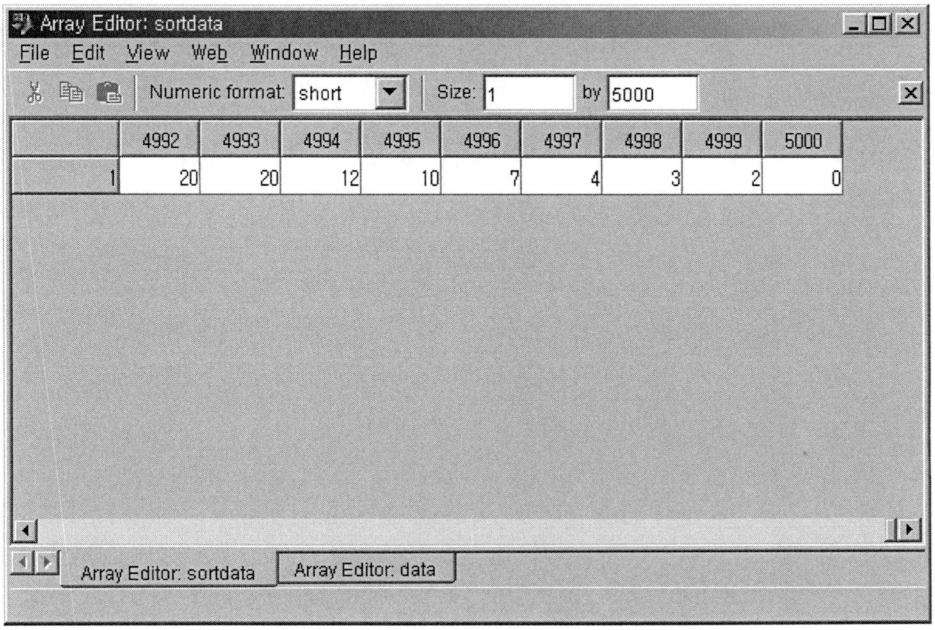

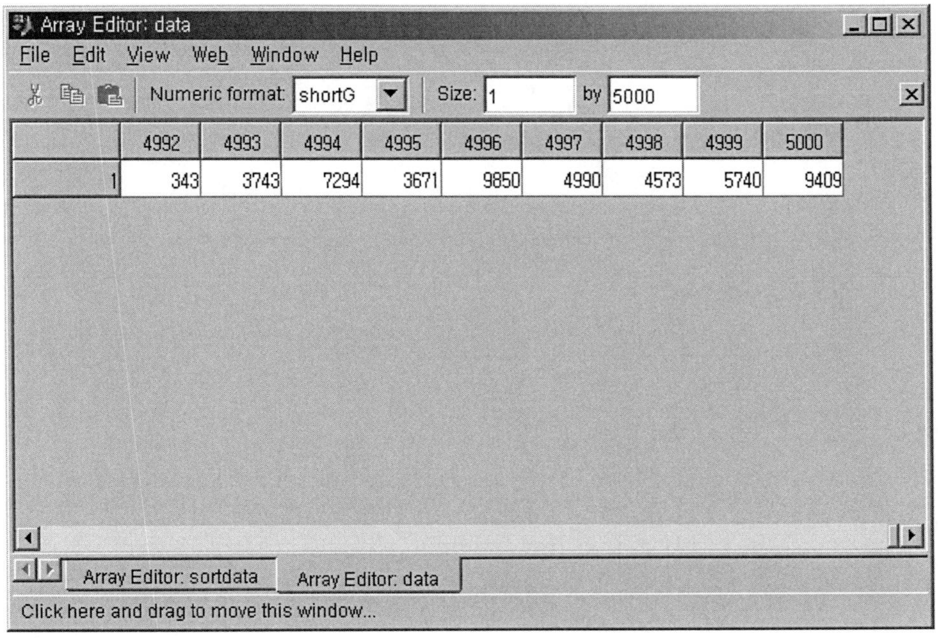

epst =

    0.8280   % 경과시간

▶ **전역변수 (** gloabal variable)

지역변수(local variable)와는 다르게 함수 호출 후에도 함수 값이 존재하는 변수를 말한다.

예 1) 전역변수 global을 이용한 RLC 교류회로의 저항 (R)과 인덕터 (L)에 걸리는 전압을 구해보자.

$$C\frac{di}{dt} + Ri + \frac{1}{C}\int i\,dt = V\sin w\,t$$

$$\frac{di}{dt} = -\frac{R}{L}\frac{di}{dt} - \frac{1}{LC}i + V\,w\cos wt$$

우선 상태 방정식으로 표현하기 위해 상태변수를 다음과 같이 정의하면

$$x_1 = i$$

$$x_1' = \frac{di}{dt}$$

$$x_2' = -\frac{1}{LC}\,x_1 - \frac{R}{L}\,x_2 + V\,w\cos wt$$

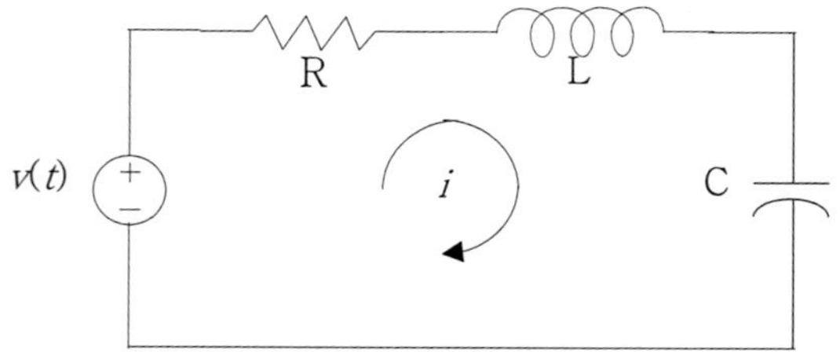

다음과 같은 상태 방정식을 얻는다.

$$\begin{vmatrix} x_1' \\ x_2' \end{vmatrix} = \begin{vmatrix} 0 & 1 \\ -\frac{1}{LC} & -\frac{R}{L} \end{vmatrix} \begin{vmatrix} x_1 \\ x_2 \end{vmatrix} + \begin{vmatrix} 0 \\ \frac{1}{L} \end{vmatrix} v'(t)$$

이 식을 MATLAB을 이용하여 풀어보자.
인덕터 L , 캐패시터 C , 저항값 R , 입력전압 V, 주파수 w 를 전역변수로 정의하였다.

```
>> tfinal_value=input('시간의 최종값');
시간의 최종값 : 0.05
>> ti=0;
>> global R, L, C , W, V ;
>> R=10;  L=1e-2;  C=10e-6;  W=377;    V=100;
>> x0 =[ 0 0 ]'  ;
>> [t, y1]=ode23('staterlc',ti, tfinal_value,x0);
>> VL=L*y1(:,2);
>> VR=R*y1(:,1);
>> plot(t, VL, t, VR);
```

```
function x_prime =staterlc(t, x )
global R, L, C ,W, V;
R=10;
L=1e-2;
C=10e-6;
W=377;
V=100;
acvoltage=V*sin(W*t);
diffvoltage=V*W*cos(W*t);
x_prime=zeros(2,1);
x_prime(1)=x(2);
x_prime(2)=-1/(L*C)*x(1)-R/L*x(2)+1/L*diffvoltage;
```

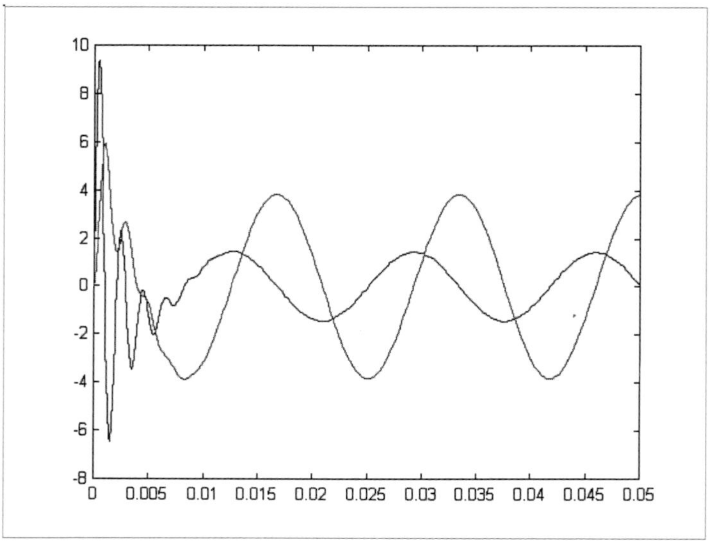

전역변수는 함수 호출이 끝나도 계속적으로 작업영역(메모리)에 존재한다. 이를 확인하기 위해 whos를 사용하면 전역함수로 선언된 변수가 global로 표시됨을 알 수 있다.

```
>> whos
```

Name	Size	Bytes	Class
C	**1x1**	**8**	**double array (global)**
L	**1x1**	**8**	**double array (global)**
R	**1x1**	**8**	**double array (global)**
V	**1x1**	**8**	**double array (global)**
VL	239x1	1912	double array
VR	239x1	1912	double array
W	**1x1**	**8**	**double array (global)**
t	239x1	1912	double array
tfinal_value	1x1	8	double array
ti	1x1	8	double array
x0	2x1	16	double array
y1	239x2	3824	double array

Grand total is 1204 elements using 9632 bytes

최 도 순 　　 **저자 소개**

1989년 : Technische University Berlin Germany
electrical & electronic engineering master
1992년 : Technische University Berlin Germany
electric machine Doctor
2010년 : 연세대학교 의용전자공학과 석사
1993년~현재 : 가톨릭관동대학교 의료공학과 교수

의용공학을 위한 **응용수학**

2016년 2월 25일 초판 인쇄
2016년 3월 2일 초판 발행

저　자 • 최도순
발행자 • 오판근
발행처 • 교우사

주　소 • 서울특별시 동대문구 약령시로 8, 교우빌딩 2층
전　화 • 925-2861(代), 편집부 / 925-2825, 홈쇼핑 / 969-5762
팩　스 • 925-2860

이메일 / kyowoo@kyowoo.co.kr
홈페이지 / http://www.kyowoo.co.kr
북스토어(쇼핑몰) / http://www.kyowoo.co.kr

등록번호 / 1994년 3월 24일 제6-0256호

ISBN 979-11-251-0133-8(93410)

값 20,000원

© KyoWooSa, 2016
※ 이 책의 무단전재, 복제를 금합니다.